应用型本科计算机类专业规划教材
应用型高校计算机学科工作委员会组织编写

# 电子技术基础实验指导教程

郭立强 编著



南京大学出版社

**图书在版编目(CIP)数据**

电子技术基础实验指导教程 / 郭立强编著. 一 南京：南京大学出版社，2019.8(2022.1 重印)
ISBN 978-7-305-22222-1

Ⅰ.①电… Ⅱ.①郭… Ⅲ.①电子技术一实验一教材 Ⅳ.①TN-33

中国版本图书馆 CIP 数据核字(2019)第 098449 号

出版发行 南京大学出版社
社　　址 南京市汉口路 22 号　　邮　　编 210093
出 版 人 金鑫荣

**书　　名 电子技术基础实验指导教程**
编　　著 郭立强
责任编辑 吕家慧　钱梦菊　　编辑热线 025-83597482

照　　排 南京开卷文化传媒有限公司
印　　刷 南京百花彩色印刷广告制作有限责任公司
开　　本 787×1092　1/16　印张 18.25　字数 445 千
版　　次 2019 年 8 月第 1 版　2022 年 1 月第 2 次印刷
ISBN 978-7-305-22222-1
定　　价 46.80 元

网　　址：http://www.njupco.com
官方微博：http://weibo.com/njupco
微信服务号：njuyuexue
销售咨询热线：(025)83594756

---

# 前　言

电子技术基础是物联网工程和计算机科学与技术等非电类专业的专业基础必修课。通过本课程的学习，应使学生获得电子技术方面的基础知识、基本理论和基本技能，掌握电子电路及其系统的分析与设计方法，能够应用相关知识解决实际问题，并为后续深入学习相关硬件课程打下良好的基础。

本书包括电路分析基础、模拟电子技术基础和数字电子技术基础三大主题内容。为了使教学与实践接轨，特别是在学校贯彻落实OBE教育理念的大环境下，如何开展好电子技术基础实验课的教学显得尤为重要。本实验指导教材是以作者在淮阴师范学院物联网工程专业讲授本门课所使用的实验指导书为蓝本，经过三年的实践教学反馈改编而成。本书以素质教育为目标，力求使学生通过实验加深对基础知识的理解，同时强化学生的实践能力，切实做到理论与实际应用相结合。

电子技术基础这门课的实验采用EDA仿真和硬件电路搭建相结合的形式来完成实验教学。本实验教程结合作者多年的教学实践经验，特别是数字电子技术基础这部分实验内容以作者开发的硬件实验平台为实验载体，极大地激发了学生的学习兴趣。本书的实验不仅包括基础性实验，还增设了综合、设计性实验。书中实验课题的设计本着循序渐进，由浅入深的原则，涵盖了本门课的绝大多数知识点。

本书适合于计算机类、机电类、材料以及动力能源类等各种非电类专业师生作为实验教材使用，亦可作为电子信息工程专业和电气工程等相关电类专业师生的参考教材和相关工程技术人员的参考书。

本书的编撰得到了淮阴师范学院教务处和计算机学院领导的关心与帮助，也得到了物联网工程系教师的大力支持，在此表示感谢。

电子技术日新月异，教学改革任重道远。由于编者水平有限，编者在本书的编写过程中难免有疏漏，恳请广大读者批评指正，以便及时修改。

**郭立强**

**2019年1月**

# 目　录

# 第1章

# 电路分析基础

## 1.1 内容简介

电路理论已经成为一门基础学科，本章以最基础的线性电阻电路为研究对象，从搭建一个基本电路、认识电路变量等最基本的问题出发，重点学习线性电阻电路的欧姆定律和基尔霍夫定律。

**理论知识：**

(1) 理解线性电阻电路的伏安特性；

(2) 理解并掌握基尔霍夫电压定律和电流定律；

(3) 了解常规电路元件的特性；

(4) 理解受控源的概念，包括：VCVS、VCCS、CCVS和CCCS。

**专业技能：**

(1) 线性电阻元件及电源的伏安特性测试方法；

(2) 电压源、电流源和受控源的使用；

(3) 应用欧姆定律和基尔霍夫定律对线性电阻电路进行分析；

(4) EDA仿真软件的使用。

**能力素质：**

(1) 通过本章的学习来提高电路分析的科学素养；

(2) 通过本章实验来培养学生发现问题、分析问题和解决问题的能力。

本章实验以Proteus仿真和理论计算为主。

# 1.2 夯实基础

本节进行一些基础验证性实验，包括：欧姆定律的验证、电容充放电实验和电池伏安特性的测试。通过本节的三个实验，应实现如下**阶段性目标**：

(1) 掌握基于 Proteus 软件的电路仿真实验步骤；

(2) 掌握电阻和电容等常规元器件的使用；

(3) 掌握基本元器件伏安特性的测定方法。

## 1.2.1 欧姆定律实验

在中学物理中我们学习过欧姆定律，本实验通过 Proteus 软件来验证线性电阻电路的欧姆定律，所用元器件见表 1.1。本实验的电路如图 1.1 所示。在 Proteus 软件中搭建电路并仿真，按下电路中的电源按钮 $BT_1$，改变可变电阻 $R_{V_1}$ 的阻值使得电流表 $A_1$ 的示数为表 1.2 中的具体数值，观测相应电压表 $V_1$ 的示数，并计算电阻。将相关实验数据填入表 1.2 中第二和第三行。

**表 1.1 欧姆定律实验元器件清单**

| 器件名称 | 所在的库 | 说明 |
|---|---|---|
| BATTERY | DEVICE | 电池组 |
| POT - HG | ACTIVE | 可调电阻 |
| RES | DEVICE | 固定电阻 |
| 1N4148 | DIDODE | 开关二极管 |
| BUTTON | ACTIVE | 按钮开关 |

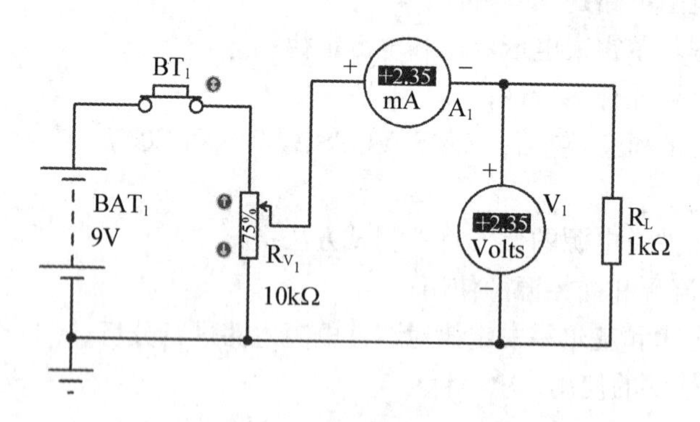


**图 1.1 欧姆定律实验电路**

**表 1.2 电阻的伏安特性**

| $I$(mA) | 0.35 | 0.5 | 1.0 | 1.5 | 2.0 | 2.5 | 4.5 | 9.0 |
|---|---|---|---|---|---|---|---|---|
| $U$(V) | | | | | | | | |
| $R$(kΩ) | | | | | | | | |

验证欧姆定律的实验步骤如下：

(1) 在 Proteus 软件中画出如图 1.1 所示的电路，相关元器件及所在的元件库参考表 1.1，直流电压表和直流电流表在虚拟仿真仪器中选择，电压表名称为 DC VOLTMETER，电流表名称为 DC AMMETER。

(2) 改变可变电阻 $R_{V_1}$ 的阻值使得电流表 $A_1$ 的示数见表 1.2 中要求的电流大小，观察电压表 $V_1$ 的示数并填写表 1.2 的第二行。

(3) 计算每一个观测数据所对应的电阻阻值，将结果填入表 1.2 的第三行。

(4) 思考问题 1：如何更改电路，使得所测量的电流为 −1 mA？

(5) 思考问题 2：若将负载电阻 $R_L$ 的阻值改为 10 Ω，同时改变可变电阻 $R_{V_1}$，使得中间抽头输出电阻为 10 kΩ(即可变电阻里面的数值为 100%)，此时观察电压表示数是否为9 V？若不是，思考一下为什么会出现这一情况？(提示：在按钮开关两侧也并联一个电压表。)

(6) 完成实验报告 1。

### 1.2.2 电容充放电实验

电容是一种以电场形式储存能量的无源器件。本节主要完成电容充放电实验，理解电容充放电时的一些特性和相关参数。具体电路如图 1.2 所示。

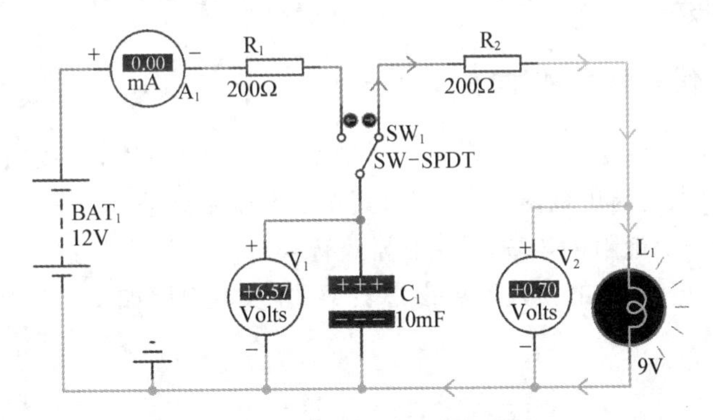


图 1.2 电容充放电实验电路图

在图 1.2 中，单刀双掷开关 $SW_1$ 是用于控制电容接入左侧回路还是接入右侧回路。接入左侧回路时是对电容进行充电，接入右侧回路则实现了电容的放电。电压表 $V_1$ 用于测量电容 $C_1$ 两端的电压，电压表 $V_2$ 用于测量灯泡 $L_1$ 两端的电压。电流表 $A_1$ 用于测量充电电流。电阻 $R_1$ 和 $R_2$ 均作为限流电阻。本节实验所用到的元器件及其所在的元件库(Proteus 仿真元件库)如表 1.3 所示。

表 1.3 电容充放电实验元器件清单

| 器件名称 | 所在的库 | 说明 |
|---|---|---|
| BATTERY | DEVICE | 电池组 |
| CAPACITOR | ASIMMDLS | 电容 |
| RES | DEVICE | 固定电阻 |
| LAMP | ACTIVE | 灯泡 |
| SW-SPDT | ACTIVE | 单刀双掷开关 |

在 Proteus 软件中搭建如图 1.2 所示电路并进行仿真，具体步骤如下：

(1) 在 Proteus 软件中画出如图 1.2 所示的电路。

(2) 为了看到导线中电流的方向，仿真前需要在“System”主菜单选择“Set Animation Options”菜单栏，在弹出的“Animated Circuits Configuration”对话框中设置仿真时电压和电流的颜色及方向。导线颜色及箭头的设定如下：选中“Show Wire Voltage by Colour”和“Show Wire Current with Arrow”复选框，然后点击“OK”按钮即可。

(3) 运行仿真，首先将单刀双掷开关连接左侧回路来对电容进行充电，注意观察左侧电压表和电流表的示数；充电完成后电压表的电压值和电流值分别是多少？

(4) 思考问题 1：电容可以理解为由两个互相紧挨着并且绝缘的极板构成，如果用万用表去测量电容的直流电阻，发现其阻值是无穷大，也就是直流电流为零。当对电容进行充电时，电流表 $A_1$ 是有示数的，那么这个电流到底是如何产生的？

(5) 接下来进行电容放电实验，将单刀双掷开关连接到右侧回路，观察灯泡两端电压以及灯泡的明暗程度。

(6) 思考问题 2：电路中电阻 $R_1$ 和 $R_2$ 的作用是什么？

(7) 思考问题 3：电容充放电时间的快慢取决于哪些参数？

(8) 完成实验报告 2。

### 1.2.3 电池伏安特性测试

理想直流电压源的内阻为零，而现实生活中所用到的电池均有一定的内阻。在理想情况下，电压源的输出电压与负载的大小无关，其输出电压始终是一个恒定值。实际的电池可以用理想电压源和一个电阻的串联模型来等效替换。本实验旨在验证电池的线性伏安特性。所用的元器件及其所在的元件库可参考表 1.1。实验电路如图 1.3 所示，在 Proteus 软件中搭建电路并仿真。

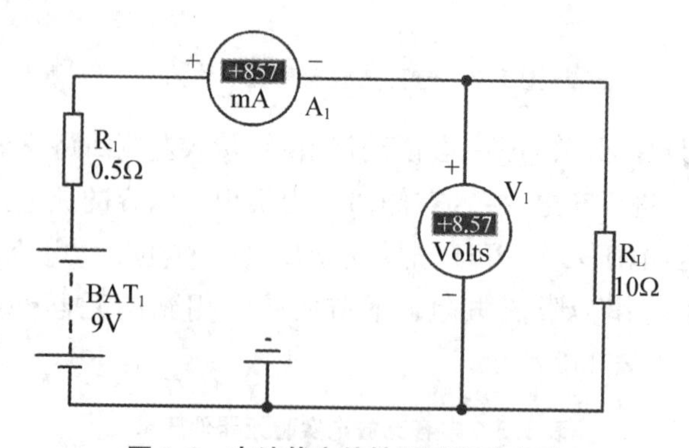


图 1.3 电池伏安特性测试实验电路

图 1.3 所示中，电池组选自 DEVICE 库，该电池组所对应的仿真模型是理想的，即该电池组是没有内阻的。因此，实验电路中，9 V 的电池组 $BAT_1$ 串联一个 0.5 Ω 的电阻（作为电池内阻）来等效替代真实的电池组。在 Proteus 软件中，电池组也可以选自 ACTIVE 库，其仿真模型中有内阻阻值大小的设定这一选项，具体可编辑相应的电池特性来设定，如图 1.4 所示。

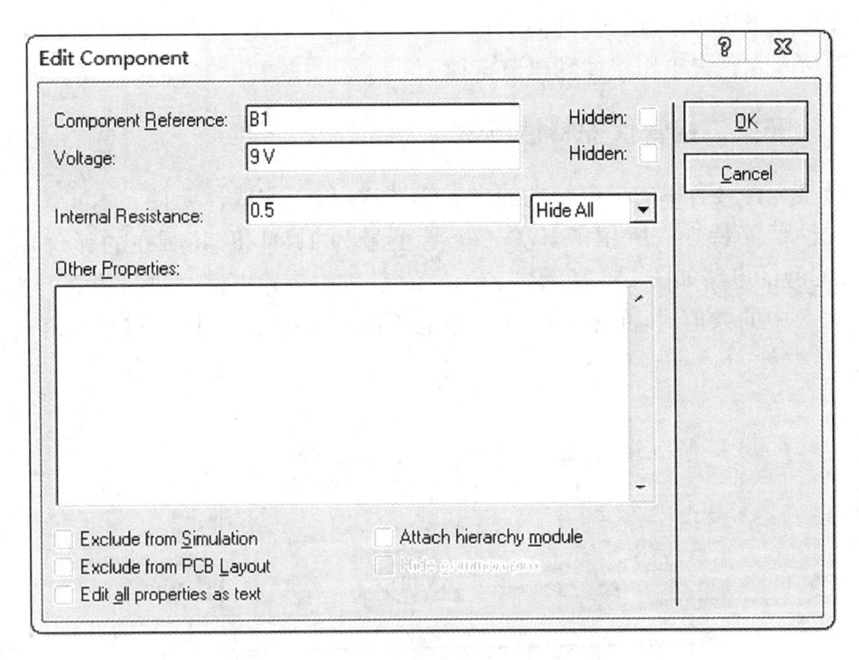


**图 1.4　ACTIVE 库中电池组的属性编辑对话框**

图 1.4 所示中，“Internal Resistance”选项代表内阻，在进行仿真前，可填入具体的内阻值，内阻大小设定为 0.5 Ω。

电池伏安特性测试的具体实验步骤如下：

(1) 在 Proteus 软件中画出如图 1.3 所示的电路。

(2) 按照表 1.4 中负载电阻 $R_L$ 的数值进行电路仿真，观测负载两端电压值和流过负载的电流值，将数据分别填入该表的第二行和第三行。

(3) 思考问题：根据表 1.4 中的实验数据，分析负载两端电压是否等于电池电压？为什么？

**表 1.4　电池伏安特性测试**

| 负载 $R_L$ 阻值<br>$R$(Ω) | 1 | 3 | 5 | 10 | 50 | 100 | 500 | 1000 |
|---|---|---|---|---|---|---|---|---|
| $R_L$ 两端电压<br>$U$(V) | | | | | | | | |
| 流过 $R_L$ 电流<br>$I$(mA) | | | | | | | | |

## 1.3　跟踪训练

本节进行一些基础性的验证实验，包括二极管伏安特性测试和基尔霍夫定律的验证。通过本节实验，应该实现如下**阶段性目标**：

(1) 进一步掌握基于 Proteus 软件的实验仿真步骤；

(2) 掌握二极管等常规元件的使用；

(3) 理解基尔霍夫电压定律和电流定律。

### 1.3.1 开关二极管伏安特性测试

二极管是一种具有单向导电特性的半导体器件，属于非线性元件。本实验主要验证二极管的非线性伏安特性。所用的开关二极管型号为 1N4148，其所在的元件库可参考表 1.1。本节实验的电路如图 1.5 所示，在 Proteus 软件中搭建电路并进行仿真。当电池两端电压取表 1.5 中的数值时，测量二极管两端电压值和流过二极管的电流值，并将数据填入该表。

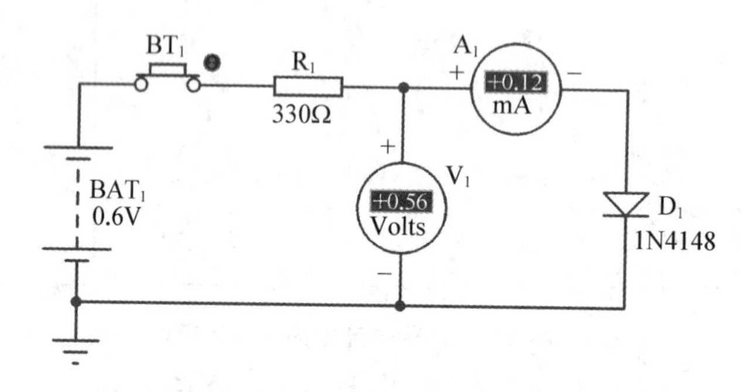


图 1.5 二极管非线性伏安特性测试实验电路

表 1.5 二极管 1N4148 的非线性伏安特性(正向连接)

| 电池电压<br>$U$(V) | 0.4 | 0.5 | 0.6 | 0.7 | 0.8 | 1.0 | 2.0 | 5.0 | 9.0 |
|---|---|---|---|---|---|---|---|---|---|
| 二极管两端电压<br>$U$(V) | | | | | | | | | |
| 二极管电流<br>$I$(mA) | | | | | | | | | |
| 动态电阻<br>$R$(kΩ) | | | | | | | | | |

二极管非线性伏安特性测试的具体实验步骤如下：

(1) 在 Proteus 软件中画出如图 1.5 所示的电路，相关元器件及所在的元件库见表 1.1，直流电压表和直流电流表在虚拟仿真仪器中选择，电压表名称为 DC VOLTMETER，电流表名称为 DC AMMETER。

(2) 按照表 1.5 中的电池电压数值进行电路仿真，测量二极管两端电压值和流过二极管的电流值，将数据分别填入该表的第二行和第三行。

(3) 用欧姆定律公式 $R=U/I$ 计算每一对电压和电流值所对应的动态(非线性)电阻，并填入表 1.5 的第四行。

(4) 思考问题 1：当电池电压 $U$ 的范围是 $0 \leqslant U < 0.45$ V 时，流过二极管的电流大小是多少？电池电压为多少时电流表开始有示数？

(5) 思考问题 2：所计算的二极管动态电阻是一个常数吗？

(6) 思考问题3：当电池电压增加的幅度较大时，二极管两端的电压呈现什么样的变化？为什么会出现这种情况？

(7) 思考问题4：如果将图1.5中的电池反向连接，改变电池两端电压，电流表有示数吗？填写表1.6。当反向电压为多少时开始有反向电流？

(8) 在图1.6中画出该二极管的伏安特性曲线。

(9) 完成实验报告3。

**表1.6　二极管1N4148的非线性伏安特性(反向连接)**

| 电池电压 $U$(V) | −10 | −30 | −50 | −70 | −80 | −90 | −100 | −120 |
|---|---|---|---|---|---|---|---|---|
| 二极管两端电压 $U$(V) | | | | | | | | |
| 二极管电流 $I$(mA) | | | | | | | | |
| 动态电阻 $R$(kΩ) | | | | | | | | |

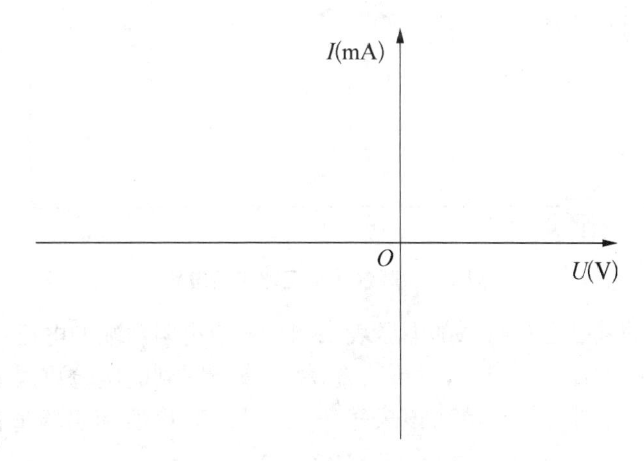


**图1.6　二极管1N4148的伏安特性曲线**

## 1.3.2　验证基尔霍夫定律

基尔霍夫定律是电路中电压和电流所遵循的基本规律，也是分析和计算较为复杂电路的基础。基尔霍夫定律有两条：一条是电流定律，另外一条是电压定律。基尔霍夫电流定律(KCL)：在任意时刻，流入一个节点的电流总和等于从这个节点流出的电流总和。KCL也可以描述成流出节点电流的代数和为零。这个定律是电流连续性的体现。基尔霍夫电压定律(KVL)：在任意时刻，沿闭合回路的电压降的代数和总等于零。KVL定律是描述电路中组成任一回路的各支路(或各元件)电压之间的约束关系，沿选定的回路方向绕行所经过的电路电位的升高之和等于电路电位的下降之和。

本节实验主要验证基尔霍夫电压定律和电流定律。所用的元器件见表1.7。电路如图1.7所示，在Proteus软件中搭建电路并进行仿真。

表 1.7　基尔霍夫定律实验元器件清单

| 器件名称 | 所在的库 | 说明 |
|---|---|---|
| CSOURCE | ASIMMDLS | 直流电流源 |
| VSOURCE | ASIMMDLS | 直流电压源 |
| RES | DEVICE | 电阻 |

验证基尔霍夫定律的具体实验步骤如下：

(1) 在 Proteus 软件中画出如图 1.7 所示的电路，相关元器件及所在的元件库如表 1.7 所示，电阻 $R_1 \sim R_5$ 两端电压分别为 $U_1 \sim U_5$，流过电阻 $R_1 \sim R_3$ 的电流分别为 $I_1 \sim I_3$ 来表示。

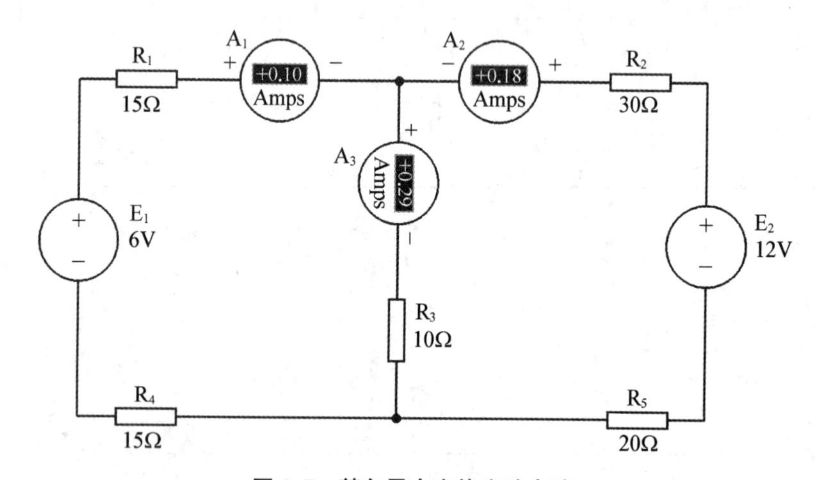


图 1.7　基尔霍夫定律实验电路

(2) 在图 1.7 的基础上自行添加电压表来测量相应电阻两端的电压。

(3) 选定电路中的任一个节点，运行仿真，将仿真所得到的实验数据填写表 1.8 的第二行，同时将理论计算得到的数值填入该表第三行，对比理论值和实验值来验证 KCL 的正确性。

(4) 选定电路中任一个闭合回路，重复上述步骤来验证 KVL 的正确性。

(5) 相对误差用如下公式计算：相对误差＝|计算值－实验值|/计算值×100%。

(6) 思考问题 1：实际计算出来的数值与仿真结果是否一致？原因是什么？

(7) 思考问题 2：改变电压源 $E_1$ 和 $E_2$ 的电压，相对误差会变化吗？通过实验来证实。

(8) 思考问题 3：改变电阻阻值，相对误差有变化吗？

(9) 思考问题 4：电压源 $E_1$ 或 $E_2$ 单独作用于实验电路，验证 KCL 和 KVL。

(10) 思考问题 5：若用 0.1 A 的理想电流源来取代图 1.7 中的电压源 $E_1$，实验结果如何？与前一个实验的数据是否一致？

(11) 完成实验报告 4。

表1.8　基尔霍夫定律实验数据

| 被测量 | $I_1$(A) | $I_2$(A) | $I_3$(A) | $E_1$(V) | $E_2$(V) | $U_1$(V) | $U_2$(V) | $U_3$(V) | $U_4$(V) | $U_5$(V) |
|---|---|---|---|---|---|---|---|---|---|---|
| 实验值 | | | | | | | | | | |
| 计算值 | | | | | | | | | | |
| 相对误差 | | | | | | | | | | |

## 1.4　拓展提高

本节是关于基尔霍夫定律的综合性实验，实验电路如图1.8所示。通过本节实验，应该实现如下**阶段性目标**：

(1) 加深对电路基本定律适用范围普遍性的认识；

(2) 能够灵活运用相关理论进行电路分析。

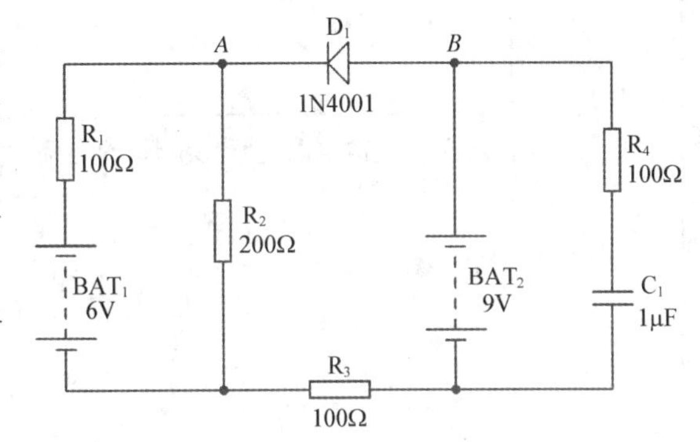


图1.8　基尔霍夫定律综合实验电路图

具体实验步骤如下：

(1) 在Proteus软件中画出如图1.8所示的电路，电阻$R_1$～$R_4$两端电压分别为$U_1$～$U_4$，流过上述电阻的电流分别用$I_1$～$I_4$来表示，二极管两端电压为$U_D$，电流为$I_D$，电容两端电压为$U_C$，电流为$I_C$。

(2) 在图1.8的基础上自行添加电压表、电流表来测量相关数据。

(3) 分别选取$A$节点和$B$节点来验证KCL的正确性。

(4) 对于由电阻$R_2$、$R_3$、电池$BAT_2$和二极管$D_1$构成的回路，验证KVL定律。

(5) 对于由电阻$R_4$、电容$C_1$和电池$BAT_2$构成的回路，验证KVL定律。

(6) 思考问题1：如果电路中电压或电流的实际方向和参考方向相反，在计算时该如何处理？

(7) 思考问题2：在实验电路中，若二极管的阴极和阳极反接，所测量的数据有何变化？

(8) 思考问题3：在实验电路中，电容的大小是否影响实验数据？为什么？

(9) 思考问题4：若将图中的电阻$R_2$去掉，电池$BAT_1$在电路中的作用是充电还是放电？为什么？

(10) 思考问题5：电池$BAT_1$用多大的电流源来替换，才能使电路其他各个支路的电压和电流均不改变？

(11) 完成实验报告5。

## 1.5　实验报告

根据上述小节的要求完成实验报告1～5。

## 实验报告 1

（　　年　月　日）

<table>
<tr><td>学生姓名</td><td></td><td>学　　号</td><td></td><td>班　　级</td><td></td></tr>
<tr><td>实验目的和原理</td><td colspan="5">实验题目：欧姆定律实验<br>实验目的：<br><br>实验原理：</td></tr>
<tr><td>实验分析和结论</td><td colspan="5">1. 如何更改电路，使得所测量的电流为 −1 mA？给出具体的电路图。<br><br>2. 若将负载电阻 $R_L$ 的阻值改为 10 Ω，同时改变可变电阻的阻值为 10 kΩ（即可变电阻里面的数值为 100%），此时观察电压表示数是否为 9 V？若不是，思考一下为什么会出现这一情况？</td></tr>
</table>

# 实验报告 2

（　　年　月　日）

<table>
<tr><td>学生姓名</td><td></td><td>学　号</td><td></td><td>班　级</td><td></td></tr>
<tr><td>实验目的和原理</td><td colspan="5">实验题目：电容充放电实验<br>实验目的：<br><br>实验原理：</td></tr>
<tr><td>实验分析和结论</td><td colspan="5">1. 当对电容进行充电时，电流表 $A_1$ 是有示数的，这个电流到底是如何产生的？<br><br>2. 电路中电阻 $R_1$ 和 $R_2$ 的作用是什么？<br><br>3. 电容充放电时间的快慢取决于哪些参数？</td></tr>
</table>

## 实验报告 3

（　　年　月　日）

| 学生姓名 | | 学　号 | | 班　级 | |
|---|---|---|---|---|---|
| 实验目的和原理 | **实验题目**：二极管伏安特性测试<br>**实验目的**：<br><br>**实验原理**： | | | | |
| 实验分析和结论 | 1. 当电池电压 $U$ 的范围是 $0\leqslant U<0.45$ V 时，流过二极管的电流大小是多少？电池电压为多少时电流表开始有示数？<br><br>2. 根据实验数据所计算的二极管动态电阻是一个常数吗？<br><br>3. 当电池电压增加的幅度较大时，二极管两端的电压呈现什么样的变化？为什么会出现这种情况？<br><br>4. 如果将图 1.5 中的电池反向连接，改变电池两端电压，电流表有示数吗？填写表 1.7。当反向电压为多少伏特时开始有反向电流？ | | | | |

## 实验报告4

( 年 月 日)

<table>
<tr><td>学生姓名</td><td></td><td>学　　号</td><td></td><td>班　　级</td><td></td></tr>
<tr><td>实验目的和原理</td><td colspan="5">实验题目：验证基尔霍夫定律<br>实验目的：<br><br>实验原理：</td></tr>
<tr><td>实验分析和结论</td><td colspan="5">1. 实际计算出来的数值与仿真结果是否一致？原因是什么？<br><br>2. 改变电压源 $E_1$ 和 $E_2$ 的电压，相对误差会变化吗？<br><br>3. 改变电阻阻值，相对误差有变化吗？<br><br>4. 电压源 $E_1$ 或 $E_2$ 单独作用于实验电路，KCL 和 KVL 是否成立？<br><br>5. 若用 0.1 A 的理想电流源来取代图 1.7 中的电压源 $E_1$，实验结果如何？与前一个实验的数据是否一致？</td></tr>
</table>

## 实验报告5

（　　年　月　日）

<table>
<tr><td>学生姓名</td><td></td><td>学　　号</td><td></td><td>班　　级</td><td></td></tr>
<tr><td>实验目的和原理</td><td colspan="5">实验题目：基尔霍夫定律综合实验<br>实验目的：<br><br>实验原理：</td></tr>
<tr><td>实验分析和结论</td><td colspan="5">1. 如果电路中电压或电流的实际方向和参考方向相反，在计算时该如何处理？<br><br>2. 在实验电路中，若二极管的阴极和阳极反接，所测量的数据有何变化？<br><br>3. 在实验电路中，电容的大小是否影响实验数据？为什么？<br><br>4. 若将图中的电阻 $R_2$ 去掉，电池 $BAT_1$ 在电路中的作用是充电还是放电？为什么？<br><br>5. 将电池 $BAT_1$ 用多大的电流源来替换，才能使电路其他各个支路的电压和电流均不改变？</td></tr>
</table>

【微信扫码】
实验分析与解答

# 第2章

# 电阻电路的一般分析方法

## 2.1 内容简介

电路分析的基本任务是根据已知的激励、电路结构以及相关元件参数求解出电路中各支路(或各个元件)的响应。本章主要通过仿真实验来验证线性电阻电路的一般分析方法。

**理论知识:**

(1) 理解基尔霍夫定律在线性电阻电路分析与计算中的重要作用;

(2) 掌握电阻电路的基本化简与计算方法,包括网孔电流法、节点电压法和弥尔曼定理;

(3) 综合应用相关方法对线性电阻电路进行分析与计算。

**专业技能:**

(1) 能够应用 Y-Δ 等效变换求解复杂线性电阻电路的等效电阻;

(2) 能够分析并计算出线性电阻电路各支路电压和电流值;

(3) EDA 仿真软件的使用。

**能力素质:**

(1) 通过线性电阻电路分析方法的学习来提高科学素养与专业素质;

(2) 通过本章实验来培养学生发现问题、分析问题和解决问题的能力。

本章实验以 Proteus 仿真和理论计算为主。

## 2.2 夯实基础

本节进行基础验证性实验:线性电阻电路的 Y-Δ 等效变换。通过本节实验,应该实现如下**阶段性目标**:

(1) 理解 Y-Δ 等效变换的原理及公式推导;

(2) 掌握线性电阻电路化简方法。

Y-Δ 等效变换公式为

$$\begin{cases} R_{\mathrm{Y}} = \dfrac{\Delta\text{型相邻电阻之积}}{\Delta\text{型各电阻之和}} \\ R_{\Delta} = \dfrac{\text{Y型中各电阻两两乘积之和}}{\text{对面的Y型电阻}} \end{cases} \tag{2.1}$$

本节的实验是通过搭建仿真电路来验证线性电阻电路的 Y-Δ 等效变换。所用的元器件见表 2.1。电路如图 2.1 所示,在 Proteus 软件中搭建该电路并进行实验仿真。

**表 2.1 Y-Δ 等效变换实验元器件清单**

| 器件名称 | 所在的库 | 说明 |
| --- | --- | --- |
| CSOURCE | ASIMMDLS | 直流电流源 |
| VSOURCE | ASIMMDLS | 直流电压源 |
| RES | DEVICE | 电阻 |

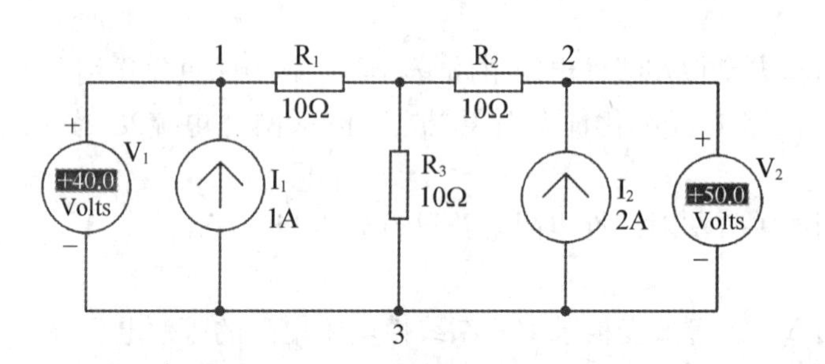


**图 2.1 Y-Δ 等效变换实验电路**

在 Proteus 软件中画出如图 2.1 所示的电路,图 2.1 中 $I_1$ 和 $I_2$ 是两个理想电流源,输出电流分别为 1 A 和 2 A,电阻 $R_1 \sim R_3$ 的阻值均为 10 Ω。图中 Y 型连接的三个节点分别标注为"1""2"和"3"。

Y-Δ 等效变换实验的具体步骤如下:

(1) 由 Y 型电路出发,利用 Y-Δ 等效变换公式计算出对应的 Δ 型连接的电阻。

(2) 搭建 Δ 型连接的电阻电路,并在对应的"1""2"和"2""3"节点间加入同样大小及方向的电流源。

(3) 用电压表测量 Δ 型连接的电阻电路的"1""2"和"2""3"节点电压,看其是否与 Y 型电路对应节点电压相同。

(4) 结合教材的推导过程,重点理解该方法的原理。

(5) 思考问题 1：如果图 2.1 中三个电阻的连接形式是 Δ 型连接，那么转换成对应 Y 型连接电路的等效电阻是多大？

(6) 思考问题 2：如果用电压源来替代图 2.1 中的电流源，同时要保证流过各个电阻的电流以及电阻两端电压保持不变，那么电压源的电压应设定为多少伏特？

(7) 完成实验报告 1。

## 2.3　跟踪训练

本节主要验证线性电阻电路分析方法：网孔电流法、节点电压法和弥尔曼定理。通过本节实验，应该实现如下**阶段性目标**：

(1) 掌握上述电路分析方法的基本原理；

(2) 理解上述分析方法与欧姆定律和基尔霍夫定律间的关系；

(3) 能够应用上述方法分析线性电阻电路。

### 2.3.1　线性电阻电路的网孔电流法

分析线性电阻电路的网孔电流法：以假想的网孔电流为待求解电路变量，以 KVL 为基础列写方程进行求解，进而求出电路中各支路的电压和电流。这里需要注意，网孔电流是不存在的，只是人们为了便于电路分析而假想的一种电流模型。各支路电流是网孔电流的线性组合。

具有 $n$ 个网孔的电流方程如下：

$$\begin{cases} R_{11}I_1 + R_{12}I_2 + \cdots + R_{1n}I_n = u_{s1} \\ R_{21}I_1 + R_{22}I_2 + \cdots + R_{2n}I_n = u_{s2} \\ \cdots\cdots \\ R_{n1}I_1 + R_{n2}I_2 + \cdots + R_{nn}I_n = u_{sn} \end{cases} \tag{2.2}$$

通过上述方程的求解来得到网孔电流的数值。在上述方程中，自电阻 $R_{11}$，$R_{22}$，……，$R_{nn}$ 总为正。$R_{ij}(i \neq j)$ 为互电阻。当流过互电阻的两个网孔电流方向相同时，互电阻取正号；否则为负号。当电压源电压方向与该网孔电流方向一致时(关联参考方向)，取负号；反之取正号。此外，网孔分析法适用于独立网孔数少于独立节点数且支路间无交叉的电路，即适用于平面电路。

本节的实验是通过搭建仿真电路来验证线性电阻电路的网孔电流分析方法。所用的元器件为电阻和理想电压源，见表 2.1。电路如图 2.2 所示，在 Proteus 软件中搭建该电路并进行仿真。图 2.2 中 $V_1$ 和 $V_2$ 是两个理想电压源，输出电压分别为 6 V 和 8 V，电阻 $R_1$ 和 $R_3$ 的阻值均为 10 Ω，$R_2$ 的阻值为 5 Ω。

应用网孔电流法对图 2.2 所示电路进行分析的具体实验步骤如下：

(1) 首先进行理论计算：利用网孔分析法列写方程组并求解网孔电流，然后由网孔电流来计算各个支路的电流。

(2) 接下来在 Proteus 软件中完成如图 2.2 所示电路的搭建。

(3) 运行仿真来测量各个支路的电流，并对理论值和实验值进行对比。

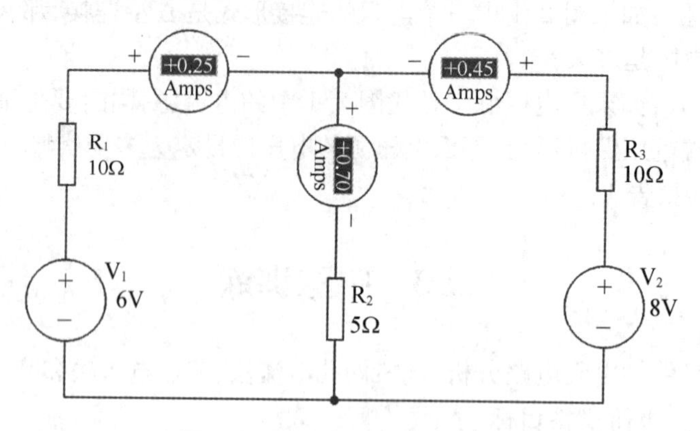


图 2.2 网孔电流分析实验电路

(4) 思考问题 1:当改变电压源的方向,网孔电流和支路电流的数值会有什么变化?进行必要的理论计算与实验分析。

(5) 思考问题 2:如何由网孔电流求解支路电流?

(6) 思考问题 3:由网孔电流出发计算出来的支路电流值和实际仿真测量到的支路电流值一样吗?是否存在误差?

(7) 思考问题 4:说明网孔电流和支路电流的区别。

(8) 完成实验报告 2。

### 2.3.2 线性电阻电路的节点电压法

分析线性电阻电路的网孔电流法:以节点电压为未知量建立电路方程来分析电路的方法。在该方法中,选择节点电压为未知量,则 KVL 自动满足,无需列写 KVL 方程。各支路电流、电压可视为节点电压的线性组合,求出节点电压后,便可方便地得到各支路的电压和电流值。

在应用节点电压法进行电路分析时,首先要选定参考节点,然后标定出独立节点。对于独立节点,以节点电压为未知量,列写其 KCL 方程。节点电压法的标准方程组如下:

$$\begin{cases} G_{11}u_1 + G_{12}u_2 + \cdots + G_{1n}u_n = i_{s1} \\ G_{21}u_1 + G_{22}u_2 + \cdots + G_{2n}u_n = i_{s2} \\ \cdots\cdots \\ G_{n1}u_1 + G_{n2}u_2 + \cdots + G_{nn}u_n = i_{sn} \end{cases} \tag{2.3}$$

其中 $G_{ii}$ 为自电导,其数值总为正。$G_{ij}=G_{ji}$ 为互电导,结点 $i$ 与结点 $j$ 之间所有支路电导之和,其数值总为负。$i_{sk}$ 为流入结点 $k$ 的所有电流源电流的代数和。通过求解上述方程得到各独立节点的节点电压,通过节点电压可以求出相应支路的电流值。

本节的实验是通过理论计算和 EDA 仿真相结合的方式来验证线性电阻电路的节点电压分析方法。所用的元器件为电阻和理想电流源,可参考 2.2 节中的表 2.1。实验电路如图 2.3 所示,在 Proteus 软件中搭建该电路并进行仿真。在图 2.3 中,$I_1$ 是理想电流源,输出电流为 1 A,所有电阻的阻值均为 10 Ω。注意,使用节点电压法列方程并求解电路变量时,电阻应该换算成电导。

应用节点电压法来分析图 2.3 所示电路的具体实验步骤如下：

(1) 在图 2.3 中共有四个节点。选择“4”节点作为参考节点，以其余三个独立节点电压为未知量列写方程并进行求解。

(2) 在 Proteus 软件中搭建如图 2.3 所示电路，同时加入电压表来测量各节点电压。

(3) 对理论计算得到的电压值和仿真实验值进行对比。

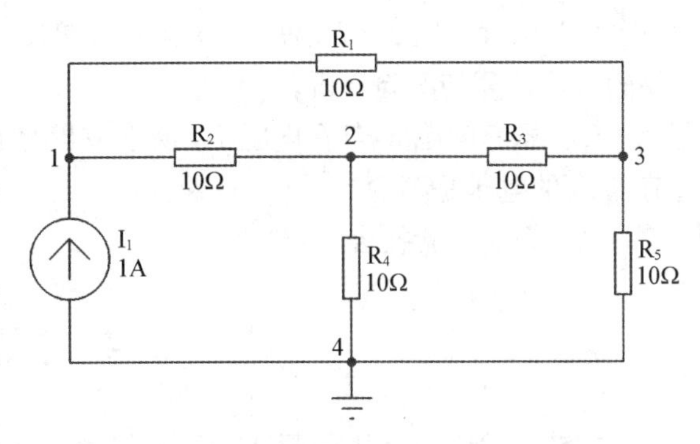


图 2.3　节点电压分析实验电路

(4) 思考问题 1：当改变电流源的方向时，所得到的节点电压的数值会有什么变化？进行必要的理论计算与实验分析。

(5) 思考问题 2：当电流源的大小由 1 A 改为 5 A，所得到的节点电压的数值会有相应倍数的增长吗？给出必要的理论计算与实验分析。

(6) 思考问题 3：在节点 3 的位置用一个 2 A 的电流源来替代电阻 $R_5$，电流方向与 $I_1$ 相同，重新计算各个节点电压。

(7) 完成实验报告 3。

### 2.3.3　弥尔曼定理实验

弥尔曼定理实际上是特殊的节点分析法。通常将用来求解由电压源和电阻组成的两个节点电路的节点分析法叫作弥尔曼定理。如图 2.4 所示的实验电路中，共有两个节点，设 $B$ 节点为参考节点，$A$ 节点的电压为 $U$，那么根据节点电压法，可得到如下方程：

$$U=\frac{\dfrac{U_{S1}}{R_1}+\dfrac{U_{S2}}{R_2}+\dfrac{U_{S3}}{R_3}+\cdots+\dfrac{U_{SN}}{R_N}}{\dfrac{1}{R_1}+\dfrac{1}{R_2}+\dfrac{1}{R_3}+\cdots+\dfrac{1}{R_N}}=\frac{G_1U_{S1}+G_2U_{S2}+G_3U_{S3}+\cdots+G_NU_{SN}}{G_1+G_2+G_3+\cdots+G_N} \tag{2.4}$$

在图 2.4 中并没有与电阻 $R_2$ 相连接的电压源，出于完备性的考虑，在上述方程中加入了 $U_{S2}$，但其值为零。

应用弥尔曼定理来分析图 2.4 所示电路的具体实验步骤如下：

(1) 在图 2.4 中只考虑左侧三条支路并计算 $A$ 节点电压。

(2) 在 Proteus 软件中搭建电路，同时加入电压表来测量 $A$ 节点电压。

(3) 对理论计算得到的电压值和仿真实验值进行对比。

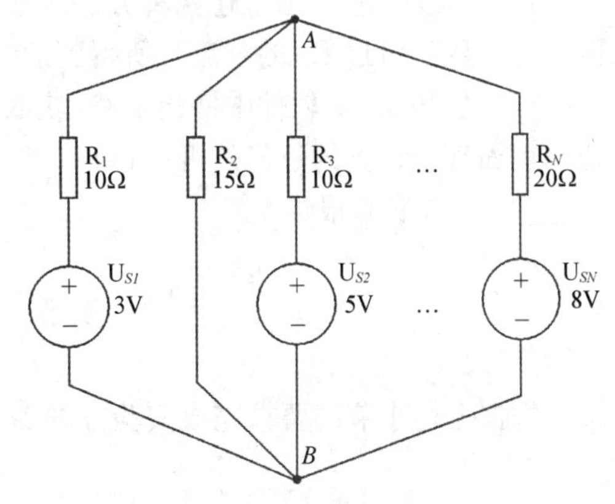


图 2.4　弥尔曼定理实验电路

(4) 思考问题 1：当改变电压源的方向，所得到的节点电压的数值会有什么变化？进行必要的理论计算与实验分析。

(5) 思考问题 2:若要使 A 节点电压增长一倍,电压源 $U_{S1}$ 和 $U_{S2}$ 该如何变化?给出必要的理论计算与实验分析。

(6) 思考问题 3:若在电阻 $R_2$ 所在支路增加一个 1 A 的电流源(方向从下到上),那么节点 A 的电压是多少?

(7) 完成实验报告 4。

## 2.4 拓展提高

本节实验综合运用前面所学习的线性电阻电路分析方法来对电路进行分析。本节**阶段性目标**:

(1) 理解基尔霍夫定律在线性电阻电路分析中的重要作用;

(2) 灵活应用 Y-Δ 等效变换、网孔电流法和节点电压法来进行线性电阻电路的分析及相关电路变量的求解。

本实验的电路如图 2.5 所示,所有电阻的阻值均为 10 Ω,电流源的电流大小为 1 A。图 2.5 中已经标注了 4 个节点,它们分别是:$a$、$b$、$c$ 和 $d$。

本节实验是对线性电阻电路分析方法的一个综合,具体实验步骤如下:

(1) 指出图 2.5 中哪几个电阻的连接是 Δ 型连接、哪几个电阻的连接是 Y 型连接。

(2) 用 Y-Δ 等效变换求出 $ab$ 端口的等效电阻。

(3) 用网孔电流分析方法列出网孔电流方程,并求解。

(4) 用节点电压分析方法列出节点电压方程,并求解。

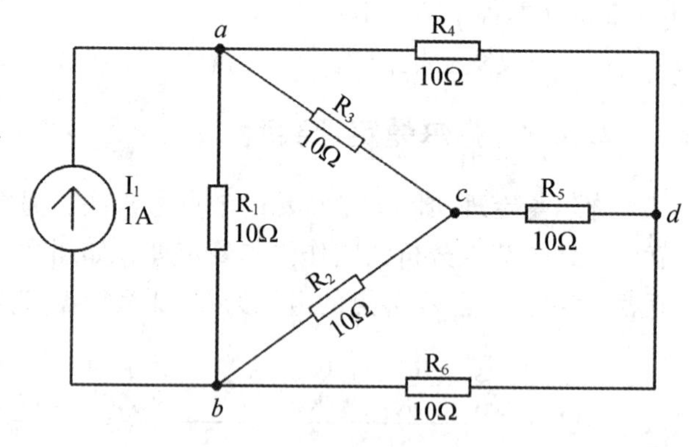


图 2.5 线性电阻电路

(5) 思考问题 1:由上述两种方法所求出的电路变量分别来确定电阻 $R_6$ 的响应(即 $R_6$ 两端的电压和流过 $R_6$ 的电流),所得到的两组数值是否相等?

(6) 在 Proteus 软件中搭建电路,获取电阻 $R_6$ 的两端电压和流过它的电流数值,该数值与前面理论计算的数值是否一致?

(7) 完成实验报告 5。

## 2.5 实验报告

根据上述小节的要求完成实验报告 1~5。

## 实验报告 1

（　　年　月　日）

<table>
<tr><td>学生姓名</td><td></td><td>学　　号</td><td></td><td>班　　级</td><td></td></tr>
<tr><td>实验目的和原理</td><td colspan="5">实验题目：Y－Δ等效变换实验<br>实验目的：<br><br>实验原理：</td></tr>
<tr><td>实验分析和结论</td><td colspan="5">1. 如果图 2.1 中三个电阻的连接形式是Δ型连接，那么转换成对应Y型连接电路的等效电阻是多大？<br><br>2. 如果用电压源来替代图 2.1 中的电流源，同时要保证流过各个电阻的电流以及电阻两端电压保持不变，那么电压源的电压是多少？</td></tr>
</table>

## 实验报告 2

( 年 月 日)

| 学生姓名 | | 学　号 | | 班　级 | |
|---|---|---|---|---|---|
| 实验目的和原理 | **实验题目**:网孔电流分析实验<br>**实验目的**:<br><br>**实验原理**: | | | | |
| 实验分析和结论 | 1. 当改变电压源的方向,网孔电流和支路电流的数值会有什么变化?进行必要的理论计算与实验分析。<br><br>2. 如何由网孔电流求解支路电流?<br><br>3. 由网孔电流出发计算出来的支路电流值和实际仿真测量到的支路电流值一样吗?是否存在误差?<br><br>4. 说明网孔电流和支路电流的区别。 | | | | |

## 实验报告 3　　　　　　　　（　　年　月　日）

<table>
<tr><td>学生姓名</td><td></td><td>学　　号</td><td></td><td>班　　级</td><td></td></tr>
<tr><td>实<br>验<br>目<br>的<br>和<br>原<br>理</td><td colspan="5">实验题目：节点电压分析实验<br>实验目的：<br><br>实验原理：</td></tr>
<tr><td>实<br>验<br>分<br>析<br>和<br>结<br>论</td><td colspan="5">1. 当改变电流源的方向，所得到的节点电压的数值会有什么变化？进行必要的理论计算与实验分析。<br><br>2. 当电流源的大小由 1 A 改为 5 A，所得到的节点电压的数值会有相应倍数的增长吗？给出必要的理论计算与实验分析。<br><br>3. 在节点 3 的位置用一个 2 A 的电流源来替代电阻 $R_5$，电流方向与 $I_1$ 相同，重新计算各个节点电压。</td></tr>
</table>

## 实验报告 4

（ 年 月 日）

| 学生姓名 | | 学 号 | | 班 级 | |
|---|---|---|---|---|---|
| 实验目的和原理 | **实验题目**：验证弥尔曼定理<br>**实验目的**：<br><br>**实验原理**： | | | | |
| 实验分析和结论 | 1. 当改变电压源的方向，所得到的节点电压的数值会有什么变化？进行必要的理论计算与实验分析。<br><br>2. 若要使 A 节点电压增长一倍，电压源 $U_{S1}$ 和 $U_{S2}$ 该如何变化？给出必要的理论计算与实验分析。<br><br>3. 若在电阻 $R_2$ 所在支路增加一个 1 A 的电流源（方向从下到上），那么节点 A 的电压是多少？ | | | | |

## 实验报告 5

（　　年　月　日）

<table>
<tr><td>学生姓名</td><td></td><td>学　　号</td><td></td><td>班　　级</td><td></td></tr>
<tr><td>实验目的和原理</td><td colspan="5">实验题目:线性电阻电路分析综合实验<br>实验目的:<br><br>实验原理:</td></tr>
<tr><td>实验分析和结论</td><td colspan="5">1. 用 Y－Δ 等效变换求出 ab 端口的等效电阻。<br><br>2. 用网孔电流分析方法列出网孔电流方程,并求解。<br><br>3. 用节点电压分析方法列出节点电压方程,并求解。<br><br>4. 由上述两种方法所求出的电路变量分别来确定电阻 R<sub>6</sub> 的响应(即 R<sub>6</sub> 两端的电压和流过 R<sub>6</sub> 的电流),所得到的两组数值是否相等?<br><br>5. 在 Proteus 中搭建电路,获取电阻 R<sub>6</sub> 的两端电压和流过它的电流数值,该数值与前面理论计算的数值是否一致?<br><br>【微信扫码】<br>实验分析与解答</td></tr>
</table>

# 第3章

# 电路分析基本定理

## 3.1 内容简介

上一章讨论了线性电阻电路的一般分析方法，使用节点电压法和网孔电流法可以求出电路中各支路的响应。但有时根据实际的问题出发，并不需要求出所有电路变量，仅需要求出某一支路的电压或电流值即可。叠加定理、戴维南定理和诺顿定理则为解决这一问题提供了很好的途径。本章设置了几个关于电路分析基本定理的实验，通过本章实验来进一步掌握电路分析的基本原理，理解电路分析基本定理的内涵，能够灵活应用相关定理来对线性电阻电路进行分析，从而提高电路分析和设计的能力。

**理论知识：**

(1) 理解叠加定理、戴维南定理和诺顿定理的基本原理；

(2) 掌握线性电阻电路的分析方法；

(3) 综合运用相关定理来计算并分析线性电阻电路。

**专业技能：**

(1) 叠加定理、戴维南定理和诺顿定理的应用；

(2) 线性电阻电路的分析；

(3) EDA 仿真软件的使用。

**能力素质：**

(1) 通过电路分析基本定理的学习提高科学素养；

(2) 通过线性电阻电路的计算与实验提高专业素质；

(3) 通过本章实验来培养学生发现问题、分析问题和解决问题的能力。

本章实验以 Proteus 仿真和理论计算为主。

## 3.2　夯实基础

本节进行一些基础验证性实验，包括对叠加定理和置换定理的验证。通过本节实验，应该实现如下**阶段性目标**：

(1) 理解并掌握叠加定理和戴维南定理的原理；

(2) 能够灵活应用理论计算和 EDA 仿真实验进行线性电阻电路的分析。

### 3.2.1　叠加定理实验

**叠加定理**：在任何由线性电阻、线性受控源及独立电源所组成的电路中，多个激励共同作用在该电路时，在某一支路上产生的响应等于各个激励单独作用在电路时在该支路产生响应的代数和。这里，激励是指独立电源，而电路在激励的作用下产生的电流和电压称为响应。因此，叠加定理又可叙述为：在线性电阻电路中，某处电压或电流是电路中各独立电源单独作用时，在该处分别产生的电压或电流的叠加。

应用叠加定理应注意以下事项：

(1) 叠加定理适用于线性电路，不适合于非线性电路。

(2) 在叠加的分电路中(即某一激励单独作用在电路中时)，不用的电压源置零，在电压源处用短路代替，不用的电流源置零，在电流源处开路处理。

(3) 响应分量叠加是代数量的叠加，当分量与总量参考方向一致时，取正号；否则，取负号。

(4) 功率不能叠加，功率为电压和电流的乘积，为电源的二次函数，与激励不成线性关系。

本实验的电路如图 3.1 所示，电阻 $R_1$ 和 $R_5$ 的阻值均为 10 Ω，$R_2$ 的阻值为 20 Ω，$R_3$ 的阻值为 5 Ω，$R_4$ 的阻值为 6 Ω。电压源 $E_1$ 的电压为 12 V，$E_2$ 的电压为 24 V。三个电流表 $A_1$～$A_3$ 分别测量流过电阻 $R_1$、$R_2$ 和 $R_3$ 的电流。按钮开关 $BT_1$ 和 $BT_2$ 用于分别控制电压源 $E_1$ 和 $E_2$ 是否接入电路中。本实验相关元器件及其所在的元件库可参考表 3.1。

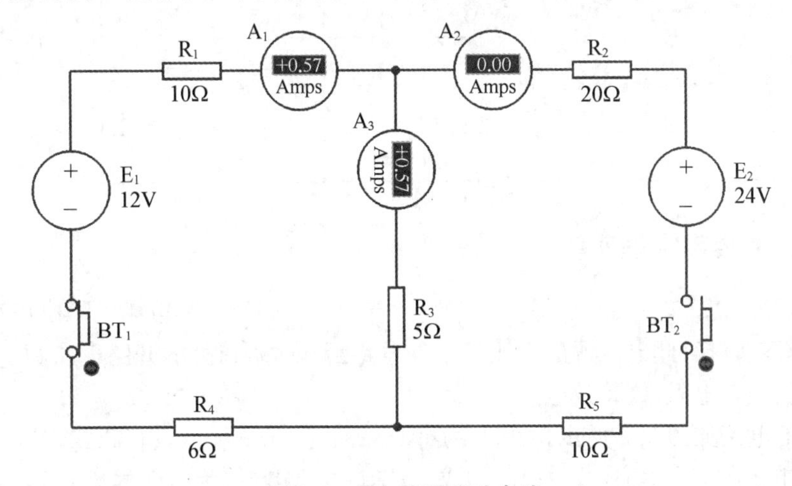


**图 3.1　叠加定理实验电路**

表 3.1　叠加定理实验元器件清单

| 器件名称 | 所在的库 | 说明 |
| --- | --- | --- |
| CSOURCE | ASIMMDLS | 直流电流源 |
| VSOURCE | ASIMMDLS | 直流电压源 |
| RES | DEVICE | 电阻 |
| 1N4007 | DIODE | 整流二极管 |
| BUTTON | ACTIVE | 按钮开关 |

验证叠加定理的具体实验步骤如下：

(1) 在 Proteus 软件中搭建如图 3.1 所示电路并仿真。

(2) 当 $E_1$ 单独作用于电路时，即 $BT_1$ 按下，$BT_2$ 断开时，读取各个电流表的数据，并将数据填入表 3.2 中的第二行。

(3) 当 $E_2$ 单独作用于电路时，将各个电流表所显示的数据填入表 3.2 中的第三行。

(4) 当 $E_1$ 和 $E_2$ 同时作用于电路时，将各个电流表所显示的数据填入表 3.2 中的第四行。

(5) 更改电路，在每一个电阻两端并联一个电压表来测量电阻两端的电压，重复上述步骤，将测量得到的电压值填入表 3.2 中。

(6) 思考问题 1：根据上述实验数据，叠加定理是否成立？与理论计算得出的结果相比是否有误差，为什么？

(7) 思考问题 2：若电阻 $R_5$ 换为二极管(1N4148)，结论如何？

(8) 思考问题 3：若 $E_2$ 换为电流源，叠加定理是否成立？

(9) 完成实验报告 1。

在表 3.2 中，$I_1$、$I_2$ 和 $I_3$ 分别代表流过电阻 $R_1$、$R_2$ 和 $R_3$ 的电流；$U_1$～$U_5$ 分别是相应电阻两端的电压。

表 3.2　叠加定理实验数据

| 被测量值 | $I_1$(A) | $I_2$(A) | $I_3$(A) | $U_1$(V) | $U_2$(V) | $U_3$(V) | $U_4$(V) | $U_5$(V) |
| --- | --- | --- | --- | --- | --- | --- | --- | --- |
| $E_1$ 单独作用 | | | | | | | | |
| $E_2$ 单独作用 | | | | | | | | |
| 同时作用 | | | | | | | | |

### 3.2.2　戴维南定理实验

**戴维南定理**：对外电路而言，任何一个线性有源二端网络总可以用一个电压源和电阻的串联组合来等效置换；此电压源的电压等于外电路断开时端口处的开路电压 $U_{OC}$，而电阻等于这一端口的输入电阻(或等效电阻 $R_0$)。

本实验的电路如图 3.2 所示，$a$ 和 $b$ 为有源二端网络的端口，该有源二端网络内部由一个 100 V 的电压源 $E_1$ 和电阻 $R_1$～$R_3$ 构成。该有源二端网络为右侧的负载 $R_L$ 供电。电压表和电流表分别测量负载两端的电压和流过负载的电流。根据戴维南定理，该有源二端网络可以用一个电压源和一个电阻的串联模型等效替换，如图3.3所示。需要计算出等效电路中电压源的电压$U_{OC}$和等效电阻的阻值$R_0$。在Proteus软件里按照如下要求完成EDA仿真实验，相关数据填入表3.3中。

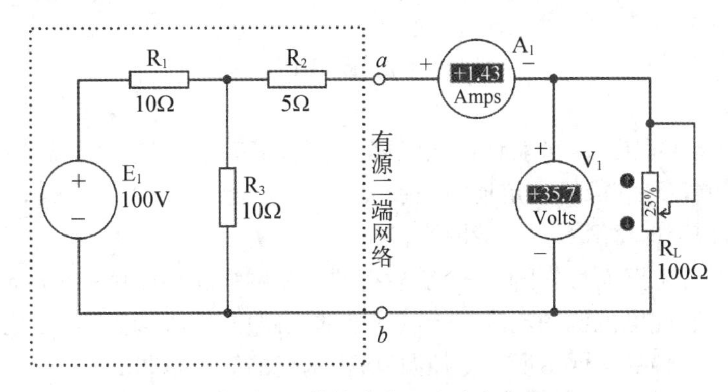


图3.2　戴维南定理实验电路

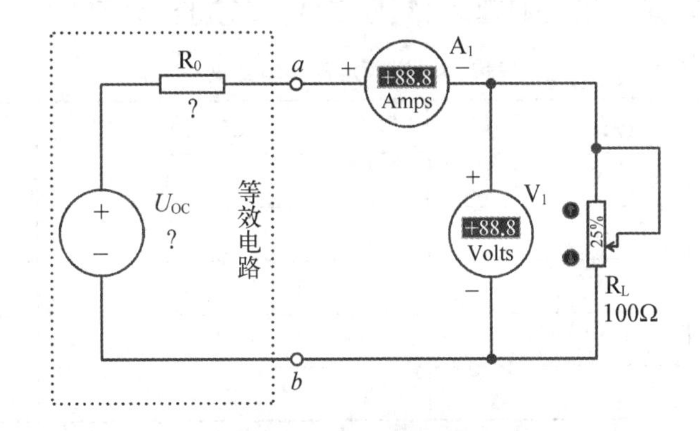


图3.3　戴维南等效电路

表3.3　戴维南定理实验数据

| | $R_L/\Omega$ | 0 | 10 | 25 | 50 | 80 | 100 |
|---|---|---|---|---|---|---|---|
| 原始电路数据 | $U_{ab}/V$ | | | | | | |
| | $I_L/A$ | | | | | | |
| 戴维南等效电路数据 | $U_{ab}/V$ | | | | | | |
| | $I_L/A$ | | | | | | |
| 是否一致 | | | | | | | |

验证戴维南定理的具体实验步骤如下：

(1) 在Proteus软件中搭建如图3.2所示电路并仿真，按照表3.3中的要求，当负载电阻$R_L$的值分别为0,10,……,100时，读取相应的电压和电流值并填入该表中。

(2) 根据戴维南定理计算图3.3中等效电路的电压源电压和输出电阻。

(3) 在Proteus软件中搭建如图3.3所示电路并仿真，填写表3.3。

(4) 根据表3.3中的实验数据来验证戴维南定理的正确性。

(5) 思考问题1：当负载电阻$R_L$取为何值时，$a$,$b$端输出功率最大？

(6) 思考问题2:当负载为0时,理论计算的电压值和仿真的值是不一样的,为什么会出现这种情况?[提示:Proteus 软件中滑动变阻器默认最小阻值(0%时对应的阻值)为0.1 Ω。]

(7) 完成实验报告2。

## 3.3 跟踪训练

在掌握戴维南定理后,本节验证诺顿定理。通过本节实验,应该实现如下**阶段性目标**:

(1) 理解诺顿定理与戴维南定理的关系;

(2) 应用诺顿定理化简有源二端网络。

诺顿定理:对外电路而言,任何一个线性有源二端网络总可以用一个电流源和电阻的并联组合来等效置换;此电流源的电流等于该网络的短路电流 $I_{SC}$,而并联电阻等于该网络中所有独立电源为零值时(但保留所有受控源)所得网络的等效电阻 $R_0$。

本实验的有源二端网络如图3.2所示,根据诺顿定理化简为电流源和电阻的并联形式。实验步骤与戴维南定理实验类似,通过理论计算与EDA仿真实验来填写表3.4。完成实验报告3。

**表3.4 诺顿定理实验数据**

| | $R_L/\Omega$ | 0 | 10 | 25 | 50 | 80 | 100 |
|---|---|---|---|---|---|---|---|
| 原始电路数据 | $U_{ab}/V$ | | | | | | |
| | $I_L/A$ | | | | | | |
| 诺顿等效电路数据 | $U_{ab}/V$ | | | | | | |
| | $I_L/A$ | | | | | | |
| 是否一致 | | | | | | | |

## 3.4 拓展提高

本节**阶段性目标**:灵活应用戴维南定理和诺顿定理进行电路分析。

实验电路如图3.4所示,$a$ 和 $b$ 为有源二端网络的端口,该有源二端网络内部由一个12 V的电池和电阻 $R_1 \sim R_4$ 构成。分别根据戴维南定理和诺顿定理将该电路化简为等效的电压源和电阻的串联模型、电流源和电阻的并联模型。

进行必要的理论计算和仿真分析,完成实验报告4。

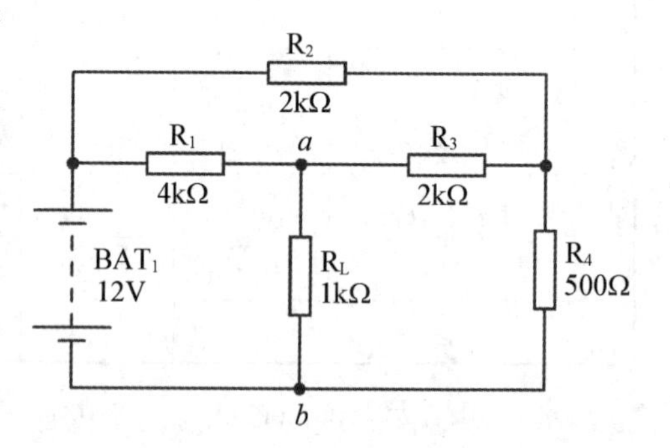


图3.4 电路分析基本定理实验电路图

## 3.5 实验报告

根据上述小节的要求完成实验报告1~4。

## 实验报告 1

（　　年　月　日）

<table>
<tr><td>学生姓名</td><td></td><td>学　　号</td><td></td><td>班　　级</td><td></td></tr>
<tr><td>实验目的和原理</td><td colspan="5">实验题目：叠加定理实验<br>实验目的：<br><br>实验原理：</td></tr>
<tr><td>实验分析和结论</td><td colspan="5">1. 根据上述实验数据，叠加定理是否成立？与理论计算得出的结果相比是否有误差，为什么？<br><br>2. 若电阻 $R_5$ 换为二极管(1N4148)，结论如何？<br><br>3. 若 $E_2$ 换为电流源，叠加定理是否成立？</td></tr>
</table>

## 实验报告 2

（　　年　月　日）

| 学生姓名 | | 学　号 | | 班　级 | |
|---|---|---|---|---|---|
| 实验目的和原理 | **实验题目**：戴维南定理实验<br>**实验目的**：<br><br>**实验原理**： | | | | |
| 实验分析和结论 | 1. 根据实验数据说明戴维南定理的正确性。<br><br>2. 当负载电阻 $R_L$ 的阻值为多大时，$a$，$b$ 端输出功率最大？给出必要的理论分析。<br><br>3. 当负载为 0 时，理论计算的电压值和仿真的值是不一样的，为什么会出现这种情况？ | | | | |

## 实验报告 3

（　　年　月　日）

| 学生姓名 | | 学　号 | | 班　级 | |
|---|---|---|---|---|---|
| 实验目的和原理 | **实验题目**:诺顿定理实验<br>**实验目的**:<br><br>**实验原理**: | | | | |
| 实验分析和结论 | 1. 根据实验数据说明诺顿定理的正确性。<br><br>2. 戴维南定理和诺顿定理的关系是什么?<br><br>3. 若有源二端网络内部有受控源,该如何求等效电阻? | | | | |

## 实验报告 4

（ 年 月 日）

<table>
<tr><td>学生姓名</td><td></td><td>学　号</td><td></td><td>班　级</td><td></td></tr>
<tr><td>实验目的和原理</td><td colspan="5">实验题目：电路分析基本定理综合实验<br>实验目的：<br><br>实验原理：</td></tr>
<tr><td>实验分析和结论</td><td colspan="5">1. 根据戴维南定理画出等效的电路图。<br><br>2. 根据诺顿定理画出等效的电路图。<br><br>3. 计算 $R_L = 1\ k\Omega$ 时，负载电阻的功率。</td></tr>
</table>

【微信扫码】
实验分析与解答

# 第4章

# 半导体器件

## 4.1 内容简介

从本章实验开始进入模拟电路的学习。半导体是导电特性介于导体和绝缘体之间的材料，利用半导体材料特殊的导电特性来构造的电子器件，可用来产生、控制、接收、变换和放大信号。本章主要对半导体二极管和三极管的基本特性进行学习。通过本章实验来理解半导体器件的基本原理，能够灵活应用开关二极管、整流二极管、稳压二极管以及双极型晶体管进行电路的分析与设计。

**理论知识：**

(1) 理解半导体二极管的单向导电特性；

(2) 理解三极管的放大作用。

**专业技能：**

(1) 掌握半导体器件的测试及使用方法；

(2) EDA 仿真软件的使用。

**能力素质：**

(1) 通过半导体器件原理的学习来提高科学素养；

(2) 通过半导体器件的相关实验来提高专业素质；

(3) 通过本章实验来培养学生发现问题、分析问题和解决问题的能力。

**实验方法**

本章实验以 Proteus 仿真为主。

## 4.2 夯实基础

本节进行一些基础性验证实验，包括半导体二极管单向导通特性的测试和三极管导通性的测试。通过本节实验，应该实现如下**阶段性目标**：

(1) 理解二极管和三极管的导通特性；

(2) 能够对二极管或三极管电路进行分析。

### 4.2.1 二极管的单向导通特性

二极管按照其内部P型半导体与N型半导体接触的结构可分为点接触型二极管、面接触型二极管和平面型二极管。按照用途可分为检波二极管、整流二极管、稳压二极管和发光二极管等。无论是什么类型的二极管，它们均具有一个共同的特性：单向导通特性。

当电源的正极连接到二极管的阳极，电源负极连接到二极管的阴极，并且电源电压大于二极管的开启电压时，二极管会正向导通，有较大的电流流过二极管。反之，如果电源的正极连接到二极管的阴极，电源负极连接到二极管的阳极，此时二极管处于反向截止状态，其反向电流非常微弱。

本实验主要验证二极管的正向导通和反向截止特性。所用到的实验器件见表4.1，实验电路如图4.1所示。

**表4.1 二极管导通性测试所需元器件清单**

| 器件名称 | 所在的库 | 说明 |
|---|---|---|
| BATTERY | DEVICE | 电池组 |
| ALTERNATOR | ACTIVE | 正弦交流电 |
| BUTTON | ACTIVE | 按钮开关 |
| RES | DEVICE | 电阻 |
| 1N4007 | DIODE | 整流二极管 |
| LAMP | ACTIVE | 灯泡 |

二极管导通性测试的具体实验步骤如下：

(1) 在Proteus软件中搭建如图4.1所示电路并仿真。

(2) 当开关$BT_1$闭合并且$BT_2$断开，此时二极管是否导通？灯泡$L_1$是否被点亮？观察电压表$V_1$和电流表$A_1$的示数。

(3) 若开关$BT_1$断开并且$BT_2$闭合，此时二极管是否导通？灯泡是否被点亮？观察电压表和电流表的示数。

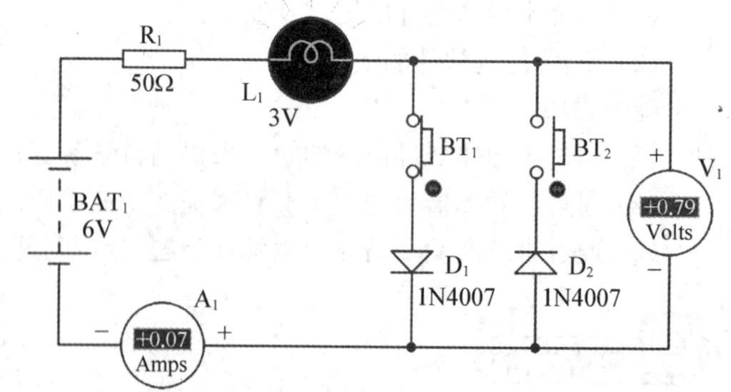


**图4.1 二极管导通性测试电路图(1)**

(4) 思考问题1：二极管导通时的管压降是多大？

(5) 在Proteus软件中搭建如图4.2所示电路，然后运行仿真观察示波器A通道和B通道的波形。

(6) 思考问题 2:正弦波经过二极管后的波形发生了什么变化?如果要显示正弦波的负半周,这个电路该如何更改?

(7) 思考问题 3:经过二极管后的正弦波,其功率变为原来的多少?

(8) 思考问题 4:为了提高电源的利用效率,想使整流输出的波形同时包含正半周和负半周,该如何设计电路?

(9) 完成实验报告 1。

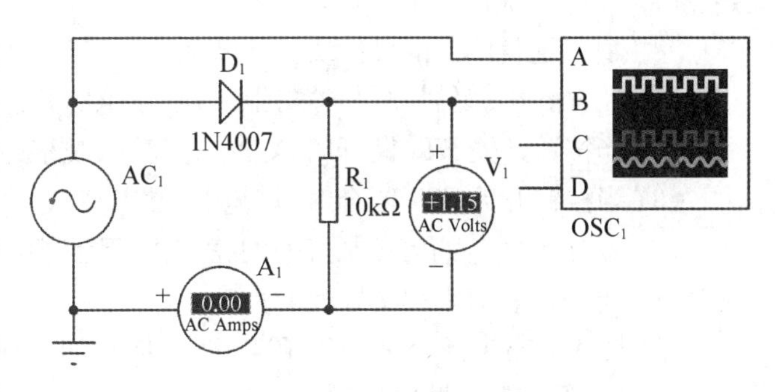


图 4.2　二极管导通性测试电路图(2)

## 4.2.2　三极管的导通特性

三极管又称为半导体三极管或者晶体管,是半导体基本元器件之一,它具有电压及电流放大作用,是电子电路的核心元件。三极管分为 PNP 型和 NPN 型,它们均包含三个区:基区、集电区和发射区。这三个"区"引出三个电极分别称为基极、集电极和发射极。

本节实验主要验证三极管的导通特性以及相应的导通电压。所用到的实验器件见表 4.2,实验电路如图 4.3 所示。

表 4.2　三极管导通性测试所需元器件清单

| 器件名称 | 所在的库 | 说明 |
| --- | --- | --- |
| BATTERY | DEVICE | 电池组 |
| RES | DEVICE | 电阻 |
| PNP | DEVICE | PNP 型三极管 |
| NPN | DEVICE | NPN 型三极管 |
| LAMP | ACTIVE | 灯泡 |

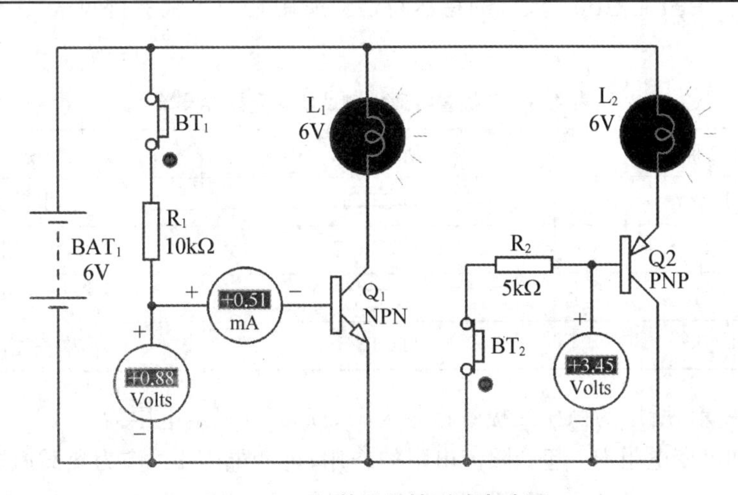


图 4.3　三极管导通性测试电路图

三极管导通性测试的具体实验步骤如下：

(1) 在 Proteus 软件中搭建如图 4.3 所示电路并仿真；

(2) 当按钮开关 $BT_1$ 断开时，灯泡 $L_1$ 熄灭，观察此时左侧的电压表数值；

(3) 当按钮开关 $BT_1$ 闭合时，灯泡 $L_1$ 被点亮；

(4) 思考问题 1：如何控制灯泡的亮度？（提示：用 50 kΩ 可变电阻来替代电阻 $R_1$，通过改变可变电阻的阻值来观察灯泡的亮度。）

(5) 图 4.3 右半部分是基于 PNP 型三极管的导通控制电路，分析它与左半部分基于 NPN 型三极管控制电路的异同；

(6) 思考问题 2：图 4.3 所示右半部分的灯泡是接在电池正极和三极管发射极之间，若更改电路，将灯泡接在电池负极和集电极之间，发射极接在电池正极上，灯泡是否发光？给出仿真结果；

(7) 完成实验报告 2。

## 4.3 跟踪训练

本节进行一些基础性实验，包括稳压二极管的稳压特性测试和三极管电流分配实验。通过本节实验，应该实现如下**阶段性目标**：

(1) 理解并掌握稳压二极管的稳压原理；

(2) 理解三极管的电流分配关系；

(3) 能够对二极管或三极管电路进行分析。

### 4.3.1 稳压二极管的稳压特性

稳压二极管又称为齐纳二极管，是利用 PN 结的反向击穿特性实现稳压效果。具体而言，稳压二极管是工作在反向击穿区，当反向电流在较大的范围内变化时，其两端电压变化却很小。注意，稳压二极管反向击穿时，其电流变化要控制在一定的范围内，否则容易形成永久性的击穿，导致稳压二极管的损坏。

本节实验主要验证稳压二极管的稳压特性。所用到的实验器件见表 4.3，实验电路如图 4.4 所示。

**表 4.3 三极管导通性测试所需元器件清单**

| 器件名称 | 所在的库 | 说明 |
|---|---|---|
| BATTERY | DEVICE | 电池组 |
| RES | DEVICE | 电阻 |
| POT - HG | ACTIVE | 可变电阻 |
| 1N4728 | DIODES | 稳压二极管 |

如图 4.4 所示，所用的稳压二极管型号为 1N4728，其稳定电压为 3.3 V。在图 4.4 中，固定电阻 $R_1$ 和可变电阻 $R_{V_1}$ 起到限流电阻的作用，可变电阻 $R_L$ 作为负载电阻，电压表 $V_1$ 测量负载两端电压，电流表 $A_1$ 测量流过稳压二极管的电流。稳压二极管稳压电路的设计

有几点注意事项：

(1) 稳压二极管正常工作状态的连接方式是反向连接。

(2) 稳压二极管应与负载并联，由于稳压二极管两端电压变化很小，因此输出电压比较稳定。

(3) 必须限制流过稳压管的电流 $I_Z$，因此串联一个限流电阻，从而使流过稳压二极管的电流不能超过规定值，否则会烧坏稳压二极管。

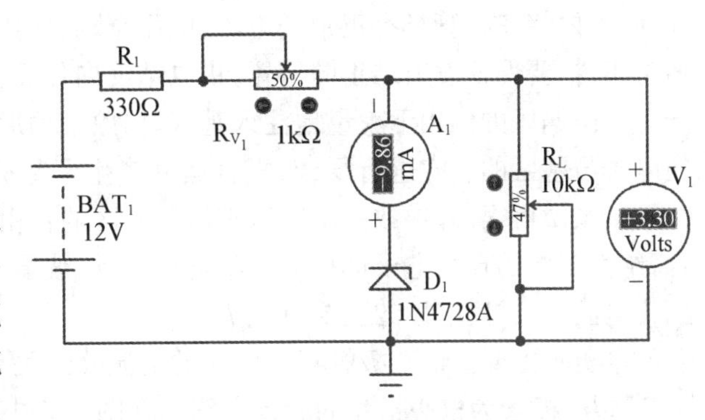


图 4.4　稳压二极管实验电路图

造成电路供电电压不稳定的原因大体有两种，一种是输入的电源电压的波动，比如 220 V 市电电压的不稳定因素。另外一种情况是当负载发生变化时也会对电路电压有一定的影响。因此，我们从这两个方面着手开展实验，具体实验步骤如下：

(1) 在 Proteus 软件中搭建如图 4.4 所示电路并仿真。

(2) 负载 $R_L$ 的阻值调整为 1 kΩ，改变 $R_{V_1}$ 的阻值来模拟输入电压变化这一情形，观察此时电压表和电流表的数值，填写表 4.4。

(3) 思考问题 1：输入电压变化时，负载两端电压有什么变化？

(4) 可变电阻 $R_{V_1}$ 的阻值调整为 0 Ω，改变可变电阻 $R_L$ 的阻值来模拟负载变化这一情形，观察此时电压表和电流表的数值，填写表 4.5。

(5) 思考问题 2：负载阻值发生变化时，负载两端电压有什么变化？

(6) 根据上述实验数据说明稳压二极管的稳压原理。

(7) 思考问题 3：观察实验数据，在什么情况下稳压二极管失去稳压作用？总结利用稳压二极管进行稳压的缺点。

(8) 思考问题 4：若想为负载提供 5.1 V 稳定电压，该选用什么型号稳压管？

(9) 完成实验报告 3。

**表 4.4　输入电压变化时稳压二极管两端电压**

| | $R_{V_1}$/Ω | 0 | 100 | 200 | 500 | 800 | 1 k |
|---|---|---|---|---|---|---|---|
| 稳压二极管数据 | $U$/V | | | | | | |
| | $I$/mA | | | | | | |

**表 4.5　负载变化时稳压二极管两端电压**

| | $R_L$/Ω | 0 | 100 | 500 | 1 k | 5 k | 10 k |
|---|---|---|---|---|---|---|---|
| 稳压二极管数据 | $U$/V | | | | | | |
| | $I$/mA | | | | | | |

### 4.3.2　三极管电流分配关系

三极管在电路中的连接方式有共基极、共集电极和共发射极三种形式。无论连接形式如何，若要使三极管具有正常的电流(电压)放大作用，其外加电压的大小和极性必须合适。通常来讲，要保证发射结正向偏置，集电结反向偏置。发射结正向偏置时，发射区的自由电子在正向偏压的作用下大量地注入基区，扩散运动形成发射极的主要电流 $I_E$。扩散到基区的电子与基区的空穴进行复合，复合运动产生了基极的主要电流 $I_B$。由于基区是低掺杂，并且基区做得很薄，导致由发射区扩散到基区的自由电子只有少部分与基区的空穴进行复合，绝大多数的自由电子都扩散到集电结附近，被集电结反向电压形成的电场所吸引并漂移到集电区，形成集电极的主要电流 $I_C$。

本实验主要验证三极管三个电极的电流分配关系。具体电路如图 4.5 所示，该图是以 NPN 型三极管为核心搭建的验证电路。在图 4.5 中，$R_{V_1}$ 为可变电阻，电流表 $A_1$ 用于测量基极电流 $I_B$，电流表 $A_2$ 用于测量集电极电流 $I_C$，电流表 $A_3$ 用于测量发射极电流 $I_E$，电压表 $V_1$ 用于测量基极电压，电压表 $V_2$ 用于测量集电极电压。

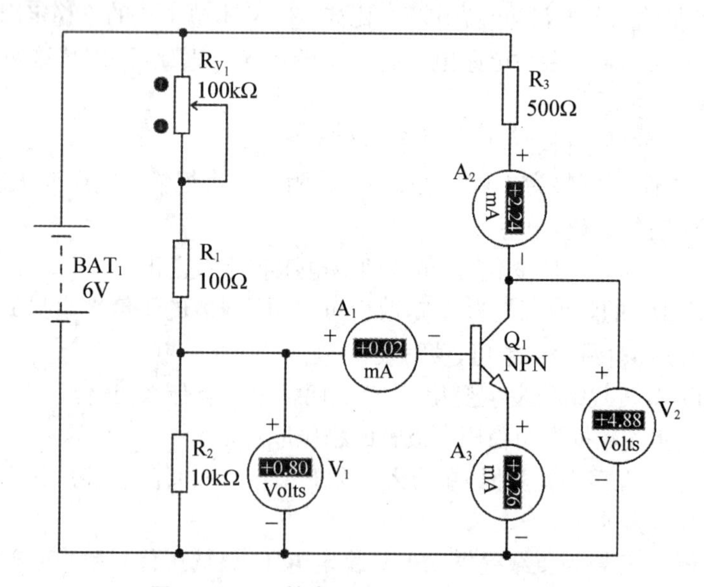


图 4.5 三极管电流分配关系实验电路图

表 4.6 三极管电流分配关系实验数据

| $R_{V_1}$/Ω | 100 | 1 k | 10 k | 20 k | 50 k | 90 k | 100 k |
|---|---|---|---|---|---|---|---|
| $I_B$/mA | | | | | | | |
| $I_C$/mA | | | | | | | |
| $I_E$/mA | | | | | | | |
| $U_B$/V | | | | | | | |
| $U_C$/V | | | | | | | |

具体实验步骤如下：

(1) 在 Proteus 软件中搭建如图 4.5 所示电路并仿真。

(2) 在仿真电路中调整 $R_{V_1}$ 的阻值，观察不同 $R_{V_1}$ 取值下电压表和电流表的数值并填写表 4.6。

(3) 根据实验数据给出 NPN 型三极管基极、集电极和发射极的电流分配关系。

(4) 根据实验数据计算电流放大倍数。

(5) 思考问题 1：基极电压为多大时或者 $R_{V_1}$ 取值为多大时三极管发射结才能正向导通？

(6) 思考问题 2：搭建电路，验证 PNP 型三极管的电流分配关系。

(7) 完成实验报告 4。

## 4.4　拓展提高

在第一章的 1.2.2 节我们进行了电容充放电实验。在该实验中，由于电容容量的限制，以及灯泡电阻较小，导致灯泡很快将电容所存储的电量消耗掉。那么，如何在图 1.2 所示电路的基础上加入三极管控制电路来增加灯泡的点亮时间？通过本节实验，应该实现如下**阶段性目标**：灵活应用三极管进行电路设计。

实验电路如图 4.6 所示，所用的元器件见表 4.7。

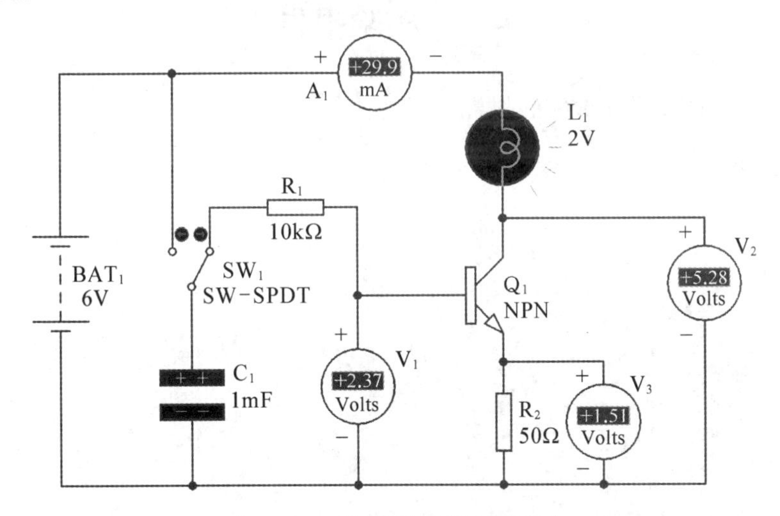


图 4.6　三极管控制实验电路图

表 4.7　三极管控制电路实验元器件清单

| 器件名称 | 所在的库 | 说明 |
| --- | --- | --- |
| BATTERY | DEVICE | 电池组 |
| CAPACITOR | ASIMMDLS | 电容 |
| RES | DEVICE | 电阻 |
| NPN | DEVICE | NPN 型三极管 |
| LAMP | ACTIVE | 灯泡 |
| LED - RED | ACTIVE | 发光二极管 |
| SW - SPDT | ACTIVE | 单刀双掷开关 |

在图 4.6 中，电压表 $V_1$ 测量三极管的基极电压，$V_2$ 测量三极管的集电极电压，$V_3$ 测量

三极管的发射极电压。电路工作时，首先将单刀双掷开关拨到左侧，电池为电容 $C_1$ 充电。当充电完成后，将开关拨到右侧。此时电容两端的电压加载到三极管的基极，使得三极管饱和导通，灯泡 $L_1$ 被点亮。随着时间的推移，电容两端电压逐渐下降，当该电压小于三极管发射结的开启电压时，三极管截止，灯泡熄灭。

具体实验步骤如下：

(1) 在 Proteus 软件中搭建如图 4.6 所示电路并仿真。

(2) 思考问题 1：与第一章 1.2.2 节的实验电路相比，在同样容量的电容条件下，图 4.6 中基于三极管的电容充放电电路能够使灯泡维持更长的点亮时间，其原因是什么？

(3) 思考问题 2：如果去掉电阻 $R_2$，灯泡的亮度如何？其持续点亮的时间有什么变化？

(4) 思考问题 3：用 PNP 型三极管来实现同样功能的电路并完成仿真。

(5) 思考问题 4：若用发光二极管来替代灯泡，其持续点亮的时间有什么变化？给出仿真电路图。

(6) 完成实验报告 5。

## 4.5 实验报告

根据上述小节的要求完成实验报告 1～5。

## 实验报告 1

（　　年　月　日）

<table>
<tr><td>学生姓名</td><td></td><td>学　　号</td><td></td><td>班　　级</td><td></td></tr>
<tr><td>实验目的和原理</td><td colspan="5">实验题目：二极管导通性实验<br>实验目的：<br><br>实验原理：</td></tr>
<tr><td>实验分析和结论</td><td colspan="5">1. 二极管导通时的管压降是多大？<br><br>2. 正弦波经过二极管后的波形发生了什么变化？如果要显示正弦波的负半周，这个电路该如何更改？<br><br>3. 经过二极管后的正弦波，其功率变为原来的多少？<br><br>4. 为了提高电源的利用效率，想使整流输出的波形同时包含正半周和负半周，该如何设计电路？</td></tr>
</table>

## 实验报告 2

（　　年　月　日）

<table>
<tr><td>学生姓名</td><td></td><td>学　　号</td><td></td><td>班　　级</td><td></td></tr>
<tr><td>实验目的和原理</td><td colspan="5">实验题目：三极管导通性实验电路<br>实验目的：<br><br>实验原理：</td></tr>
<tr><td>实验分析和结论</td><td colspan="5">1. 用 50 kΩ 可变电阻来替代电阻 $R_1$，当可变电阻的阻值设定为多大时灯泡刚好点亮？灯泡最亮时，灯泡两端的电压是多少？<br><br>2. 基于 PNP 型三极管的导通控制电路与基于 NPN 型的区别是什么？<br><br>3. 图 4.3 所示右半部分的灯泡是接在电池正极和三极管发射极之间，若更改电路，将灯泡接在电池负极和集电极之间，发射极接在电池正极上，灯泡是否发光？为什么？</td></tr>
</table>

## 实验报告 3

（　　年　月　日）

<table>
<tr><td>学生姓名</td><td></td><td>学　　号</td><td></td><td>班　　级</td><td></td></tr>
<tr><td>实验目的和原理</td><td colspan="5">实验题目：稳压二极管实验<br>实验目的：<br><br>实验原理：</td></tr>
<tr><td>实验分析和结论</td><td colspan="5">1. 输入电压变化时，负载两端电压有什么变化？<br><br>2. 负载阻值发生变化时，负载两端电压有什么变化？<br><br>3. 根据上述实验数据说明稳压二极管的稳压原理。<br><br>4. 观察实验数据，在什么情况下稳压二极管失去稳压效果？总结利用稳压管进行稳压的缺点。<br><br>5. 若想为负载提供 5.1 V 稳定电压，该选用什么型号稳压管？</td></tr>
</table>

## 实验报告 4

(　　年　月　日)

| 学生姓名 | | 学　号 | | 班　级 | |
|---|---|---|---|---|---|
| 实验目的和原理 | **实验题目**:三极管电流分配关系实验<br>**实验目的**:<br><br>**实验原理**: | | | | |
| 实验分析和结论 | 1. 根据实验数据给出 NPN 型三极管基极、集电极和发射极的电流分配关系。<br><br>2. 根据实验数据计算电流放大倍数。<br><br>3. 基极电压为多大时或者 $R_{V_1}$ 的阻值为多大时三极管发射结才能正向导通?<br><br>4. 验证 PNP 型三极管的电流分配关系,画出电路图。 | | | | |

## 实验报告 5

（　　年　月　日）

<table>
<tr><td>学生姓名</td><td></td><td>学　　号</td><td></td><td>班　　级</td><td></td></tr>
<tr><td>实验目的和原理</td><td colspan="5">实验题目：三极管控制实验<br>实验目的：<br><br>实验原理：</td></tr>
<tr><td>实验分析和结论</td><td colspan="5">1. 为什么基于三极管的电容充放电电路能够使灯泡维持更长的点亮时间，其原因是什么？<br><br>2. 如果去掉电阻 $R_2$，灯泡的亮度如何？其持续点亮的时间有什么变化？<br><br>3. 用 PNP 型三极管来实现同样功能的电路，画出电路图。</td></tr>
</table>

【微信扫码】
实验分析与解答

# 第5章

# 放大电路基础

## 5.1 内容简介

放大电路是使用最为广泛的电子电路之一，可以将电信号进行不失真地放大，也是构成其他电子电路的基础单元电路。放大电路放大的本质是能量的控制和转换。本章主要对三极管基本放大电路进行学习。通过本章实验理解放大电路的本质，掌握三种基本组态放大电路，掌握三极管静态工作点的稳定方法，能够对三极管放大电路进行基本的分析。

**理论知识：**

(1) 理解放大电路的作用、本质及构成；

(2) 掌握放大电路的直流通路与交流通路；

(3) 掌握不同基本组态放大电路的电路结构、特性、主要参数和应用；

(4) 理解基本放大电路存在的缺点及静态工作点稳定的必要性。

**专业技能：**

(1) 基本放大电路的设计；

(2) 放大电路静态工作点的调试；

(3) EDA 仿真软件的使用。

**能力素质：**

(1) 通过对放大电路本质的理解来提高科学素养；

(2) 通过对基本组态放大电路的分析与计算来提高专业素质；

(3) 通过本章实验来培养学生发现问题、分析问题和解决问题的能力。

本章实验以 Proteus 仿真和理论计算为主。

## 5.2 夯实基础

三极管放大电路是将微弱的信号电压或电流进行不失真的放大，使负载从放大电路所获取的能量远高于信号源所提供的能量。因此，放大电路的本质是能量的控制和转换。一般而言，一个典型的放大电路是由多个单级放大电路构成。本章主要开展有关单级放大电路的实验。本节进行一些基础验证性实验，包括共集电极放大电路和共发射极放大电路及其静态工作点的调试。通过本节实验，应该实现如下**阶段性目标**：

(1) 理解并掌握共集电极、共发射极放大电路的构成及原理；

(2) 掌握基本单级放大电路的调试方法；

(3) 能够灵活应用理论计算和EDA仿真实验进行放大电路的分析。

### 5.2.1 共集电极放大电路

在共集电极放大电路中，信号从基极输入，从发射极输出。集电极是信号输入和输出的公共端口，因此称为共集电极放大电路。共集电极放大电路具有输入电阻高、输出电阻低，具有电流放大作用，电压放大倍数接近于1，并且输入信号和输出信号的相位相同。因此，共集电极放大电路又称为射极跟随器。

本实验主要完成共集电极放大电路的搭建，通过仿真来观察放大电路的截止失真，同时完成静态工作点的调试。具体实验电路如图5.1所示，图中信号源是频率为500 Hz、幅度为0.5 V的正弦波，示波器A通道测量的是信号源波形，B通道测量的是放大后的波形。表5.1是本实验所需元件的清单。

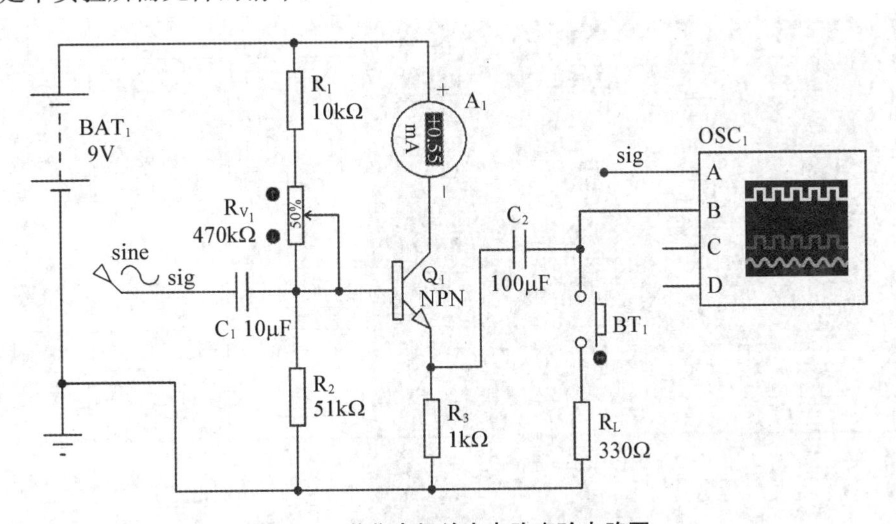


图5.1 共集电极放大电路实验电路图

表5.1 共集电极放大电路实验元器件清单

| 器件名称 | 所在的库 | 说明 |
| --- | --- | --- |
| BATTERY | DEVICE | 电池组 |
| CAP | DEVICE | 电容 |

续表

| 器件名称 | 所在的库 | 说明 |
|---|---|---|
| RES | DEVICE | 电阻 |
| POT - HG | ACTIVE | 可变电阻 |
| NPN | ASIMMDLS | NPN 型三极管 |
| BUTTON | ACTIVE | 按钮开关 |

具体实验步骤如下：

(1) 在 Proteus 软件中搭建如图 5.1 所示电路，完成信号源的设定，示波器按照图 5.2 所示的界面进行设定，按下仿真按钮。

(2) 滑动变阻器 $R_{V_1}$ 中间抽头位置放在 50%处，按钮开关断开，即放大电路不接负载电阻 $R_L$，此时观察输入和输出波形，看输出波形是否有失真。

(3) 接下来按下按钮开关，接入负载电阻，观察示波器，输出波形是否失真？为什么？

(4) 调整滑动变阻器 $R_{V_1}$ 中间抽头位置实现静态工作点的调整，使得失真情况消失。

(5) 思考问题 1：如何测定该电路的电流放大倍数？

(6) 思考问题 2：该电路是否有电压放大能力？

(7) 思考问题 3：若三极管 $r'_{bb}=300\ \Omega$，$U_{BEQ}=0.7\ V$，放大倍数 $\beta=100$，计算静态工作点。

(8) 总结共集电极放大电路的特点，并完成实验报告 1。

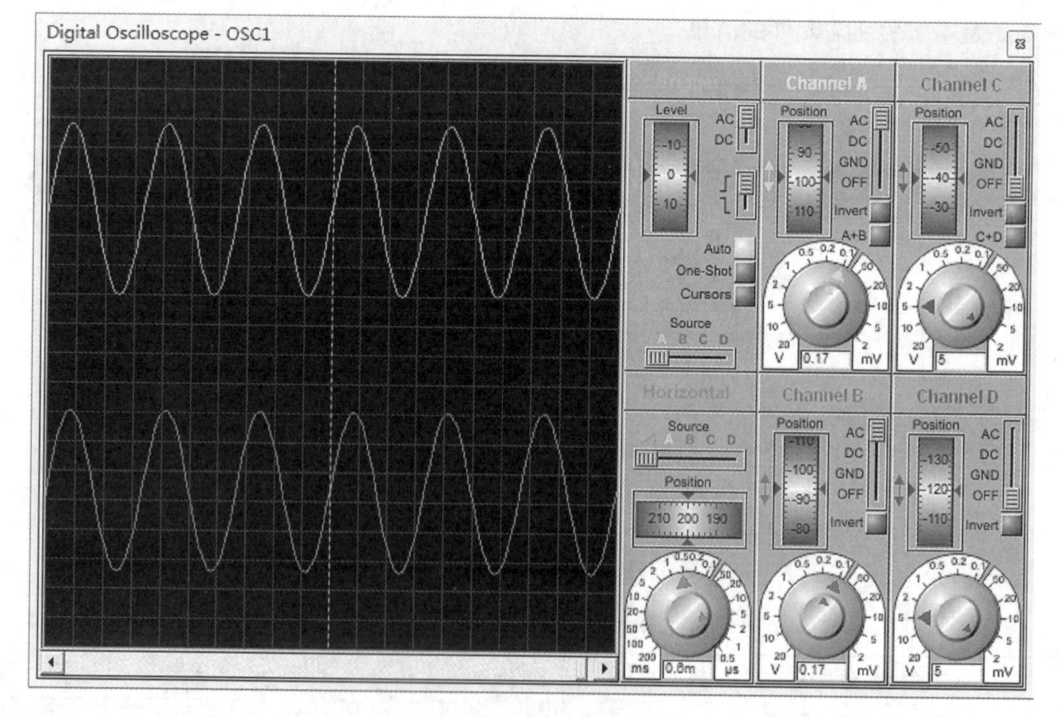


图 5.2 示波器界面

### 5.2.2 共发射极放大电路

在共发射极放大电路中，信号从基极输入，从集电极输出。发射极是信号输入和输出的公共端口，因此称为共发射极放大电路。共发射极放大电路既具有电压放大作用，也具有电流放大作用。输出电压和输入电压反相，输入电阻适中，输出电阻较大，频带较窄，常用于低频电压放大。

本实验主要完成共发射极放大电路的搭建，通过仿真实验来观察放大电路的饱和失真和截止失真，同时完成静态工作点的测试。具体实验电路如图 5.3 所示，图中信号源是频率为 1 kHz、幅度为 0.1 V 的正弦波，示波器 A 通道测量的是信号源波形，B 通道测试的是放大后的波形。

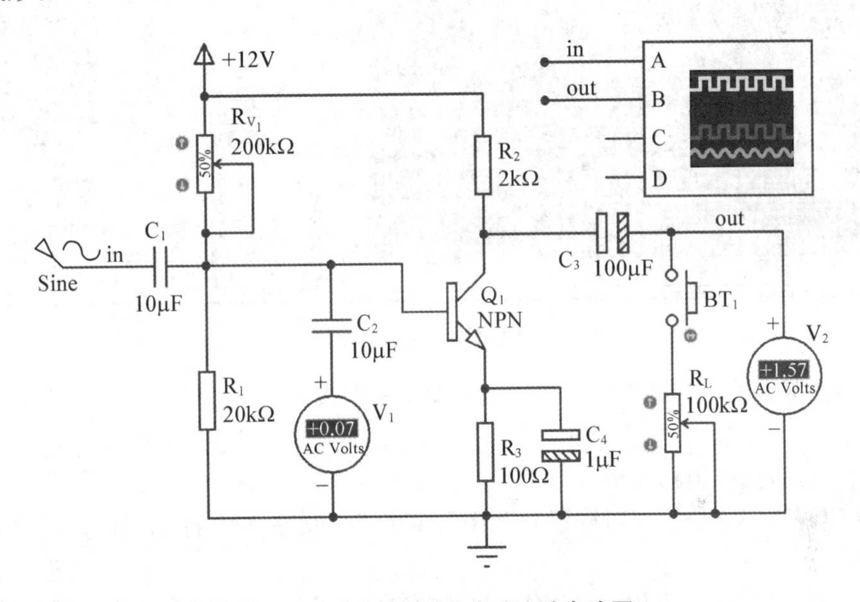


**图 5.3　共发射极放大电路实验电路图**

实验元件的参数如图 5.3 所示，可变电阻 $R_{V_1}$ 用于调整静态工作点，$C_3$ 是电解电容，注意电解电容是有正、负极性区别的。图中 $V_1$ 和 $V_2$ 是交流电压表，$V_1$ 用于测量输入信号的电压，$V_2$ 用于测量放大输出信号的电压。电源电压为 12 V。按钮开关 $BT_1$ 的作用是控制负载电阻 $R_L$ 是否接入电路中。本实验所使用的元器件及其所在的库参见表 5.2。

**表 5.2　共发射极放大电路实验元器件清单**

| 器件名称 | 所在的库 | 说明 |
|---|---|---|
| CAP - ELEC | DEVICE | 电解电容 |
| CAP | DEVICE | 电容 |
| RES | DEVICE | 电阻 |
| POT - HG | ACTIVE | 可变电阻 |
| NPN | ASIMMDLS | NPN 型三极管 |
| BUTTON | ACTIVE | 按钮开关 |

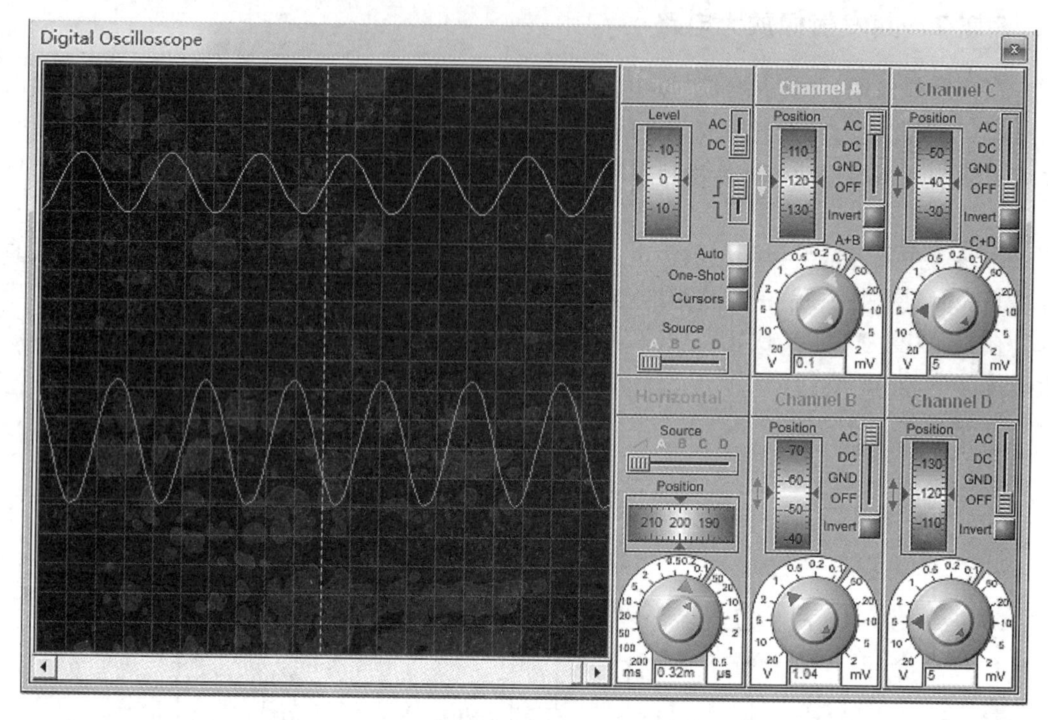


图 5.4 示波器界面

共发射极放大电路静态工作点测试的具体实验步骤如下：

(1) 在 Proteus 软件中搭建如图 5.3 所示电路，完成信号源的设定，示波器按照图 5.4 的界面进行设定，按下仿真按钮。

(2) 根据表 5.3 的内容，当按钮开关 $BT_1$ 断开时，观察电压表 $V_1$ 和 $V_2$，将数据填入该表。

(3) 当 $BT_1$ 按下时，将负载电阻 $R_L$ 接入电路，改变 $R_L$ 的数值，记录电压表 $V_1$ 和 V2 的示数，并填写表 5.3。

(4) 根据表 5.3 的实验数据计算电压放大倍数 $A_u$。

(5) 思考问题 1：该电路的输入、输出电阻是多大?

(6) 思考问题 2：设定三极管 $Q_1$ 的放大倍数为 10，运行仿真，观察出现了什么失真？此时该如何调整电路参数使得输出信号不失真?

(7) 思考问题 3：当 $R_L=50\ k\Omega$，分别设置三极管的放大倍数为 10 和 200，求不失真放大倍数 $A_u$ 的值。

(8) 放大倍数重新设定为 100，通过改变 $R_{V_1}$ 的值观测截止失真和饱和失真。

(9) 思考问题 4：保持初始静态工作点不变，输入信号的电压增大到 1 V，输出波形发生了什么变化？此时，如果要想输出波形正常，该如何调整电路?

(10) 思考问题 5：当电源电压变为 5 V，会产生什么失真？调整 $R_{V_1}$ 尽量使得输出波形正常，然后重新对表 5.3 中的数据进行测量。$A_u$ 的值变化大吗？为什么会出现这种情况?

(11) 完成实验报告 2。

表 5.3 共发射极放大电路的电压放大倍数

| $R_L/\Omega$ | 开路 | 100 k | 75 k | 50 k | 25 k | 10 k | 5 k | 1 k |
|---|---|---|---|---|---|---|---|---|
| $U_i$/mV | | | | | | | | |
| $U_o$/V | | | | | | | | |
| $A_u$ | | | | | | | | |

# 5.3 跟踪训练

本节进行两个应用性实验，包括三极管控制继电器实验和基于三极管放大电路的电流源实验。通过本节实验，应该实现如下**阶段性目标**：

(1) 掌握三极管饱和导通和截止的条件；

(2) 理解电流源的原理。

## 5.3.1 三极管控制继电器实验

在工厂中，大型用电设备的供电电压一般都是上千伏特甚至更高，如果通过开关直接操作高压电的通断来给设备供电会很危险，容易造成触电事故。在自动化控制电路中，我们采用继电器来隔离高压电。继电器实际上是用小电流去控制大电流运作的一种“自动开关”。操作人员通过低压电的通断来控制高压电，从而提高了安全性，避免弱电和强电之间的直接联系，实现了安全隔离。本实验用于模拟这种低压电控制高压电的过程，利用三极管放大电路的饱和导通和截止两个状态来控制继电器，继电器的高压电回路驱动一个电机，如图 5.5 所示。

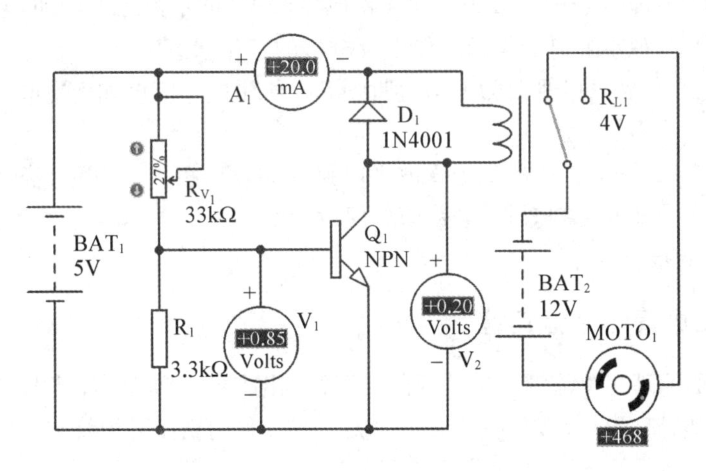


图 5.5 三极管控制继电器实验电路图

在图 5.5 中，当三极管 $Q_1$ 饱和导通时，继电器的电磁铁线圈通电产生吸力使得继电器 $R_{L1}$ 吸合，此时右侧“高压电”回路的电机开始转动。若三极管 $Q_1$ 处于截止状态，继电器内部电磁铁线圈中的电流几乎为零，此时继电器 $R_{L1}$ 释放，电机停止转动。有一点需要注意，当继电器 $R_{L1}$ 由导通变为截止时，继电器线圈两端产生很高的反向电压，以继续维持线圈电流。该反电势一般很高，容易造成三极管的击穿。为此，在继电器线圈两端并联一个二极管，为反向电压提供了放电回路，从而保护了三极管。在仿真电路中可以忽略这个二极管，但是在实际的硬件电路中一定要使用这个二极管。

在图5.5中，继电器左侧回路的供电电压为5 V，右侧回路的供电电压为12 V。通过改可变电阻的阻值来完成三极管饱和导通和截止状态的转换。继电器的动作电压设定为4 V。本节实验中，元件的参数见表5.4。

**表5.4 三极管控制继电器实验元器件清单**

| 器件名称 | 所在的库 | 说明 |
| --- | --- | --- |
| BATTERY | DEVICE | 电池组 |
| RES | DEVICE | 电阻 |
| POT - HG | ACTIVE | 可变电阻 |
| NPN | DEVICE | NPN型三极管 |
| 1N4001 | DIODE | 二极管 |
| RELAY | ACTIVE | 继电器 |
| MOTOR - DC | MOTORS | 电机 |

三极管控制继电器实验的具体实验步骤如下：

(1) 在Proteus软件中搭建如图5.5所示电路，可变电阻$R_{V_1}$中间抽头位置放在50%处，运行仿真，判断此时三极管的工作状态。

(2) 改变可变电阻$R_{V_1}$中间抽头位置使得电压表$V_1$的示数逐渐增加，直到三极管处于饱和导通状态为止，观察继电器是否动作以及电机的工作状态。

(3) 思考问题1：若三极管改为PNP型，图5.5所示电路应该如何更改才能实现同样的控制效果？

(4) 思考问题2：图5.5中的三极管放大电路为共发射极放大电路，若改为共集电极放大电路，并且实现同样的控制效果，电路该如何设计？

(5) 完成实验报告3。

### 5.3.2 三极管电流源实验

电流源，又称为理想电流源，是从实际电源抽象出来的一种模型，其端口能向外部提供一个恒定不变的电流而与所接负载的大小无关。本节利用稳压二极管和三极管设计一款输出电流大小为25 mA的电流源，如图5.6所示。

在图5.6中，稳压二极管$D_1$的型号为1N4728，它与电阻$R_1$一起构成稳压电路，为三极管的基极提供约为3.3 V左右的稳定电压。电流表$A_1$测量三极管的基极电流，$A_2$测量电流源的输出电流。“A”和“B”端口是电流源的输出端口，其两端接入负载。在本实验中，负载用可变电阻$R_L$代替。

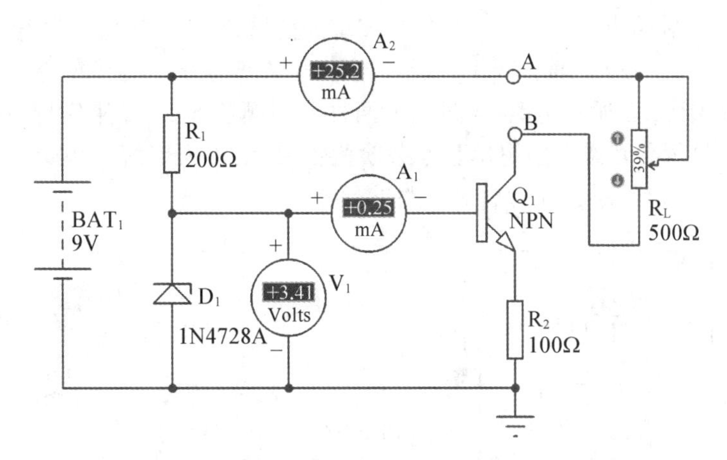


图 5.6 三极管电流源实验电路图

表 5.5 给出了实验所用元器件清单，注意：NPN 型三极管所在的库为 ASIMMDLS。

表 5.5 三极管电流源实验元器件清单

| 器件名称 | 所在的库 | 说明 |
| --- | --- | --- |
| BATTERY | DEVICE | 电池组 |
| RES | DEVICE | 电阻 |
| POT - HG | ACTIVE | 可变电阻 |
| NPN | ASIMMDLS | NPN 型三极管 |
| 1N4728 | DIODE | 稳压二极管 |

三极管电流源实验的具体步骤如下：

(1) 在 Proteus 软件中搭建如图 5.6 所示电路并运行仿真。

(2) 假设电流源输出电流用 $I$ 来表示，负载 $R_L$ 按照表 5.6 进行取值，然后将输出的电流填入该表。

(3) 思考问题 1：负载 $R_L$ 取值为多大时输出电流开始小于 25 mA？

(4) 思考问题 2：若想使该电流源电路输出电流约为 20 mA（负载在一定范围内变化），那么需要更改哪些电路参数？

(5) 思考问题 3：根据此电路，设计基于 PNP 型三极管的电流源电路。

(6) 填写实验报告 4。

表 5.6 电流源输出电流数值

| $R_L/\Omega$ | 0 | 10 | 50 | 100 | 200 | 300 | 400 | 500 |
| --- | --- | --- | --- | --- | --- | --- | --- | --- |
| $I$/mA | | | | | | | | |

## 5.4 拓展提高

多谐振荡器是一种能够自动产生矩形波的自激振荡器，在本书第 13 章将会进一步学习相关内容。本节实验给出一款基于三极管的多谐振荡器，利用三极管的深度正反馈，通过阻容耦合使两个三极管轮流导通和截止，从而自激产生方波输出。为了能够方便观察自激振荡，本节实验给出图 5.7 所示电路，通过加入两种不同颜色的 LED 来实现双闪灯电路。表 5.7 给出了本实验所需元器件的清单。本节**阶段性目标**：深入理解三极管放大电路的饱和导通与截止的关系，能够对三极管放大电路进行分析。

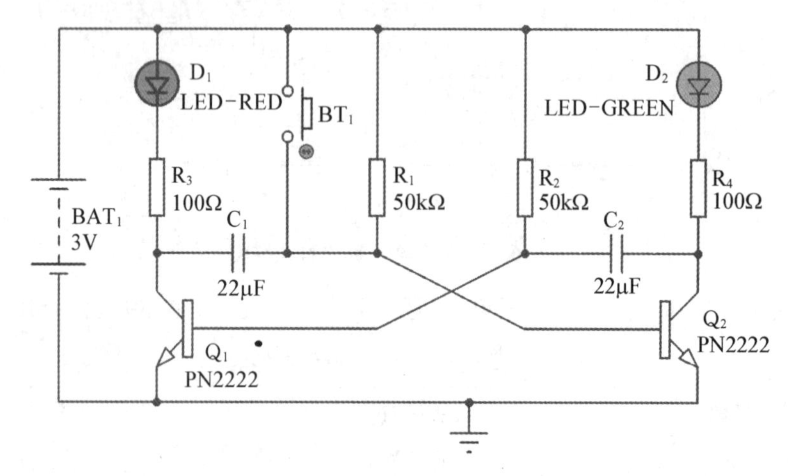


**图 5.7 双闪灯实验电路图**

在图 5.7 所示电路中，由于三极管的差异性，当电源接通的瞬间只会有一只三极管先导通。假设三极管 $Q_1$ 先饱和导通，红颜色发光二极管 $D_1$ 被点亮。此时 $U_{CE1}$ 约为 0.3 V，电源通过电阻 $R_1$ 为电容 $C_1$ 充电。由于充电时电容相当于短路，所以 $Q_2$ 基极约为 0.3 V，故 $Q_2$ 截止。此时 $D_1$ 点亮，$D_2$ 熄灭。当 $C_1$ 充电结束，三极管 $Q_2$ 基极为高电平，$Q_2$ 饱和导通，$D_2$ 被点亮，同时 $C_1$ 上电荷被泄放，$Q_1$ 截止，$D_1$ 熄灭。此时，电源通过 $R_2$ 为电容 $C_2$ 充电，充电一瞬间 $Q_1$ 基极电位为低电平，使 $Q_1$ 持续处于截止状态。此时 $D_1$ 熄灭，$D_2$ 点亮。当 $C_2$ 充电完成，$Q_1$ 基极转换为高电平，$Q_1$ 再次导通。最终两只三极管轮流导通，使得两个发光二极管轮流点亮。

注意：在如图 5.7 所示电路中有一个按钮开关 $BT_1$，在运行仿真时需要按动一次该按钮来给电路一个自激扰动，以便观察到双闪灯的效果。之所以这么做是因为仿真软件中，三极管 $Q_1$ 和 $Q_2$ 均为理想三极管，其特性完全一致，那么这个电路是无法形成自激振荡的。通过加入一个按钮开关，按下该按钮就人为地使 $Q_2$ 先进入饱和导通状态，接下来电路就自动进入振荡状态。对于实际的硬件电路，不需要这个开关，无需这方面的考虑。

**表 5.7 双闪灯实验元器件清单**

| 器件名称 | 所在的库 | 说明 |
| --- | --- | --- |
| BATTERY | DEVICE | 电池组 |
| RES | DEVICE | 电阻 |
| POT - HG | ACTIVE | 可变电阻 |
| PN2222 | FAIRCHLD | NPN 型三极管 |
| LED - RED | ACTIVE | 发光二极管 |

续表

| 器件名称 | 所在的库 | 说明 |
| --- | --- | --- |
| LED - GREEN | ACTIVE | 发光二极管 |
| CAP | DEVICE | 电容 |
| BUTTON | ACTIVE | 按钮开关 |

双闪灯实验的具体步骤如下：

(1) 在 Proteus 软件中搭建如图 5.7 所示电路并运行仿真。

(2) 思考问题 1：发光二极管轮流导通的周期受哪些元件参数的控制？

(3) 思考问题 2：如何用 PNP 型三极管(PN2907)来重新设计该电路？

(4) 思考问题 3：如何实现三个 LED 轮流导通？设计相应的电路。

(5) 完成实验报告 5。

## 5.5　实验报告

根据上述小节的要求完成实验报告 1～5。

## 实验报告 1

（　　年　月　日）

<table>
<tr><td>学生姓名</td><td></td><td>学　号</td><td></td><td>班　级</td><td></td></tr>
<tr><td>实<br>验<br>目<br>的<br>和<br>原<br>理</td><td colspan="5">实验题目：共集电极放大电路实验<br>实验目的：<br><br>实验原理：</td></tr>
<tr><td>实<br>验<br>分<br>析<br>和<br>结<br>论</td><td colspan="5">1. 如何测定图 5.1 所示电路的电流放大倍数？<br><br>2. 图 5.1 所示电路是否有电压放大能力？<br><br>3. 若三极管 $r'_{bb}=300\ \Omega$，$U_{BEQ}=0.7\ V$，放大倍数 $\beta=100$，计算静态工作点。<br><br>4. 总结共集电极放大电路的特点。</td></tr>
</table>

## 实验报告 2

（　　年　月　日）

<table>
<tr><td>学生姓名</td><td></td><td>学　　号</td><td></td><td>班　　级</td><td></td></tr>
<tr><td>实<br>验<br>目<br>的<br>和<br>原<br>理</td><td colspan="5">实验题目：共发射极放大电路实验<br>实验目的：<br><br>实验原理：</td></tr>
<tr><td>实<br>验<br>分<br>析<br>和<br>结<br>论</td><td colspan="5">1. 图 5.3 所示电路的输入、输出电阻是多大？<br><br>2. 设定三极管 $Q_1$ 的放大倍数为 10，运行仿真，观察出现了什么是真？此时该如何调整电路参数使得输出信号不失真？<br><br>3. 当 $R_L=50\ k\Omega$，分别设置三极管的放大倍数为 10 和 200，求不失真放大倍数 $A_u$ 的值。<br><br>4. 放大倍数重新设定为 100，通过改变 $R_{V_1}$ 的值观测截止失真和饱和失真。<br><br>5. 保持初始静态工作点不变，输入信号的电压增大到 1 V，输出波形发生了什么变化？此时，如果要想输出波形正常，该如何调整电路？<br><br>6. 当电源电压变为 5 V，会产生什么失真？调整 $R_{V_1}$ 尽量使得输出波形正常，然后重新对表 5.3 中的数据进行测量。$A_u$ 的值变化大吗？为什么会出现这种情况？</td></tr>
</table>

## 实验报告 3

（　　年　月　日）

<table>
<tr><td>学生姓名</td><td></td><td>学　号</td><td></td><td>班　级</td><td></td></tr>
<tr><td>实<br>验<br>目<br>的<br>和<br>原<br>理</td><td colspan="5">实验题目：三极管控制继电器实验<br>实验目的：<br><br>实验原理：</td></tr>
<tr><td>实<br>验<br>分<br>析<br>和<br>结<br>论</td><td colspan="5">1. 若三极管改为 PNP 型，图 5.5 所示电路应该如何更改才能实现同样的控制效果？画出电路图。<br><br>2. 图 5.5 中的三极管放大电路更改为共集电极放大电路，并且实现同样的控制效果，电路该如何设计？画出电路图。</td></tr>
</table>

## 实验报告 4

（ 年 月 日）

<table>
<tr><td>学生姓名</td><td></td><td>学 号</td><td></td><td>班 级</td><td></td></tr>
<tr><td>实验目的和原理</td><td colspan="5">实验题目：三极管电流源实验<br>实验目的：<br><br>实验原理：</td></tr>
<tr><td>实验分析和结论</td><td colspan="5">1. 负载 $R_L$ 取值为多大时输出电流开始小于 25 mA？<br><br>2. 若想使该电流源电路输出电流约为 20 mA（负载在一定范围内变化），那么需要更改哪些电路参数？<br><br>3. 根据图 5.6 所示电路，设计基于 PNP 型三极管的电流源电路，画出电路图。</td></tr>
</table>

## 实验报告 5

( 年 月 日)

<table>
<tr><td>学生姓名</td><td></td><td>学　　号</td><td></td><td>班　　级</td><td></td></tr>
<tr><td>实验目的和原理</td><td colspan="5">实验题目:双闪灯实验<br>实验目的:<br><br>实验原理:</td></tr>
<tr><td>实验分析和结论</td><td colspan="5">1. 发光二极管轮流导通的周期受哪些元件参数的控制?<br><br>2. 如何用 PNP 型三极管(PN2907)来重新设计该电路?画出电路图。<br><br>3. 如何实现三个 LED 轮流导通?设计相应的电路。</td></tr>
</table>

【微信扫码】
实验分析与解答

# 第6章

# 放大电路进阶

## 6.1 内容简介

本章进一步学习三极管放大电路。通过本章实验掌握典型放大电路的构成，掌握多级放大电路及其耦合方式，理解负反馈在放大电路中的作用，理解功率放大的本质，能够综合应用相关知识来分析和设计放大电路。

**理论知识：**

(1) 掌握典型放大电路的构成；

(2) 掌握多级放大电路及其耦合方式；

(3) 理解负反馈在放大电路中的作用；

(4) 理解功率放大的本质；

(5) 掌握功率放大电路的构成和分析方法。

**专业技能：**

(1) 多级放大电路的分析与设计；

(2) 负反馈的四种组态及判断；

(3) 常见功率放大电路的典型电路连接；

(4) 综合应用相关知识来分析和设计放大电路；

(5) EDA仿真软件的使用。

**能力素质：**

(1) 通过对功率放大电路本质以及负反馈在放大电路中所起到的作用的理解来提高科学素养；

(2) 通过对多级放大电路的分析与计算来提高专业素质；

(3) 通过本章实验来培养学生发现问题、分析问题和解决问题的能力。

本章实验以Proteus仿真和理论计算为主。

## 6.2 夯实基础

本节进行一些基础验证性实验，包括差分放大电路和负反馈放大电路。通过本节实验，应该实现如下**阶段性目标**：

(1) 理解差分放大电路的构成、特点和工作原理；

(2) 掌握差分放大电路的调试方法；

(3) 理解负反馈在放大电路中的作用；

(4) 能够灵活应用理论计算和 EDA 仿真进行放大电路的分析。

### 6.2.1 差分放大电路

直耦合多级放大电路的优点是能够放大频率变化缓慢的信号，但是由于环境温度的变化以及电子噪声的影响导致放大电路存在零点漂移问题。为了解决这一问题，采用参数特性一致的两个三极管来构造差分放大电路并作为多级放大电路的输入级。本节实验主要研究差分放大电路的特性。具体实验电路如图 6.1 所示，所用到的元器件清单见表 6.1。

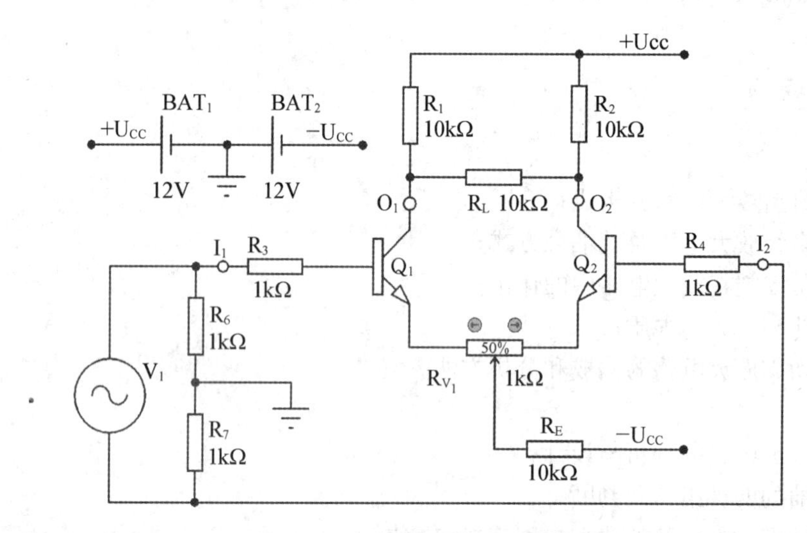


**图 6.1 差分放大电路实验电路图**

**表 6.1 差分放大电路实验元器件清单**

| 器件名称 | 所在的库 | 说明 |
| --- | --- | --- |
| CELL | DEVICE | 电池 |
| VSINE | ASIMMDLS | 正弦电压源 |
| RES | DEVICE | 电阻 |
| POT - HG | ACTIVE | 可变电阻 |
| NPN | ASIMMDLS | NPN 型三极管 |

图 6.1 的左上角用两个电池构造了正负电源并为差分放大电路供电。在图 6.1 中，三极管 $Q_1$ 和 $Q_2$ 的参数一致；电阻 $R_1$ 和 $R_2$ 的阻值相同，均为 10 kΩ；电阻 $R_3$ 和 $R_4$ 的阻值均

为1 kΩ。采用正弦电压源 $V_1$ 来作为信号源，但要对其参数进行设定：电源幅度为0.1 V，频率为1 kHz。

在图6.1中，$I_1$ 和 $I_2$ 为差分放大电路的信号输入端口。两个三极管的集电极作为输出端口，在图中用 $O_1$ 和 $O_2$ 来标识。$O_1$ 和 $O_2$ 间所连接的电阻 $R_L$ 作为负载电阻。可变电阻 $R_{V_1}$ 用于调整差分放大电路的零点。由于仿真电路是在理想条件下进行的，只需将可变电阻的中间抽头放在50%位置即可。若是搭建硬件电路，根本无法保证所用的两个三极管特性一致。因此，需要将差分放大电路的输入端接地，用万用表来测量三极管 $Q_1$ 和 $Q_2$ 的集电极电位，通过调整 $R_{V_1}$ 使得这两个三极管的集电极电位相同，从而实现零点的调节。

差分放大电路具体实验步骤如下：

(1) 在 Proteus 软件中搭建如图6.1所示电路，首先将差分放大电路信号输入端 $I_1$ 和 $I_2$ 接地，也就是没有信号输入，接下来用直流电压表来测量两个三极管的静态工作点数据，运行仿真并填写表6.2。

(2) 完成信号源的设定，并将正弦波信号接入到 $I_1$ 和 $I_2$ 端口，运行仿真，通过示波器观察输入和输出波形，看输出波形是否有失真。

(3) 若将 $I_1$ 和 $I_2$ 端口连在一起，正弦波信号 $V_1$ 一端接 $I_1$ 端口，另外一端接地，测量单端($O_1$ 或 $O_2$)输出和双端输出的电压并计算共模放大倍数 $A_{UC}$，相关数据填入表6.3中(用交流电压表测量)。

(4) $I_1$ 和 $I_2$ 端口重新按照图6.1的形式连接，测量输出电压并计算差模放大倍数 $A_{Ud}$。

(5) 思考问题1：该电路的共模抑制比是多少？

(6) 思考问题2：分析图6.1所示电路对差模信号进行放大而抑制共模信号的原因；

(7) 思考问题3：差分放大电路是如何抑制零点漂移的？

(8) 填写实验报告1。

**表6.2 差分放大电路静态工作点(电压/V)数据**

| $U_{B_1}$ | $U_{C_1}$ | $U_{E_1}$ | $U_{B_2}$ | $U_{C_2}$ | $U_{E_2}$ |
|---|---|---|---|---|---|
| | | | | | |

**表6.3 差分放大电路共模放大倍数**

| 单端输出 | | | | 双端输出 | |
|---|---|---|---|---|---|
| $U_{C_1}$ | $U_{C_2}$ | $A_{UC_1}$ | $A_{UC_2}$ | $U_{C_1C_2}$ | $A_{UC}$ |
| | | | | | |

### 6.2.2 负反馈放大电路

晶体管收音机的高频放大电路要求有较高的输入电阻以适应微弱天线信号的放大需求，在功率放大环节又要求有较低的输出电阻以提高带负载的能力。此外，收音机电路中有一个名为AGC自动增益控制的电路，其功能是自动适应电台信号强度的变化，使得信号能够在一定的幅度范围内较为平稳地进行放大。所有这些对放大电路的不同需求往往要在电路中引入负反馈。

负反馈是反馈的一种，是将放大电路输出端信号通过反馈网络送回到放大电路的输入端，从而使输出信号减小。因此，负反馈是以牺牲放大倍数为代价来换取放大电路性能的提高。负反馈的基本组态有：串联电压负反馈、串联电流负反馈、并联电压负反馈和并联电流负反馈。通过选择不同的反馈组态可以提高放大倍数的稳定性，改变输入和输出电阻的大小，减小非线性失真和抑制干扰噪声。

本节实验主要研究负反馈放大电路的特性，具体实验电路如图 6.2 所示。信号源是幅度为 0.1 V，频率为 1 kHz 的正弦波。三极管 $Q_1$ 的放大倍数设定为 100。其他元件参数如图 6.2 所示。按钮开关 $BT_1$ 用于控制负载 $R_L$ 是否接入电路，$BT_2$ 用于控制由电阻 $R_4$ 和电容 $C_4$ 所构成的反馈回路是否接入到电路中。交流电压表 $V_1$ 用于测量输入的信号电压，$V_2$ 用于测量放大后的信号电压。示波器 A 通道用于显示输入的正弦波信号，B 通道显示放大后的信号波形。本实验所用到的元器件清单及所在的元件库详见表 6.4。

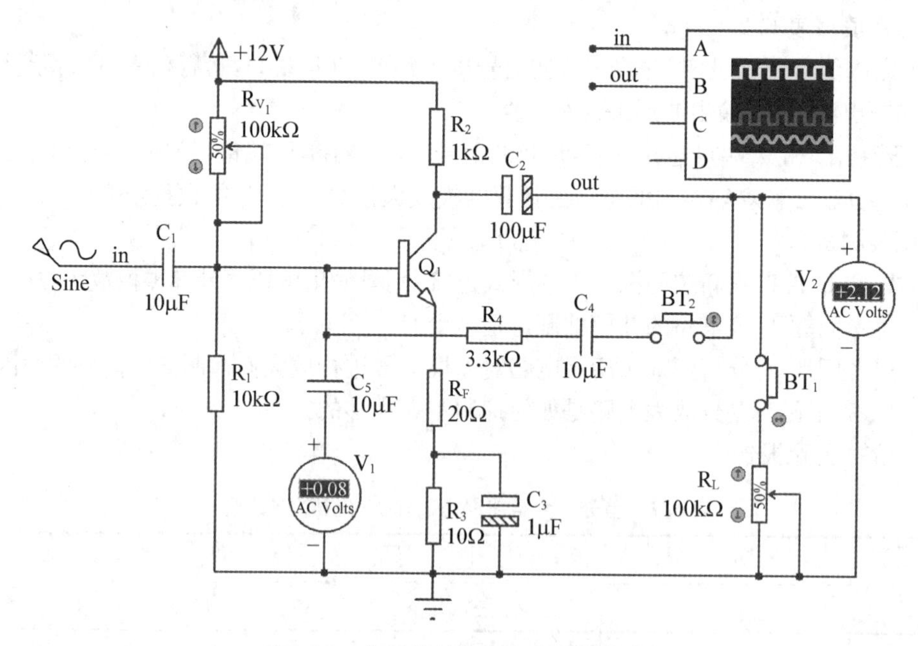


图 6.2 负反馈放大电路实验电路图

表 6.4 负反馈放大电路实验元器件清单

| 器件名称 | 所在的库 | 说明 |
|---|---|---|
| RES | DEVICE | 电阻 |
| POT - HG | ACTIVE | 可变电阻 |
| NPN | ASIMMDLS | NPN 型三极管 |
| CAP | DEVICE | 电容 |
| CAP - ELEC | DEVICE | 电解电容 |
| BUTTON | ACTIVE | 按钮开关 |

负反馈放大电路具体实验步骤如下：

(1) 在 Proteus 软件中搭建如图 6.2 所示电路，按钮开关 $BT_1$ 闭合，$BT_2$ 断开，反馈电阻 $R_F$ 的阻值设定为 20 Ω，运行仿真并观察两个电压表的示数，将相关结果填入表 6.5 中。

(2) 停止仿真，将反馈电阻设定为 100 Ω 时再次运行仿真，将实验数据填写到表 6.6 中。

(3) 思考问题 1：当 $R_F$ 的阻值多大时，$A_u=1$？

(4) 思考问题 2：当 $R_F=20\ \Omega$ 时，电路的输入电阻、输出电阻是多少？

(5) 思考问题 3：说明此时($BT_2$ 断开时)电路的反馈类型。

(6) 接下来按钮开关 $BT_2$ 闭合，将由电阻 $R_4$ 和电容 $C_4$ 所构成的反馈回路接入电路，反馈电阻 $R_F$ 的阻值设定为 20 Ω，运行仿真并将实验数据填入表 6.7 中。

(7) 思考问题 4：在同样的 $R_F=20\ \Omega$ 条件下，按钮开关 $BT_2$ 的断开和闭合会使放大倍数发生什么变化？

(8) 思考问题 5：由电阻 $R_4$ 和电容 $C_4$ 所构成的反馈是什么类型的？

(9) 思考问题 6：图 6.2 中的负反馈提升了放大电路的哪些性能指标？

(10) 完成实验报告 2。

**表 6.5　反馈电阻 $R_F=20\ \Omega$ 时的放大倍数**

| $R_L/\Omega$ | 开路 | 100 k | 50 k | 10 k | 1 k | 100 |
| --- | --- | --- | --- | --- | --- | --- |
| $U_i$/mV | | | | | | |
| $U_o$/V | | | | | | |
| $A_u$ | | | | | | |

**表 6.6　反馈电阻 $R_F=100\ \Omega$ 时的放大倍数**

| $R_L/\Omega$ | 开路 | 100 k | 50 k | 10 k | 1 k | 100 |
| --- | --- | --- | --- | --- | --- | --- |
| $U_i$/mV | | | | | | |
| $U_o$/V | | | | | | |
| $A_u$ | | | | | | |

**表 6.7　反馈电阻 $R_F=20\ \Omega$ 时的放大倍数(BT2 闭合时)**

| $R_L/\Omega$ | 开路 | 100 k | 50 k | 10 k | 1 k | 100 |
| --- | --- | --- | --- | --- | --- | --- |
| $U_i$/mV | | | | | | |
| $U_o$/V | | | | | | |
| $A_u$ | | | | | | |

## 6.3　跟踪训练

单级放大电路往往不能满足多方面的需求。以扩音机为例，驻极体话筒的输出电压在几毫伏左右，而分立元件单级放大电路的放大倍数一般在 100 倍左右，其放大输出的信号电压无法推动扬声器工作。因此，我们需要放大后的信号有足够的功率，即放大输出的信号电压要足够的高，输出电流要足够的大。本节进行两个实验，包括直耦合多级放大电路实验和功率放大电路实验。前一个实验重点关注信号电压的放大，而后一个实验重点关注输出信号功率的提升(有足够大的输出电流)。通过本节实验，应该实现如下**阶段性目标**：

(1) 理解恒流源差分放大电路的原理；

(2) 理解功率放大的本质；

(3) 掌握功率放大电路的基本构成。

### 6.3.1 直耦合多级放大电路

本实验是在6.2.1节差分放大实验电路的基础上改进而来，对原始差分放大电路加入有源负载，其输出端连接第二级放大电路。这两级放大电路的耦合方式是直耦合。具体实验电路如图6.3所示。在该图中，采用两个电池组构造了正负电源并为差分放大电路供电。采用正弦电压源(电源幅度为1 mV，频率为1 kHz)来作为信号源，并与电阻 $R_6$ 和 $R_7$ 一起构成差模信号。该差模信号加载到由晶体管 $Q_1$～$Q_3$ 所构成的差分放大电路的输入端。晶体管 $Q_2$ 的集电极作为差分放大的输出端，与第二级放大电路 $Q_4$ 的基极相连。示波器A通道用于显示差分放大后的正弦波信号，B通道显示第二级放大后的输出信号波形。在仿真电路中加入交流电压表用于测量第一级和第二级放大电路的输出信号电压(注意：为了与电路中的直流电源隔离，交流电压表应串联一个10 μF的电容后再接入电路中，具体可参考图6.2中的电压表 $V_1$ 的连接形式)。

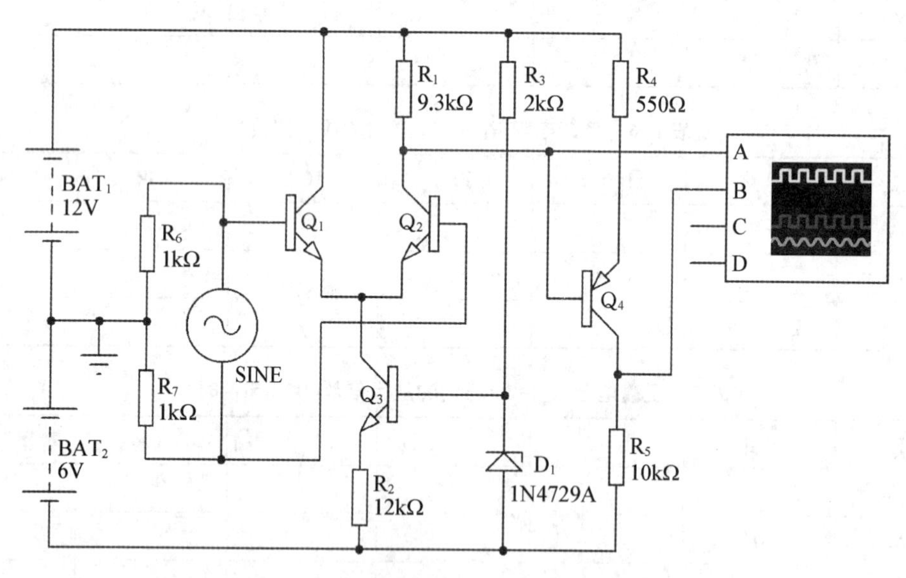


**图6.3 直耦合多级放大电路实验电路图**

本节实验主要研究直耦合多级放大电路的特性，包括静态工作点测试、差模和共模放大倍数以及共模抑制比的计算。所使用的元件及所在的库参考表6.8。三极管 $Q_1$～$Q_3$ 的放大倍数均设定为100。电阻的阻值、稳压二极管型号和电池电压等参数如图6.3所示。

表 6.8　直耦合多级放大电路实验元器件清单

| 器件名称 | 所在的库 | 说明 |
| --- | --- | --- |
| RES | DEVICE | 电阻 |
| NPN | ASIMMDLS | NPN 型三极管 |
| PNP | ASIMMDLS | NPN 型三极管 |
| CAP | DEVICE | 电容 |
| 1N4729 | ZENERF | 稳压二极管 |
| VSINE | ASIMMDLS | 正弦电压源 |

在 Proteus 软件中搭建如图 6.3 所示电路，并对相关元件参数进行设定。直耦合多级放大电路具体实验步骤如下：

(1) 首先将差分放大电路信号输入端(三极管 $Q_1$ 和 $Q_2$ 的基极)接地，改变三极管 $Q_2$ 的集电极电阻 $R_1$ 的阻值，用直流电压表来测量三极管 $Q_2$ 和 $Q_4$ 的集电极电位并填写表 6.9。

(2) 接下来，将三极管 $Q_1$ 和 $Q_2$ 的基极连在一起，正弦波信号(注意：此时正弦波信号要与电阻 $R_6$ 和 $R_7$ 断开)一端接 $Q_1$ 基极，另外一端接地，测量并计算第一级和第二级放大电路的共模放大倍数，相关数据填入表 6.10 中(注意：第一级输出用交流电压表的毫伏挡位测量)。

(3) 按照图 6.3 所示的连接形式重新调整电路，运行仿真，测量输出电压并计算差模放大倍数，相关数据填入表 6.11 中。

(4) 思考问题 1：根据表 6.10 和 6.11 中数据，该电路的共模抑制比是多少？

(5) 思考问题 2：三极管 $Q_3$ 在差分放大电路中起到什么作用？

(6) 思考问题 3：稳压二极管更换为 1N4728 和 1N4732 后，差模放大倍数是否有改变，其具体数值是多少？

(7) 注意：仿真中使用的电压表测量的是电压的有效值，而我们在进行信号源的设定时，其电压值是信号的幅度，在填表计算时需要注意。

(8) 填写实验报告 3。

表 6.9　直耦合多级放大电路静态工作点(电压/V)数据

| $R_1$/kΩ | 9.0 | 9.3 | 9.5 | 9.7 | 10.0 | 11.0 |
| --- | --- | --- | --- | --- | --- | --- |
| $U_{CQ_2}$/V | | | | | | |
| $U_{CQ_4}$/V | | | | | | |

表 6.10　直耦合多级放大电路共模放大倍数

| 共模信号电压/mV | 第一级输出电压/mV | 第一级放大倍数 | 第二级输出电压/mV | 第二级放大倍数 | 整个电路的放大倍数 |
| --- | --- | --- | --- | --- | --- |
| | | | | | |

表 6.11　直耦合多级放大电路差模放大倍数

| 差模信号电压/mV | 第一级输出电压/mV | 第一级放大倍数 | 第二级输出电压/mV | 第二级放大倍数 | 整个电路的放大倍数 |
| --- | --- | --- | --- | --- | --- |
| | | | | | |

### 6.3.2 功率放大电路

一个音频放大电路通常包含输入级、中间级和输出级三个部分。6.3.1 节实验相当于一个放大电路的输入级，而本节实验关注输出级，即功率放大电路。功率放大电路主要向负载提供足够大的输出功率，以便推动如扬声器、电动机之类的功率负载。图 6.4 是本节实验的电路图，该电路是一个基本的双电源乙类互补对称功率放大电路。

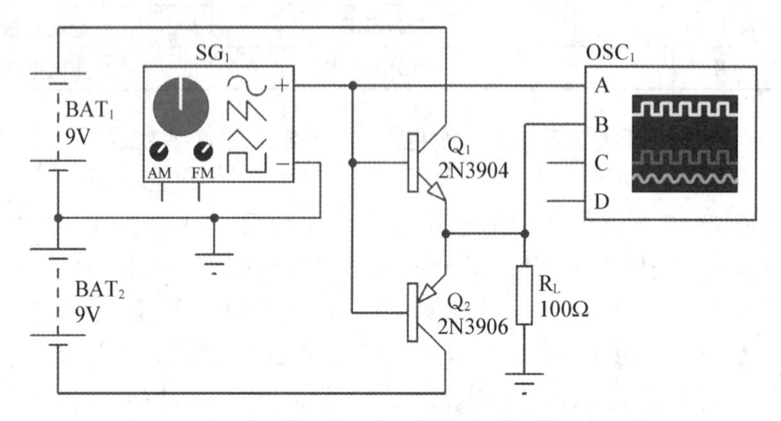


图 6.4 乙类互补对称功率放大电路“交越失真”实验电路图

在图 6.4 中，信号源是幅度为 1 V，频率为 100Hz 的正弦波信号，其设置如图 6.5 所示。该信号源是使用 Proteus 中的信号发生器 $SG_1$ 产生，其输出接三极管 $Q_1$ 和 $Q_2$ 的基极。示波器的 A 通道测量信号源波形，B 通道测量功率放大输出信号波形。实验所使用的元器件及所在的元件库可参考表 6.12。

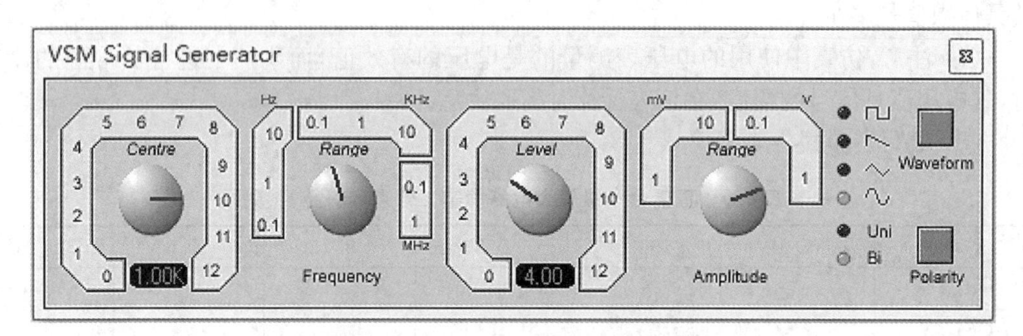


图 6.5 推挽功率放大电路信号源设定

表 6.12 互补对称功率放大电路实验元器件清单

| 器件名称 | 所在的库 | 说明 |
| --- | --- | --- |
| RES | DEVICE | 电阻 |
| 2N3904 | BIPOLAR | NPN 型三极管 |
| 2N3906 | BIPOLAR | PNP 型三极管 |
| 1N4148 | DIODE | 开关二极管 |
| VSINE | ASIMMDLS | 正弦电压源 |

图 6.4 中的乙类互补对称功率放大电路的一个重要缺点是：放大后的输出信号存在交越失真。三极管只有在发射结加载正向电压、集电结加载反向电压时才有放大作用。图 6.4 所示电路中，当信号源的电压低于 PN 结的开启电压时，三极管处于截止状态，此时三极管不具有放大作用，负载 $R_L$ 上并没有电流流过，在信号波形上出现一段“死区”。本节实验首先要通过仿真来观察交越失真现象。为了解决交越失真问题，我们对图 6.4 进行改进，得到如图 6.6 所示的甲乙类功率放大电路。图 6.6 中信号源的设定与图 6.4 相同。

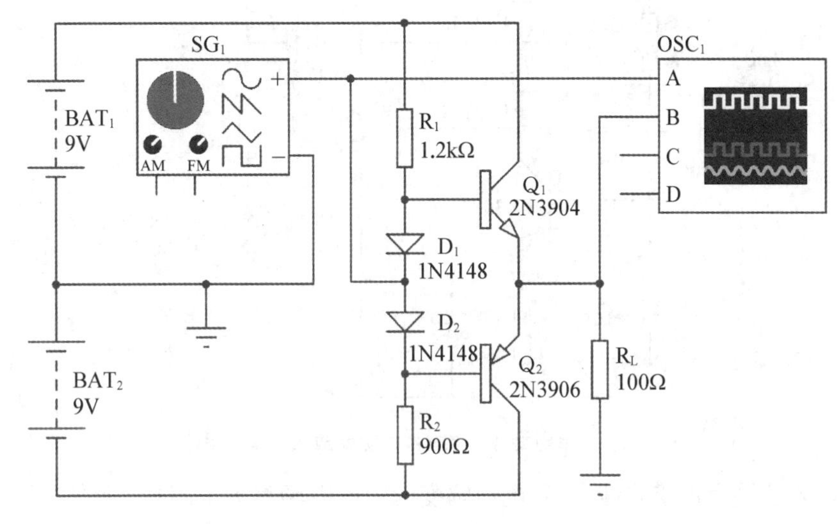


**图 6.6　甲乙类互补对称功率放大实验电路**

功率放大电路具体实验步骤如下：

(1) 首先在 Proteus 软件中搭建如图 6.4 所示电路，运行仿真并观察交越失真。

(2) 思考问题 1：在图 6.4 所示电路中，负载电阻 $R_L$ 阻值的改变是否会影响交越失真的程度？

(3) 接下来搭建如图 6.6 所示电路并运行仿真，观察是否还存在交越失真。

(4) 思考问题 2：分析图 6.6 的原理，给出该电路能够克服交越失真的原因。

(5) 思考问题 3：图 6.6 所示电路是否有电压放大能力？

(6) 完成实验报告 4。

## 6.4　拓展提高

上一节实验中的甲乙类互补对称功率放大电路仅仅属于单级放大电路，能够提升输出电流，但对电压的放大能力却十分有限。另外，该电路还需要双电源供电，无论是在使用的便捷性，还是电路成本上都不是最好的选择。本节实验进一步优化图 6.6 所示电路，在其基础上加上一级电压放大，并且采用单电源供电的 OTL 电路连接形式。本节**阶段性目标**：深入理解典型功率放大电路的构成及其电路设计。

本节实验如图 6.7 所示，在该电路中，输入的正弦波信号先经过三极管 $Q_1$ 进行电压放大，放大后的信号再经过 $Q_2$ 和 $Q_3$ 组成的互补对称电路进行功率放大。电源电压为 18 V。示波器用于测量输入和输出信号。本节实验所涉及的元器件及所在的元件库可参考前几节

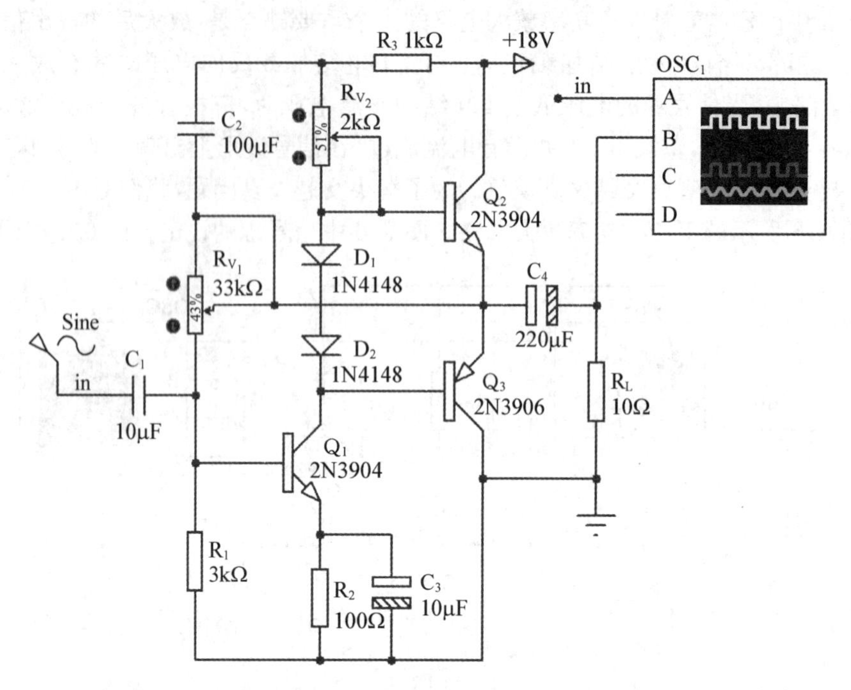


**图 6.7　单电源甲乙类 OTL 功率放大实验电路图**

的清单。输入信号为正弦波信号，其电压幅度为 1 mV，频率为 1 kHz。具体实验步骤如下：

(1) 在 Proteus 软件中搭建如图 6.7 所示电路并运行仿真，通过调整可变电阻 $R_{V_1}$ 中间抽头的位置来减小输出波形失真。

(2) 在电路输出端接入交流电压表，当负载取不同的数值时，测量输出电压的数值并计算电压放大倍数 $A_u$。

(3) 思考问题 1：负载 $R_L$ 的阻值为多大时，其所获得的功率最大？

(4) 思考问题 2：图 6.7 中电解电容 $C_4$ 所起到的作用是什么？

(5) 思考问题 3：图 6.7 中电阻 $R_2$ 和电容 $C_3$ 所起到的作用是什么？

(6) 思考问题 4：更改电路，在第一级放大电路中引入电流串联负反馈来改善输出波形。

(7) 完成实验报告 5。

**表 6.13　单电源甲乙类 OTL 功率放大实验数据**

| $R_L/\Omega$ | 开路 | 1 | 5 | 10 | 20 | 100 |
|---|---|---|---|---|---|---|
| $U_o/V$ | | | | | | |
| $A_u$ | | | | | | |

## 6.5　实验报告

根据上述小节的要求完成实验报告 1～5。

## 实验报告 1

（　　年　月　日）

<table>
<tr><td>学生姓名</td><td></td><td>学　　号</td><td></td><td>班　　级</td><td></td></tr>
<tr><td>实<br>验<br>目<br>的<br>和<br>原<br>理</td><td colspan="5">实验题目：差分放大电路实验<br>实验目的：<br><br>实验原理：</td></tr>
<tr><td>实<br>验<br>分<br>析<br>和<br>结<br>论</td><td colspan="5">1. 根据表 6.2 的数据计算集电极电流和 $U_{CE}$ 的值。<br><br>2. 图 6.1 所示电路的共模抑制比是多少？如何提高共模抑制比？<br><br>3. 差分放大电路为什么会放大差模信号而抑制共模信号？<br><br>4. 差分放大电路是如何抑制零点漂移的？</td></tr>
</table>

## 实验报告 2

（　　年　月　日）

<table>
<tr><td>学生姓名</td><td></td><td>学　　号</td><td></td><td>班　　级</td><td></td></tr>
<tr><td>实<br>验<br>目<br>的<br>和<br>原<br>理</td><td colspan="5">实验题目：负反馈放大电路实验<br>实验目的：<br><br>实验原理：</td></tr>
<tr><td>实<br>验<br>分<br>析<br>和<br>结<br>论</td><td colspan="5">1. 当 $R_F$ 的阻值多大时，$A_u=1$？<br><br>2. 当 $R_F=20\ \Omega$ 时，电路的输入电阻、输出电阻是多少？<br><br>3. 说明 $BT_2$ 断开时电路的反馈类型。<br><br>4. 在同样的 $R_F=20\ \Omega$ 条件下，按钮开关 $BT_2$ 的断开和闭合会使放大倍数发生什么变化？<br><br>5. 由电阻 $R_4$ 和电容 $C_4$ 所构成的反馈是什么类型的？<br><br>6. 图 6.2 中的负反馈提升了放大电路的哪些性能指标？</td></tr>
</table>

## 实验报告 3

（　　年　月　日）

| 学生姓名 | | 学　号 | | 班　级 | |
|---|---|---|---|---|---|
| 实验目的和原理 | **实验题目**：直耦合多级放大电路实验<br>**实验目的**：<br><br>**实验原理**： | | | | |
| 实验分析和结论 | 1. 根据表 6.10 和 6.11 中数据，计算电路的共模抑制比。<br><br>2. 三极管 $Q_3$ 在差分放大电路中起到什么作用？<br><br>3. 稳压二极管更换为 1N4728 和 1N4732 后，差模放大倍数是否有改变，其具体数值是多少？ | | | | |

## 实验报告 4

（　　年　月　日）

<table>
<tr><td>学生姓名</td><td></td><td>学　号</td><td></td><td>班　级</td><td></td></tr>
<tr><td>实验目的和原理</td><td colspan="5">实验题目:功率放大电路实验<br>实验目的:<br><br>实验原理:</td></tr>
<tr><td>实验分析和结论</td><td colspan="5">1. 在图 6.4 所示电路中,负载电阻 $R_L$ 阻值的改变是否会减小交越失真的程度?<br><br>2. 分析图 6.6 的原理,给出该电路能够克服交越失真的原因。<br><br>3. 图 6.6 所示电路是否有电压放大能力?</td></tr>
</table>

## 实验报告 5　　　　（　　年　月　日）

<table>
<tr><td>学生姓名</td><td></td><td>学　　号</td><td></td><td>班　　级</td><td></td></tr>
<tr><td>实验目的和原理</td><td colspan="5">实验题目：功率放大电路综合实验<br>实验目的：<br><br>实验原理：</td></tr>
<tr><td>实验分析和结论</td><td colspan="5">1. 负载 $R_L$ 的阻值为多大时，其所获得的功率最大？<br><br>2. 图 6.7 中电解电容 $C_4$ 所起到的作用是什么？<br><br>3. 图 6.7 中电阻 $R_2$ 和电容 $C_3$ 所起到的作用是什么？<br><br>4. 更改电路，在第一级放大电路中引入电流串联负反馈来改善输出波形，画出电路图。<br><br>【微信扫码】<br>实验分析与解答</td></tr>
</table>

# 第7章

# 集成运算放大器

## 7.1 内容简介

前两个章节对分立元件放大电路进行了学习。在现代电子产品中,很少使用分立元件放大电路。主要原因是其体积较大,静态工作点调整较复杂,功耗和成本均比较高。随着半导体工艺的发展,可以将分立元件放大电路(通常是直耦合多级放大电路)制作在一个半导体基片上,这就是集成运算放大器(简称集成运放)。本章主要对集成运算放大器进行学习。通过本章实验来学习集成运放的结构及主要参数,掌握差分放大电路的结构及其对信号的放大的作用,理解集成运放的虚短和虚断原则,应用集成运放实现信号的运算:比例运算电路、加减运算电路、积分电路和微分电路。

**理论知识:**

(1) 了解集成运放的结构及主要参数;

(2) 掌握差分放大电路的结构及其对信号的放大的作用;

(3) 理解集成运放的虚短和虚断原则;

(4) 应用集成运放实现信号的运算。

**专业技能:**

(1) 集成运放的使用;

(2) 集成运放电路的分析;

(3) EDA 仿真软件的使用。

**能力素质:**

(1) 通过对集成运放虚短和虚断原则的理解来提高科学素养;

(2) 通过集成运放电路实验提高专业素质;

(3) 通过本章实验来培养学生发现问题、分析问题和解决问题的能力。

本章实验以 Proteus 软件仿真和理论计算为主。

## 7.2 夯实基础

集成运算放大器简称集成运放,是由多级直耦合放大电路组成的高增益放大电路。集成运放具有输入电阻高、输出电阻低、共模抑制比高以及能够抑制零点漂移等优点。由于它最初用于进行各种模拟信号的运算(例如比例运算、加法运算、微积分运算等),故被称为集成运算放大器。本节进行一些基础验证性实验,包括基于集成运算放大器的电压放大实验、比例运算实验。通过本节实验,应该实现如下**阶段性目标**:

(1) 理解并掌握集成运放的典型应用;

(2) 能够对集成运放所构成的运算电路进行分析。

### 7.2.1 比例运算实验

首先进行基于集成运放的比例运算实验,通过仿真测量输入和输出电压来确定集成运放的电压放大特性,确定其线性工作范围。目前集成运放的放大倍数高达 $10^7$,若要使其工作在线性工作区域,必须要引入反馈来使输入输出呈现线性关系。具体实验电路如图 7.1 所示,图中左侧的两个电池 $BAT_1$ 和 $BAT_2$、单刀双掷开关 $SW_1$ 和可变电阻 $R_{V_1}$ 一起构成电压输入电路。当单刀双掷开关 $SW_1$ 拨到上端,给集成运放的同向输入端口接入正向电压,通过改变滑动变阻器的阻值来设定输入电压的大小。类似地,当单刀双掷开关 $SW_1$ 拨到下端,给集成运放接入负向电压。电压表 $V_1$ 测量集成运放同向输入端的输入电压,$V_2$ 测量集成运放的输出电压。实验所使用的元件及所在的元件库均列在表 7.1 中。

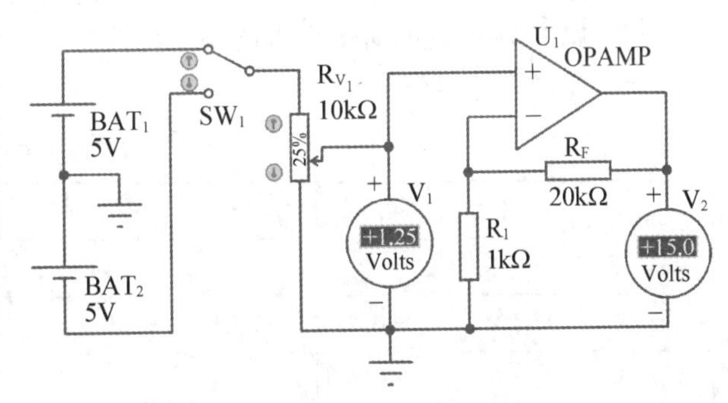


**图 7.1 电压放大实验电路图**

**表 7.1 电压放大实验元器件清单**

| 器件名称 | 所在的库 | 说明 |
| --- | --- | --- |
| CELL | DEVICE | 电池 |
| OPAMP | DEVICE | 集成运放 |
| RES | DEVICE | 电阻 |
| POT - HG | ACTIVE | 可变电阻 |
| SW - SPDT | ACTIVE | 单刀双掷开关 |

根据理想运放的虚短和虚断原则可知：理想运放的同向输入端和反向输入端电压相同，并且输入输出电流也相同。根据这些条件，图 7.1 所示电路的输出电压 $u_o$ 和输入电压 $u_i$ 间由如下公式确定：

$$u_o = \frac{R_F}{R_1}u_i \tag{7.1}$$

基于集成运放的电压放大实验具体步骤如下：

(1) 在 Proteus 软件中搭建如图 7.1 所示电路并运行仿真。

(2) 滑动变阻器 $R_{V_1}$ 中间抽头位置从 0%处开始向上滑动，观察输入和输出电压并将输出电压填入表 7.2 的第二行。

(3) 单刀双掷开关 $SW_1$ 拨到下端，重复上述步骤，观察输入和输出电压并将输出电压填入表 7.2 的第四行。

(4) 思考问题 1：根据实验数据，输出和输入间是否满足公式(7.1)？输入电压在什么范围内满足上述公式？

(5) 思考问题 2：集成运放输出端接入一个 1 kΩ 的负载后，输出电压和输入电压还是否满足公式(7.1)？

(6) 思考问题 3：如何更改电路实现电压的反比例运算？

(7) 思考问题 4：如何实现电压跟随特性？

(8) 完成实验报告 1。

**表 7.2 电压放大实验数据**

| $u_i$/V | 0 | 0.1 | 0.25 | 0.5 | 0.75 | 1 | 1.5 | 2 | 5 |
|---|---|---|---|---|---|---|---|---|---|
| $u_o$/V | | | | | | | | | |
| $u_i$/V | 0 | −0.1 | −0.25 | −0.5 | −0.75 | −1 | −1.5 | −2 | −5 |
| $u_o$/V | | | | | | | | | |

## 7.2.2 信号放大实验

接下来进行基于集成运放的信号放大实验。具体实验电路如图 7.2 所示，图中信号源是频率为 1 kHz、幅度为 0.1 V的正弦波，示波器 A 通道测量的是信号源波形，B 通道测试的是放大后的波形。在本实验中，集成运放的型号为 TL032，所在的元件库是 TEXOAC。与前一个实验所使用的集成运放不同，TL032 的电压通过 8 引脚和 4 引脚接入。8 引脚接入正向电压，4 引脚接入负向电压，具体电压值如图 7.2 所示。

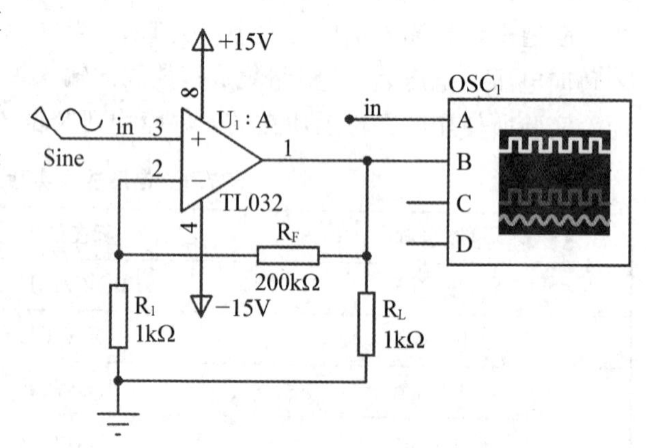


**图 7.2 信号放大实验电路图**

基于 TL032 的信号放大实验步骤如下：

(1) 根据图 7.2 中反馈电阻 $R_F$ 和反向输入端电阻 $R_1$ 的阻值确定该电路的线性工作区间。

(2) 在 Proteus 软件中搭建如图 7.2 所示电路，完成信号源的设定，并进行仿真。

(3) 观察输入和输出波形，看输出波形是否有失真？适当调整 $R_F$ 的阻值来消除失真。

(4) 思考问题 1：图 7.2 所示电路的输出信号电压能否达到 ±15 V？通过网络查找 TL032 的器件手册，确定其最高输出电压。

(5) 思考问题 2：如何实现对输入信号电压进行 50 倍的放大？

(6) 思考问题 3：负载 $R_L$ 是否影响输出电压的大小？

(7) 完成实验报告 2。

## 7.3　跟踪训练

前两节实验完成了对集成运放性能的基本测试，接下来进一步学习基于集成运放的信号运算，包括：加法运算、微分和积分运算。通过本节实验，应该实现如下**阶段性目标**：

(1) 进一步掌握集成运放的典型应用；

(2) 应用集成运放实现信号的运算。

### 7.3.1　同向加法实验

本实验是在 7.2.1 节实验的基础上在同向输入端口上再增加一个电压输入，同时反馈电阻 $R_F$ 的阻值和反向输入端口电阻 $R_1$ 的阻值均设定为 1 kΩ。具体电路如图 7.3 所示。在该电路中，可变电阻 $R_{V_1}$ 和 $R_{V_2}$ 中间抽头位置的变化可以改变输入电压的大小，其电压值分别用电压表 $V_1$ 和 $V_2$ 来测量。电压表 $V_3$ 测量求和输出的电压值。本实验电路所用的元器件及其所在的元件库可参考表 7.1。

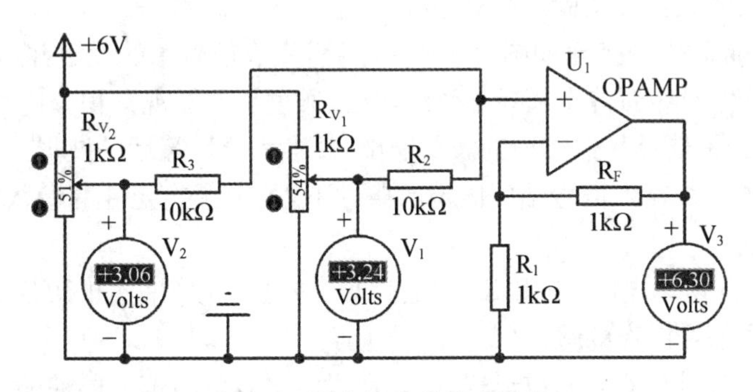


图 7.3　同向加法实验电路图

同向加法实验具体步骤如下：

(1) 在 Proteus 软件中搭建如图 7.3 所示电路，并进行仿真。

(2) 改变滑动变阻器 $R_{V_1}$ 和 $R_{V_2}$ 中间抽头的位置来获取不同的输入电压，观察求和输出的电压值是否满足加法运算规则。

(3) 思考问题 1：图 7.3 所示电路求和输出的最高电压值是多大？如果要实现更高的求

和输出,该如何设定集成运放?

(4) 前一个实验用到的集成运放芯片是 TL032,能否用与上一步骤同样的方式来提高输出电压?体会 EDA 仿真中理想集成运放和实际集成运放的区别。

(5) 思考问题 2:如何更改电路实现在集成运放的反向输入端口进行信号的输入,同时还要保证输出的电压不能是负值,设计该电路。

(6) 思考问题 3:进一步设计电路实现减法运算功能。

(7) 完成实验报告 3。

### 7.3.2 微积分运算实验

集成运放不但可以实现基本的算术运算,还可以实现微分和积分运算。本实验主要完成基于集成运放的微分和积分运算。如果将比例运算电路中的反馈电阻用电容来代替,就构成了一个基本的积分电路,具体实验电路如图 7.4 所示。图中信号源是由信号发生器 $SG_1$ 产生,信号频率为 100 Hz、幅度为 1 V。使用该信号发生器可以产生正弦波、三角波、楔形波和矩形波信号。示波器 C 通道测量的是信号源波形,D 通道测试的是经过电路积分后的波形。

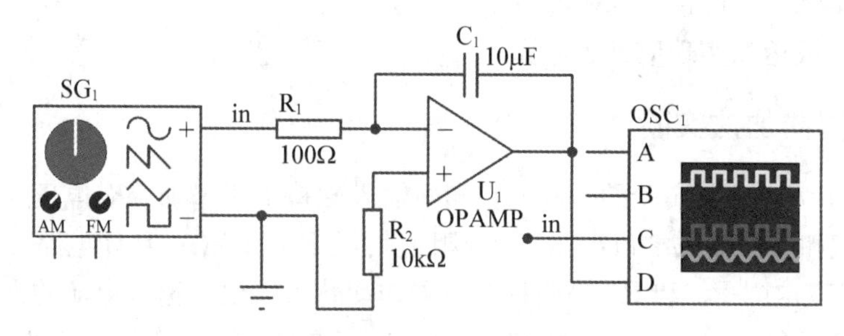


图 7.4 积分实验电路图

基于集成运放的微积分实验步骤如下:

(1) 在 Proteus 软件中搭建如图 7.4 所示电路,完成信号源的设定并运行仿真。

(2) 在信号发生器界面首先选择正弦波输出,通过示波器观察积分运算波形。

(3) 类似地,分别选择其他类型的波形输出,观察积分运算后的波形。

(4) 思考问题 1:在输入信号幅度固定的条件下,图中哪些元件的参数决定了积分运算后输出波形的幅度?

(5) 更改图 7.4 所示电路,电阻 $R_1$ 和电容 $C_1$ 的位置互换来实现微分运算电路,观察微分运算下不同输入信号波形的输出。

(6) 思考问题 2:对于不同的波形输入,如何设定电容的数值才能使输出波形较为完美、平滑?通过实验来验证。

(7) 思考问题 3:若将微分运算后的波形再次进行积分运算,是否能够还原出原始信号的波形?设计电路完成该猜想。

(8) 完成实验报告 4。

## 7.4　拓展提高

在 5.3.2 节，我们完成了基于三极管的电流源电路设计，本节我们采用集成运放来实现电流源电路。本节**阶段性目标**：

(1) 进一步理解集成运放的虚短和虚断原则；

(2) 能够灵活应用集成运放设计电路。

基于集成运放的电流源实验电路如图 7.5 所示，该电流源输出电流大小为 10 mA。根据理想运放的虚短原则，集成运放的反向输入端和同向输入端电压相同，那么流过电阻 $R_1$ 的电流大小就是 10 mA。再根据理想运放的虚断原则，理想运放输入端电流为零。从而图 7.5 所示电路的 $AB$ 端口接入负载后的输出电流就是流过电阻 $R_1$ 的电流。

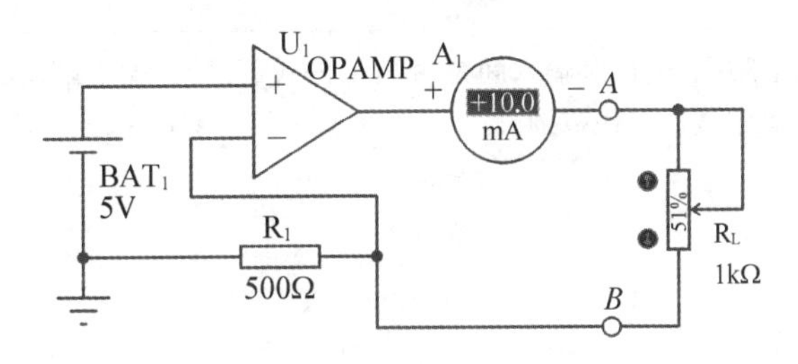


**图 7.5　电流源实验电路图**

基于集成运放的电流源电路具体实验步骤如下：

(1) 在 Proteus 软件中搭建如图 7.5 所示电路并运行仿真电路。

(2) 改变负载 $R_L$ 的阻值，将相关实验数据填入表 7.3 中。

(3) 思考问题 1：如何更改电路参数使得输出电流为 20 mA？

(4) 思考问题 2：在输出电流为 20 mA 条件下，表 7.3 中所有可能负载阻值接入电路后都能实现稳定的 20 mA 电流输出吗？

(5) 思考问题 3：若电池 $BAT_1$ 加载到集成运放的反向输入端并实现同样的电流源功能，整个电路该如何设计？

(6) 完成实验报告 5。

**表 7.3　电流源输出电流数值**

| $R_L/\Omega$ | 0 | 10 | 50 | 100 | 200 | 500 | 1000 |
|---|---|---|---|---|---|---|---|
| $I$/mA | | | | | | | |

## 7.5　实验报告

根据上述小节的要求完成实验报告 1～5。

## 实验报告 1

（ 年 月 日）

<table>
<tr><td>学生姓名</td><td></td><td>学 号</td><td></td><td>班 级</td><td></td></tr>
<tr><td>实验目的和原理</td><td colspan="5">实验题目：基于集成运放的比例运算实验<br>实验目的：<br><br>实验原理：</td></tr>
<tr><td>实验分析和结论</td><td colspan="5">1. 根据实验数据，输出和输入间是否满足公式(7.1)？输入电压在什么范围内满足上述公式？确定线性工作范围。<br><br>2. 集成运放输出端接入一个 1 kΩ 的负载后，输出电压和输入电压还是否满足公式(7.1)？<br><br>3. 如何更改电路实现电压的反比例运算？画出电路图。<br><br>4. 如何实现电压跟随特性？画出电路图。</td></tr>
</table>

## 实验报告2

（　　年　月　日）

<table>
<tr><td>学生姓名</td><td></td><td>学　　号</td><td></td><td>班　　级</td><td></td></tr>
<tr><td>实验目的和原理</td><td colspan="5">实验题目:基于集成运放的信号放大实验<br>实验目的:<br><br>实验原理:</td></tr>
<tr><td>实验分析和结论</td><td colspan="5">1. 图7.2所示电路的输出信号电压能否达到±15 V?通过网络查找TL032的器件手册，确定其最高输出电压。<br><br>2. 如何实现对输入信号电压进行50倍的放大?给出反馈电阻 $R_F$ 的阻值。<br><br>3. 负载 $R_L$ 是否影响输出电压的大小?为什么?</td></tr>
</table>

# 实验报告3

（　　年　月　日）

<table>
<tr><td>学生姓名</td><td></td><td>学　　号</td><td></td><td>班　　级</td><td></td></tr>
<tr><td>实<br>验<br>目<br>的<br>和<br>原<br>理</td><td colspan="5">实验题目：基于集成运放的加法运算实验<br>实验目的：<br><br>实验原理：</td></tr>
<tr><td>实<br>验<br>分<br>析<br>和<br>结<br>论</td><td colspan="5">1. 图7.3所示电路求和输出的最高电压值是多大？如果要实现更高的求和输出，该如何设定集成运放？<br><br>2. 如何更改电路实现在集成运放的反向输入端口进行信号的输入，同时还要保证输出的电压不能是负值，画出该电路图。<br><br>3. 进一步设计电路实现减法运算功能，画出该电路图。</td></tr>
</table>

## 实验报告 4　　　　（　　年　月　日）

<table>
<tr><td>学生姓名</td><td></td><td>学　　号</td><td></td><td>班　　级</td><td></td></tr>
<tr><td>实<br>验<br>目<br>的<br>和<br>原<br>理</td><td colspan="5">实验题目：基于集成运放的微积分实验<br>实验目的：<br><br>实验原理：</td></tr>
<tr><td>实<br>验<br>分<br>析<br>和<br>结<br>论</td><td colspan="5">1. 在输入信号幅度固定的条件下，图中哪些元件的参数决定了积分运算后输出波形的幅度？<br><br>2. 对于不同的波形输入，如何设定电容的数值才能使输出波形较为完美、平滑？通过实验来验证。<br><br>3. 若将微分运算后的波形再次进行积分运算，是否能够还原出原始信号的波形？设计电路完成该猜想。</td></tr>
</table>

## 实验报告 5

（　　年　月　日）

| 学生姓名 | | 学　　号 | | 班　　级 | |
|---|---|---|---|---|---|
| 实验目的和原理 | **实验题目**：基于集成运放的电流源实验<br>**实验目的**：<br><br>**实验原理**： | | | | |
| 实验分析和结论 | 1. 如何更改图 7.5 所示电路参数使得输出电流为 20 mA？<br><br>2. 在输出电流为 20 mA 条件下，表 7.3 中所有可能负载阻值接入电路后都能实现稳定的 20 mA 电流输出吗？<br><br>3. 若电池 $BAT_1$ 加载到集成运放的反向输入端并实现同样的电流源功能，整个电路该如何设计？画出电路图并给出仿真结果。 | | | | |

【微信扫码】
实验分析与解答

# 第8章

# 直流稳压电源

## 8.1 内容简介

便携式的设备通常采用电池来供电，而大多数设备会采用直流稳压电源供电，即将民用220 V交流电转变为直流电。小功率的直流稳压电源通常由降压、整流、滤波和稳压四个模块构成，具体组成如图8.1所示。

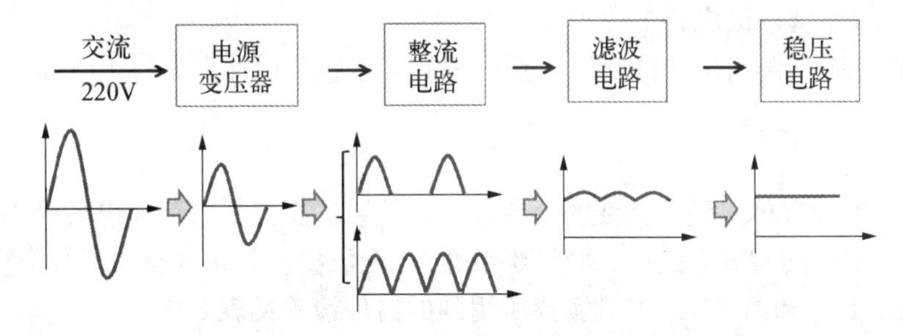


**图8.1 典型直流稳压电源组成框图**

本章主要对直流稳压电源的原理进行学习。通过本章实验的开展掌握典型直流稳压电源电路的构成与原理，掌握常用集成稳压芯片的使用，能够应用相关知识设计符合规范的直流稳压电源。

**理论知识：**

(1) 了解直流稳压电源电路的构成；

(2) 掌握半波和全波整流电路的原理；

(3) 掌握电容滤波、电感滤波和π型滤波电路的原理；

(4) 掌握串联型稳压电路的构成及原理；

(5) 综合运用相关知识来分析直流稳压电源电路。

**专业技能：**

(1) 直流稳压电源电路的分析与设计；

(2) 集成稳压芯片的使用:78 系列、79 系列和 LM317;
(3) EDA 仿真软件的使用。

**能力素质:**

(1) 通过串联型稳压电路的学习来提高科学素养;
(2) 通过直流稳压电源电路的分析与设计来提高专业素质;
(3) 通过本章实验来培养学生发现问题、分析问题和解决问题的能力。

本章实验以 Proteus 软件仿真和理论计算为主。

## 8.2 夯实基础

本节进行一些基础验证性实验,包括对直流稳压电源的整流环节和滤波环节的验证。通过本节实验,应该实现如下**阶段性目标**:

(1) 理解并掌握整流电路的基本构成及其原理;
(2) 理解并掌握滤波电路的原理;
(3) 能够根据实际需求选择合适的整流和滤波电路来设计直流稳压电源。

### 8.2.1 整流电路

整流是利用具有单向导电特性的半导体二极管或者整流桥将交流电转换为单向脉动直流电的过程。常见的整流电路有二极管半波整流、全波整流和桥式整流三种类型,它们分别对应图 8.2、图 8.3 和图 8.4。本节实验所用到的器件清单见表 8.1。

**表 8.1 整流电路实验元器件清单**

| 器件名称 | 所在的库 | 说明 |
|---|---|---|
| ALTERNATOR | ACTIVE | 正弦交流电 |
| 1N4001 | DIODE | 整流二极管 |
| RES | DEVICE | 电阻 |
| TRAN-2P3S | DEVICE | 电源变压器 |
| BRIDGE | DEVICE | 整流桥 |

图 8.2 所示是半波整流实验电路。在该电路中,交流电源 $AC_1$ 的幅度设定为 12 V,频率设定为 50 Hz。电压表 $V_1$ 测量交流电压,整流二极管 $D_1$ 的型号为 1N4001,其最大整流电流为 1 A,所承受的峰值电压为 50 V。若需要更大电流的整流二极管,可选用 1N5401

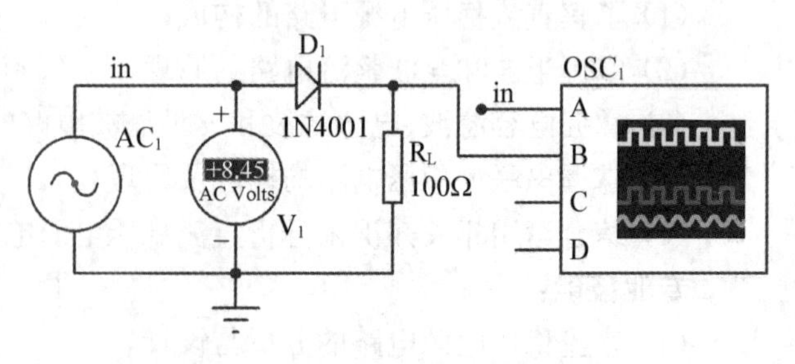


**图 8.2 半波整流实验电路图**

(最大整流电流为3 A,峰值电压为100 V)或者选用肖特基二极管10CTQ150(正向连续电流为10 A,最大浪涌电流620 A,峰值电压为150 V)。示波器A通道测量交流电源波形,B通道测量整流输出波形。半波整流电路结构简单,但其电源利用效率很低,通常在高电压、小电流的场合才使用这种电路。

半波整流只保留了交流电的正半周,电源利用率很低,应用较少。为了将交流电的负半周也利用起来,提高电源效率,可以采用如图8.3所示的全波整流电路图。但图中需要一个次级线圈带中间抽头的电源变压器$TR_1$,中间抽头接地。该电路电源利用效率约为90%,与半波整流电路相比,其效率提升了1倍。全波整流使用两个二极管,可以实现将交流电的正、负半周波型全部转换成单一方向的电流,所以叫全波整流。需要注意的是,该电路存在一个缺点,也就是需要次级线圈中间带抽头的电源变压器,会使整个电源的体积、重量以及成本增加。此外,全波整流电路中,整流二极管所承受的反向电压较高,这对二极管的耐压有较高的要求。

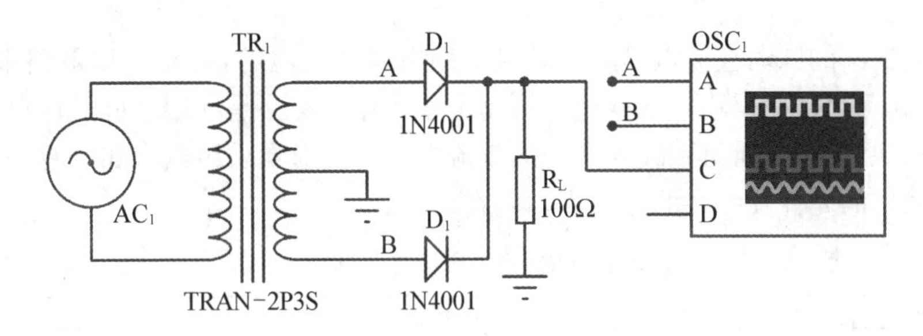


图8.3 全波整流实验电路图

为了使整流电路具有全波整流电路的优点,并且对电源变压器无特殊要求,我们采用如图8.4所示的桥式整流电路。桥式整流电路是最为常用的整流方式。在图8.4中,四只二极管两两对接形成“电桥”结构,在Proteus软件中,对应的器件是BRIDGE。桥式整流电路的电源利用效率高,约为半波整流的1倍。

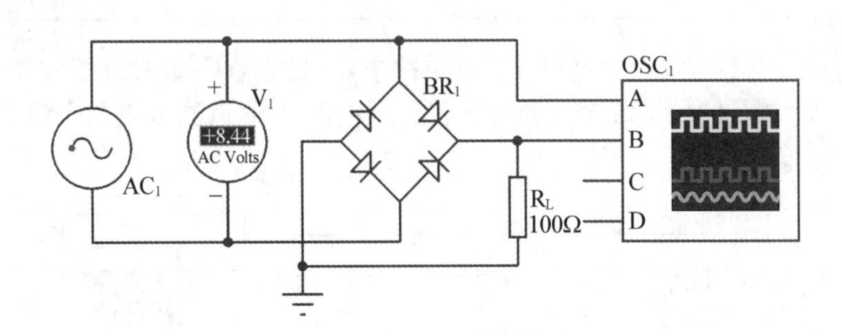


图8.4 桥式整流实验电路图

整流电路具体实验步骤如下:

(1) 在Proteus软件中搭建如图8.2所示电路并运行仿真,观察示波器中半波整流输出的波形。

(2) 思考问题1:图8.2中正弦交流电源的幅度设定为12 V,而电压表测量得到的电压是8.45 V,为什么会有这么大的差距?

(3) 在 Proteus 软件中搭建如图 8.3 所示电路并运行仿真，观察示波器中全波整流输出的波形。

(4) 思考问题 2：为什么全波整流电路的二极管承受的反向电压要比半波整流电路的高？

(5) 思考问题 3：图 8.3 中电源变压器次级线圈的中间抽头没有接地，会有整流输出吗？

(6) 在 Proteus 软件中搭建如图 8.4 所示电路并运行仿真，观察示波器中桥式整流输出的波形。

(7) 思考问题 4：对于桥式整流电路，若其中一个二极管短路或者断路，整流输出电压会有什么变化？

(8) 思考问题 5：上述三个电路整流输出的电压能否直接用在电子设备上？

(9) 完成实验报告 1。

### 8.2.2 滤波电路

整流电路输出的脉动直流电是无法直接给用电设备供电的，需要滤波电路来平滑电源中的这种“脉动”成分，使得输出的直流电更为平稳。滤波电路是利用电抗元件对交、直流阻抗的不同来实现滤波，从而得到较为平稳的直流电。我们通常采用电容和电感来进行滤波。本节实验所使用的元件及所在的元件库均列在表 8.2 中。

**表 8.2 滤波电路实验元器件清单**

| 器件名称 | 所在的库 | 说明 |
|---|---|---|
| ALTERNATOR | ACTIVE | 正弦交流电 |
| RES | DEVICE | 电阻 |
| BRIDGE | DEVICE | 整流桥 |
| CAP - ELEC | DEVICE | 电解电容 |
| IND - IRON | DEVICE | 电感 |

图 8.5 所示是电容滤波实验电路。在该电路中，滤波电容 $C_1$ 直接并联在桥式整流的输出端。电压表 $V_1$ 测量的是整流输出的电压值。示波器 A 通道测量正弦交流电波形，B 通道测量电容滤波输出的电压波形。

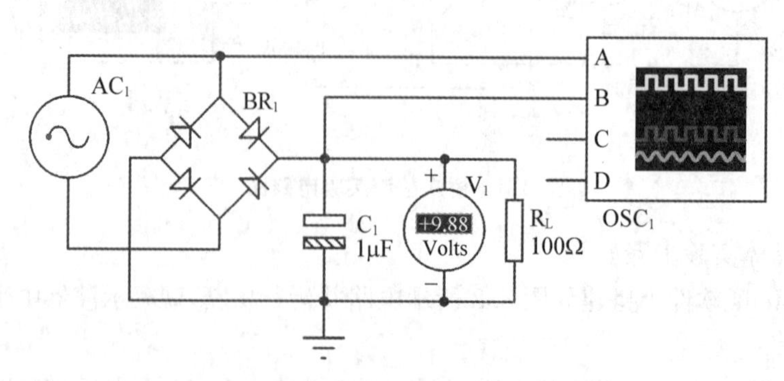


**图 8.5 电容滤波实验电路图**

若采用电容滤波，电容量越大，滤波效果越好，输出波形越趋于平滑，输出电压也越高。但是，电容量达到一定值以后，再加大电容量对提高滤波效果已无明显作用。通常应根据负载的阻值和交流电的频率来选择最佳电容量。此外，电容滤波会使二极管的导通角变小，也就是较大的电流会瞬间流过整流二极管。在大电流条件下，整流二极管容易损坏。因此，电容滤波适合于输出电流不大的应用场景。

利用电感对交流阻抗大而对直流阻抗小的特点，可以用带磁芯或者铁芯的线圈做成滤波器。注意，电容滤波是将电容并联在整流输出端，而电感滤波时将电感串联在输出回路中。电感滤波输出电压波动小，随负载变化也很小，适用于负载电流较大的场合。具体电路如图 8.6 所示。

有时为了进一步获得平稳的滤波输出波形，可以采用电容和电感相结合的复合滤波形式。在图 8.6 中，若两个按钮开关 $BT_1$ 和 $BT_2$ 均断开，该电路就是电感滤波；若 $BT_1$ 和 $BT_2$ 有一个断开，一个闭合则实现的是 LC 或 CL 滤波；若 $BT_1$ 和 $BT_2$ 均闭合实现的是 CLC 滤波。

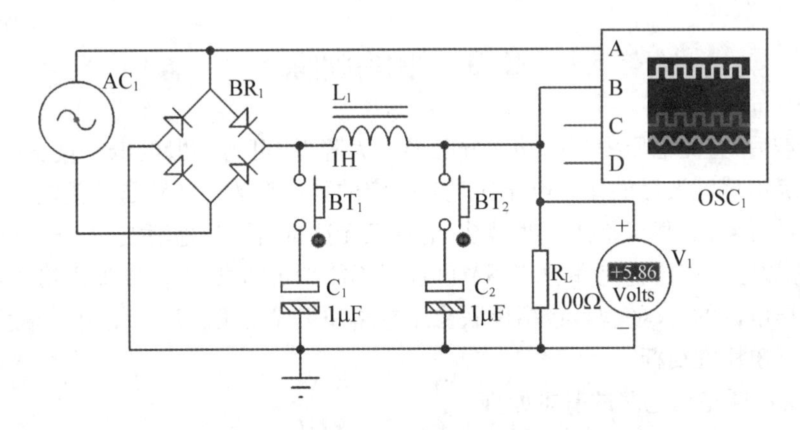


**图 8.6　电容电感复合滤波实验电路图**

直流稳压电源滤波实验具体步骤如下：

(1) 在 Proteus 软件中搭建如图 8.5 所示电路并运行仿真，观察电容滤波输出的电压波形。

(2) 在负载 $R_L$ 的阻值为 100 Ω 条件下，按照表 8.3 中滤波电容的大小(注意电容的单位是：mF)进行仿真，观察电压表 $V_1$ 的输出电压并将实验数据填入表 8.3 中。

(3) 思考问题 1：根据表 8.3 中的实验数据，电容容量的大小对滤波效果是否有影响?

(4) 思考问题 2：负载的大小对电容滤波的效果有影响吗? 设定负载电阻 $R_L$ 的大小分别为：10 Ω、100 Ω 和 1 kΩ，观察滤波的效果。

(5) 在 Proteus 软件中搭建如图 8.6 所示电路并运行仿真，通过控制两个按钮开关 $BT_1$ 和 $BT_2$ 来将不同的电抗元件接入电路中实现不同的滤波组合：电感滤波、CL 滤波、LC 滤波和 CLC 滤波，观察滤波输出的电压波形。

(6) 对于纯电感滤波($BT_1$ 和 $BT_2$ 均断开)，按照表 8.4 中第一行数据设定电感 $L_1$ 的取值并进行仿真，将电压表中的数值填入表 8.4 中。

(7) 思考问题 3：电感感抗的大小对滤波的效果有影响吗?

(8) 思考问题 4:取 $L_1=1H$,$BT_1$ 和 $BT_2$ 有一个断开,一个闭合实现的是 LC 或 CL 滤波,这两种滤波的效果是否一样?

(9) 思考问题 5:对于 CLC 滤波,大电流输出对滤波效果有影响吗?设定负载 $R_L$ 的阻值分别为:0.1 Ω、1 Ω 和 10 Ω,观察滤波的效果。

(10) 完成实验报告 2。

**表 8.3 电容滤波实验数据**

| $C_1$/mF | 0.1 | 0.2 | 0.5 | 1 | 2 | 5 | 10 | 100 | 500 |
|---|---|---|---|---|---|---|---|---|---|
| $u_o$/V | | | | | | | | | |

**表 8.4 电感滤波实验数据**

| $L_1$/F | 0.01 | 0.1 | 0.2 | 0.5 | 1 | 2 | 5 | 10 | 50 |
|---|---|---|---|---|---|---|---|---|---|
| $u_o$/V | | | | | | | | | |

## 8.3 跟踪训练

经过滤波后,直流电压中的脉动成分已经大大降低,可为一般的电子设备供电。但是,使用电容或者电感滤波后的输出电压还是有一定的脉动系数。特别是开关电源中锯齿波电压频率高达数万赫兹,甚至是数十兆赫兹,电容已无法进行有效地滤波。对于精密的电子设备,其直流电源电路仅由整流和滤波环节已远远不能满足需求,还需要加入稳压环节。本节进行直流稳压电源的稳压实验,包括串联稳压电路和集成稳压芯片的使用。通过本节实验,应该实现如下**阶段性目标**:

(1) 理解串联稳压电路的基本原理;

(2) 掌握常用集成稳压芯片的使用。

### 8.3.1 串联稳压电路

在 4.3.1 节中,我们研究了稳压二极管的稳压原理。稳压二极管的稳压是利用其工作在反向击穿区间时,电流可在很大范围内变化而电压基本不变这一现象实现的。因此,负载应该与稳压二极管并联。故稳压二极管稳压属于并联稳压。基于稳压二极管的稳压电路如图 8.7 所示。本节实验所使用的元件及所在的元件库均列在表 8.5 中。

**表 8.5 稳压实验元器件清单**

| 器件名称 | 所在的库 | 说明 |
|---|---|---|
| ALTERNATOR | ACTIVE | 正弦交流电 |
| BRIDGE | DEVICE | 整流桥 |
| RES | DEVICE | 电阻 |
| POT - HG | ACTIVE | 可变电阻 |
| 1N5408 | DIODE | 整流二极管 |

续表

| 器件名称 | 所在的库 | 说明 |
| --- | --- | --- |
| CAP - ELEC | DEVICE | 电解电容 |
| 1N4728 | ZENERF | 稳压二极管 |
| 1N4733 | ZENERF | 稳压二极管 |
| NPN | DEVICE | 三极管 |
| 2N3055 | BIPOLAR | 大功率三极管 |

在图 8.7 中，正弦交流电经过整流二极管 $D_1$ 整流，使用电解电容进行滤波。输出电压加载到电阻 $R_1$ 和稳压二极管 $D_2$ 的串联回路上。稳压二极管两端作为稳压输出端口。稳压二极管 1N4728 的稳定电压是 3.3 V。通过改变滑动变阻器 $R_L$ 的阻值来观察该电路的稳压效果。

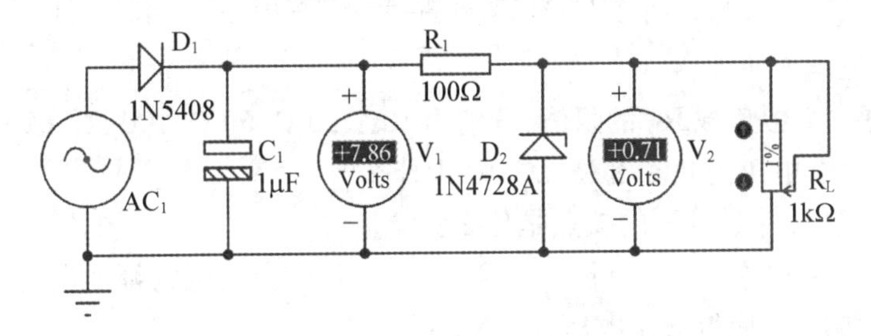


图 8.7　并联稳压实验电路图

实际上，基于稳压二极管的稳压电路适合于负载电流小的场合，而对于需要大电流输出，就需要串联稳压电路来实现。图 8.8 所示是串联稳压电路的结构框图。

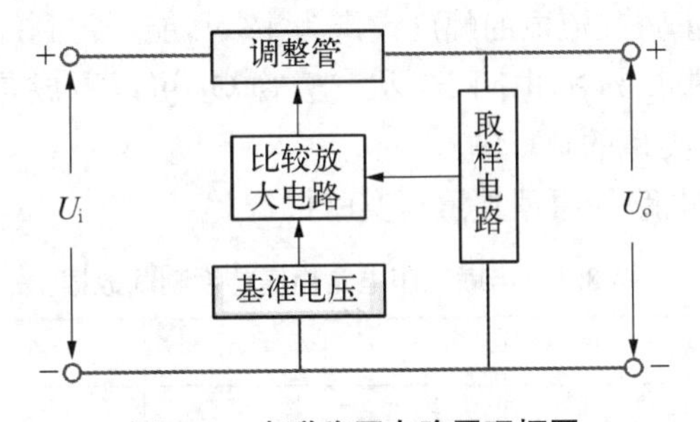


图 8.8　串联稳压电路原理框图

如图 8.8 所示，串联稳压电路由取样电路、基准电压电路、比较放大电路和调整管四部分构成。图 8.8 所对应的实际电路如图 8.9 所示。在图 8.9 中，$R_3$、$R_4$ 和 $R_{V_1}$ 构成取样电路，它将输出电压进行取样并送到比较放大电路。基准电压是由稳压二极管 $D_1$ 提供。比较放大是由三极管 $Q_1$ 来完成，其结果反馈给调整管 $Q_2$，最终实现自动调整输出电压的目的。

串联稳压电路实验的具体步骤如下：

(1) 在 Proteus 软件中搭建如图 8.7 所示电路并运行仿真。

(2) 负载电阻 $R_L$ 的阻值调整为 1 kΩ，用示波器观察经过稳压二极管稳压输出的电压

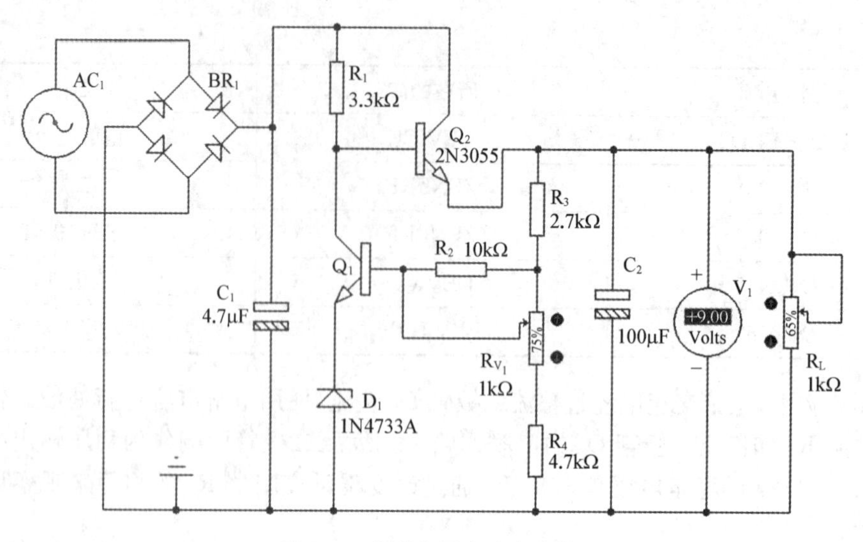


**图 8.9　串联稳压实验电路图**

波形(其输出是三角波)。

(3) 改变图 8.7 中负载 $R_L$ 的阻值,分别为 10Ω、20 Ω、50 Ω、100 Ω、500 Ω、1 kΩ,观察最右侧电压表的示数,电压值是否都是 3.3 V,为什么?

(4) 思考问题 1:并联稳压的缺点是什么?

(5) 在 Proteus 软件中搭建如图 8.9 所示电路,正弦交流电的幅度设定为 18 V,运行仿真并调整可变电阻 $R_{V_1}$ 使得输出电压为 9 V。

(6) 根据表 8.6 中负载 $R_L$ 的数值进行调整,将输出电压填入表 8.6 中。

(7) 思考问题 2:根据表 8.6 中的数据,该电路在大电流输出条件下是否具有稳压能力?

(8) 用示波器测量串联稳压电源的输出电压波形。

(9) 思考问题 3:若正弦交流电的幅度设定为 12 V,能否得到标准的 9 V 输出?

(10) 思考问题 4:图 8.9 中,电阻 $R_2$ 和三极管 $Q_1$ 可以看成是三极管 $Q_2$ 的负反馈回路,分析该反馈属于哪种类型的负反馈?

(11) 分析串联稳压电路的原理并填写实验报告 3。

**表 8.6　串联稳压电路稳压特性测试数据**

| $R_L/\Omega$ | 1 | 2 | 5 | 10 | 100 | 500 | 1 000 |
|---|---|---|---|---|---|---|---|
| $U$/V | | | | | | | |

## 8.3.2　集成稳压电路

目前市场上有成熟的集成稳压器芯片,其内部电路以串联稳压电路为主,同时其内部还有过流和过热等保护电路,具有体积小、使用方便、工作可靠等特点。常用的集成稳压器主要有 78XX 系列、79XX 系列、可调集成稳压器、精密电压基准集成稳压器等。

78XX 系列集成稳压器是常用的固定正电压输出系列的集成稳压器,79XX 是负电压输出系列的集成稳压器。这两个系列的输出电压有 5 V、6 V、9 V、12 V、15 V、18 V、24 V 等规格,最大输出电流为 1.5 A。它的内部含有限流保护、过热保护和过压保护电路,采用了噪声低、温度漂移小的基准电压源，工作稳定可靠。78XX 和 79XX 系列的集成稳压器通常采用三端 TO－220 封装或者 TO－3 封装，使用方便。

可调集成稳压器是在固定式集成稳压器的基础上发展起来的，它不仅保留了固定输出稳压器的优点，而且在性能指标上有很大的提高，通过参数设定可以实现输出电压的连续可调。三端可调集成稳压器也分为正电压输出和负电压输出。正电压输出的可调集成稳压器型号有：LM117、LM217、LM317、LM138、LM238、LM338。负电压输出的可调集成稳压器型号有：LM137、LM237、LM337。在 Proteus 软件中有 LM317 和 LM337 的仿真模型。

本节实验学习常用的固定正电压输出系列的集成稳压器、负电压输出系列的集成稳压器以及可调集成稳压器的使用。本节实验所使用的元件及所在的元件库均列在表 8.7 中。

**表 8.7　集成稳压实验元器件清单**

| 器件名称 | 所在的库 | 说明 |
| --- | --- | --- |
| ALTERNATOR | ACTIVE | 正弦交流电 |
| BRIDGE | DEVICE | 整流桥 |
| RES | DEVICE | 电阻 |
| POT－HG | ACTIVE | 可变电阻 |
| 7805、7905 | ANALOG | 固定输出集成稳压器 |
| LM317、LM337 | ANALOG | 可调输出集成稳压器 |

78XX 系列和 79XX 系列集成稳压器输出电压是固定的，本节实验以 5 V 输出为例，即选用 7805 和 7905 集成稳压器来进行电路设计，具体电路如图 8.10 和图 8.11 所示。在图 8.10 中，78XX 系列集成稳压器的 1 引脚为输入端，2 引脚为接地端，3 引脚为输出端。而对于 79XX 系列集成稳压器，其引脚的功能与 78XX 系列的不同。以 7905 为例，如图 8.11 所示，1 引脚为接地端，2 引脚为输入端，3 引脚为输出端。

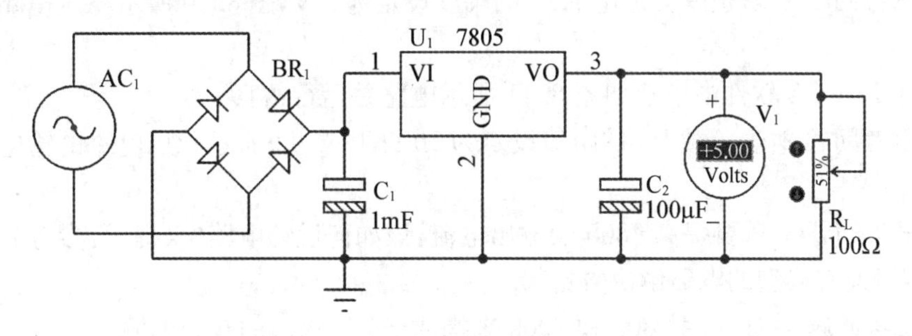


**图 8.10　基于 7805 的稳压实验电路图**

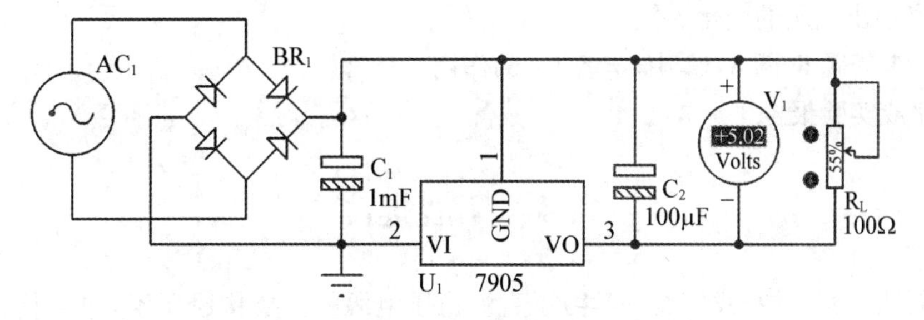


**图 8.11　基于 7905 的稳压实验电路图**

在图 8.10 和 8.11 中，正弦交流电的电压幅度设定为 12 V，频率为 50Hz。而在图 8.12 中，正弦交流电的电压幅度设定为 50 V。图 8.12 是可调集成稳压电源电路，其核心器件是 LM317。LM317 是应用最为广泛的可调集成稳压器，输出电压范围是 1.2 V～37 V，最大输出电流为 1.5 A。LM317 内部具有过热、过流和短路输出保护，具有调压范围宽、稳压性能好、噪声低、波纹抑制比高等优点。LM317 的 1 引脚是调整端，2 引脚为输出端，3 引脚为输入端。在输入电压足够大的条件下，其输出电压的大小取决于可变电阻 $R_{V_1}$ 和固定电阻 $R_1$ 的比值，具体计算公式如下：

$$V_{out} = 1.25\left(1 + \frac{R_{V_1}}{R_1}\right) \tag{8.1}$$

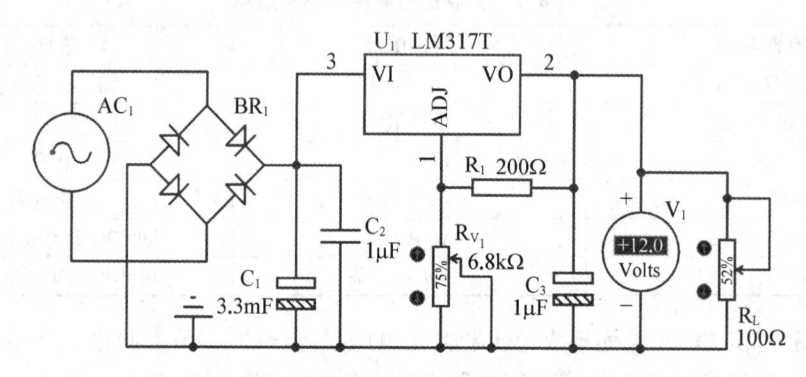


**图 8.12 基于 LM317 的稳压实验电路图**

集成稳压实验的具体步骤如下：

(1) 在 Proteus 软件中搭建如图 8.10 所示电路并运行仿真。

(2) 思考问题 1：若正弦交流电 $AC_1$ 的幅度设定为 5 V，图 8.10 所示稳压电路的输出还是 5 V 吗？

(3) 在 Proteus 软件中搭建如图 8.11 所示电路并运行仿真。

(4) 思考问题 2：若负载 $R_L$ 的阻值设定为 10 Ω，图 8.11 所示稳压电路的输电压出还是 5 V 吗？

(5) 思考问题 3：若要提高 7805 的输出电流，该如何设计电路？（提示：参考 LM7805 的器件手册，里面有典型的电路解决方案。）

(6) 思考问题 4：如何用 7805 和 7905 来搭建±5 V 输出的双向电源？

(7) 在 Proteus 软件中搭建如图 8.12 所示电路并运行仿真，通过调整可变电阻 $R_{V_1}$ 的阻值来观察输出电压的变化。

(8) 思考问题 5：图 8.12 中，电容 $C_2$ 的作用是什么？

(9) 完成实验报告 4。

## 8.4 拓展提高

在前面四个实验中，我们逐一学习了直流稳压电源的主要构成要素，包括整流、滤波和稳压三个环节。本节我们将上述实验进行整合，设计一款具有代表性的直流稳压电源。本节阶段性目标：

(1) 进一步掌握整流、滤波和稳压电路的原理；

(2) 能够读懂器件手册并灵活应用相关知识来设计直流稳压电源电路。

本节实验设计一款直流稳压电源，该电源有如下技术指标：

(1) 所设计的电源应具备降压、整流、滤波、稳压这四个基本环节。

(2) 输出电压在±1.5～±20 V连续可调，输出电流为1.5 A。

(3) 集成稳压器可采用LM317和LM337。

在Proteus软件中设计满足上述指标的直流稳压电源，并思考如下问题：

(1) 思考问题1：实现1.5 A电流输出应采用什么型号的整流二极管？若要实现5 A输出呢？为什么？

(2) 思考问题2：在一些家用电器的整流电路中，整流二极管两端要并联10 nF的磁介质电容，为什么要这样设计？说明原因？

(3) 思考问题3：若要实现输出电流为5 A的直流稳压电源，滤波环节应采电容还是电感元件？原因是什么？

(4) 思考问题4：若该电路还需要一个5 V的固定电压输出，应采用以下哪种型号的芯片：L7805、78M05、78L05？为什么？

(5) 思考问题5：在使用稳压芯片时往往在输入、输出引脚间反向连接一个二极管(1N4001)，这么做的目的是什么？

(6) 思考问题6：稳压芯片的输入输出端压差比较大、而负载又比较小时会出现发热严重的问题，为什么会有如此大的热量？如何解决芯片发热量大的问题？

(7) 完成实验报告5。

## 8.5 实验报告

根据上述小节的要求完成实验报告1～5。

## 实验报告1

（ 年 月 日）

<table>
<tr><td>学生姓名</td><td></td><td>学　号</td><td></td><td>班　级</td><td></td></tr>
<tr><td>实验目的和原理</td><td colspan="5">实验题目:整流电路实验<br>实验目的:<br><br>实验原理:</td></tr>
<tr><td>实验分析和结论</td><td colspan="5">1. 图8.2中正弦交流电源的幅度设定为12 V,而电压表测量得到的电压是8.45 V,为什么会有这么大的差距?<br><br>2. 为什么全波整流电路的二极管承受的反向电压要比半波整流电路的高?<br><br>3. 图8.3中电源变压器次级线圈的中间抽头没有接地,会有整流输出吗?<br><br>4. 对于桥式整流电路,若其中一个二极管短路或者断路,整流输出电压会有什么变化?<br><br>5. 上述三个电路整流输出的电压能否直接用在电子设备上?</td></tr>
</table>

## 实验报告 2

（　　年　月　日）

<table>
<tr><td>学生姓名</td><td></td><td>学　号</td><td></td><td>班　级</td><td></td></tr>
<tr><td>实验目的和原理</td><td colspan="5">实验题目:滤波电路实验<br>实验目的:<br><br>实验原理:</td></tr>
<tr><td>实验分析和结论</td><td colspan="5">1. 电容容量的大小对滤波效果是否有影响?<br><br>2. 负载的大小对电容滤波的效果有影响吗?<br><br>3. 电感感抗的大小对滤波的效果有影响吗?<br><br>4. LC 和 CL 滤波的效果是否一样?<br><br>5. 对于 CLC 滤波,大电流输出对滤波效果有影响吗?</td></tr>
</table>

## 实验报告 3

（　　年　月　日）

<table>
<tr><td>学生姓名</td><td></td><td>学　　号</td><td></td><td>班　　级</td><td></td></tr>
<tr><td>实验目的和原理</td><td colspan="5">实验题目：串联稳压实验<br>实验目的：<br><br>实验原理：</td></tr>
<tr><td>实验分析和结论</td><td colspan="5">1. 并联稳压的缺点是什么？<br><br>2. 根据表 8.6 中的数据，串联稳压电路在大电流输出条件下是否具有稳压能力？<br><br>3. 若正弦交流电的幅度设定为 12 V，能否得到标准的 9 V 输出？<br><br>4. 图 8.9 中，电阻 $R_2$ 和三极管 $Q_1$ 可以看成是三极管 $Q_2$ 的负反馈回路，分析该反馈属于哪种类型的负反馈？<br><br>5. 分析串联稳压电路的原理。</td></tr>
</table>

## 实验报告 4

（　　年　月　日）

| 学生姓名 | | 学　号 | | 班　级 | |
|---|---|---|---|---|---|
| 实验目的和原理 | **实验题目**：集成稳压器实验<br>**实验目的**：<br><br>**实验原理**： | | | | |
| 实验分析和结论 | 1. 若正弦交流电 $AC_1$ 的幅度设定为 5 V，图 8.10 所示稳压电路的输出还是 5 V 吗？<br><br>2. 若负载 $R_L$ 的阻值设定为 10 Ω，图 8.11 所示稳压电路的输电压出还是 5 V 吗？<br><br>3. 若要提高 7805 的输出电流，该如何设计电路？<br><br>4. 如何用 7805 和 7905 来搭建±5 V 输出的双向电源？<br><br>5. 图 8.12 中，电容 $C_2$ 的作用是什么？ | | | | |

## 实验报告 5

（　　年　月　日）

<table>
<tr><td>学生姓名</td><td></td><td>学　　号</td><td></td><td>班　　级</td><td></td></tr>
<tr><td>实验目的和原理</td><td colspan="5">实验题目：直流稳压电源综合实验<br>实验目的：<br><br>实验原理：</td></tr>
<tr><td>实验分析和结论</td><td colspan="5">1. 实现 1.5 A 电流输出应采用什么型号的整流二极管？若要实现 5 A 输出呢？为什么？<br><br>2. 在一些家用电器的整流电路中，整流二极管两端要并联 10nF 的磁介质电容，为什么要这么设计？说明原因？<br><br>3. 若要实现输出电流为 5 A 的直流稳压电源，滤波环节应采电容还是电感元件？原因是什么？<br><br>4. 若该电路还需要一个 5 V 的固定电压输出，应采用以下哪种型号的芯片：L7805、78M05、78L05？为什么？<br><br>5. 在使用稳压芯片时往往在输入、输出引脚间反向连接一个二极管（1N4001），这么做的目的是什么？<br><br>6. 稳压芯片的输入输出端压差比较大、而负载又比较小时会出现发热严重的问题，为什么会有如此大的热量？如何解决芯片发热量大的问题？</td></tr>
</table>

【微信扫码】
实验分析与解答

# 第 9 章

# 基础逻辑门电路

## 9.1　内容简介

在电子技术中，按照电路所处理信号的性质可分为两大类：一类是模拟信号，另外一类是数字信号。前面各个章节所学习的电路都是处理模拟信号的，即电路变量无论是从时间上看还是从信号的幅值上看都是连续变化的。从本章开始进入数字电子技术这部分内容的学习。数字电路所处理的数字信号从时间上看是离散的，从幅值上看是量化的。数字电路的数学基础是逻辑代数，其基本单元电路是逻辑门。本章主要对基础逻辑门电路的逻辑功能进行验证，完成晶体管分立元件逻辑门电路搭建、集成逻辑门电路的测试。同时，应用相关元器件实现时钟信号发生电路、抢答器、节能灯、电平指示和触摸延迟电路的设计。

**理论知识：**

(1) 理解逻辑代数相关基础理论；

(2) 掌握基础及复合逻辑门的电路符号、真值表和逻辑表达式；

(3) 掌握逻辑函数的化简方法。

**专业技能：**

(1) 测试晶体二极管、三极管的开关特性，并完成基础及复合逻辑门电路的搭建；

(2) 测试集成逻辑门芯片：CD4081、CD4071、CD4011、CD4001、CD4069、CD4073；

(3) 集成逻辑门芯片的应用。

**能力素质：**

(1) 通过逻辑代数的学习提高科学素养；

(2) 通过集成逻辑门芯片及其应用设计提高专业素质；

(3) 通过本章实验来培养学生发现问题、分析问题和解决问题的能力；

(4) 通过小组合作实践提高合作意识。

本章实验以硬件电路搭建为主，Proteus 仿真为辅。本章实验主要在硬件实验平台的集成逻辑门模块、LED 显示模块、拨码开关模块、二极管与电阻模块和三极管模块上展开，

如图 9.1～9.3 所示。

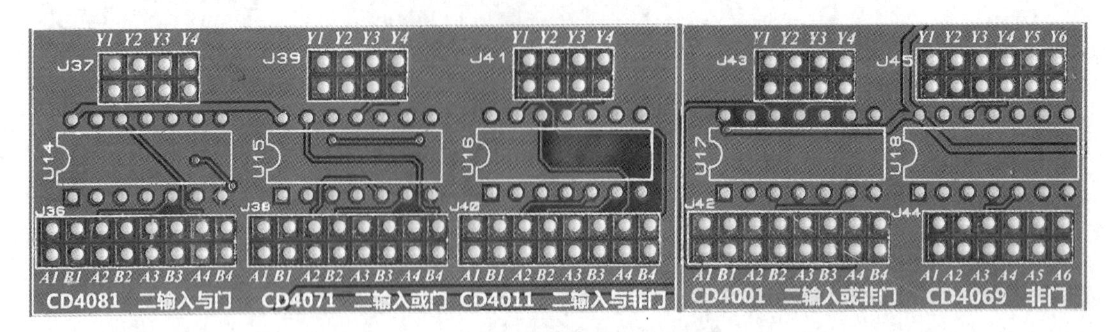


图 9.1 集成逻辑门电路实验模块

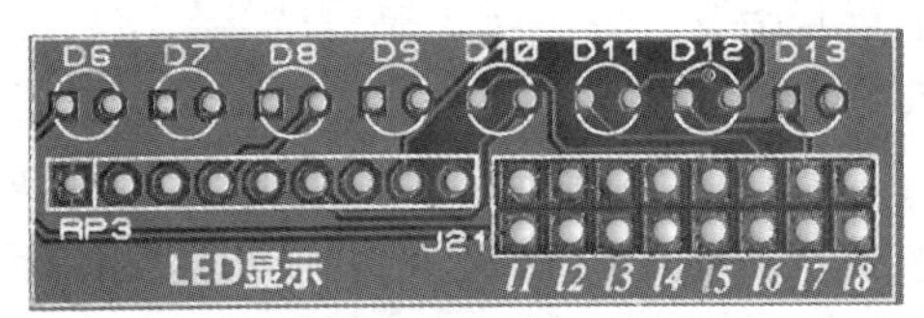


图 9.2 LED 显示模块

图 9.3 拨码开关、开关二极管、三极管模块

## 9.2 夯实基础

本节进行一些基础性实验，包括搭建分立元件基础逻辑门和对集成逻辑门芯片进行功能验证。通过本节实验，应该实现如下**阶段性目标**：

(1) 掌握由二极管、三极管等分立元件构成的基础逻辑门电路的原理；

(2) 测试集成逻辑门芯片的逻辑功能。

本节的实验可以在硬件实验平台的相关模块上来完成。在进行逻辑功能的验证中，逻辑输出端接 LED，若 LED 被点亮则表明逻辑输出为高电平；否则表示输出为低电平。输入端的高、低电平由实验平台上的拨码开关模块来提供。

此外，本节的所有实验也可以采用 EDA 仿真来实现，包括分立元件逻辑门电路的搭建以及集成逻辑门芯片的测试。在 Proteus 软件中，仿真实验所涉及的元器件及其所在的元件库可以参考表 9.1。

表 9.1 夯实基础实验所需元器件清单

| 器件名称 | 所在的库 | 说明 |
| --- | --- | --- |
| BATTERY | DEVICE | 电池组 |
| BUTTON | ACTIVE | 按钮开关 |

续表

| 器件名称 | 所在的库 | 说明 |
| --- | --- | --- |
| RES | DEVICE | 电阻 |
| 1N4148 | DIODE | 开关二极管 |
| LED - RED | ACTIVE | 红色发光二极管 |
| LAMP | ACTIVE | 灯泡 |
| NPN | DEVICE | 三极管 |
| LOGICSTATE | ACTIVE | 逻辑状态 |
| LOGICPROBE | ACTIVE | 逻辑探针 |
| 4081 | CMOS | 二输入与门 |
| 4071 | CMOS | 二输入或门 |
| 4069 | CMOS | 非门 |
| 4011 | CMOS | 二输入与非门 |
| 4001 | CMOS | 二输入或非门 |
| 4073 | CMOS | 三输入与门 |

### 9.2.1　分立元件逻辑门电路

本节主要完成由开关二极管搭建的与门和或门电路、由三极管搭建的非门电路。二极管与门电路如图 9.4 所示。

在 Proteus 软件中完成图 9.4 所示的仿真。在图 9.4 中，限流电阻 $R_1$ 阻值的选取需要注意。电阻 $R_1$ 在 Proteus 软件仿真中需要选得小一些，阻值太大灯泡 $L_1$ 不会被点亮。

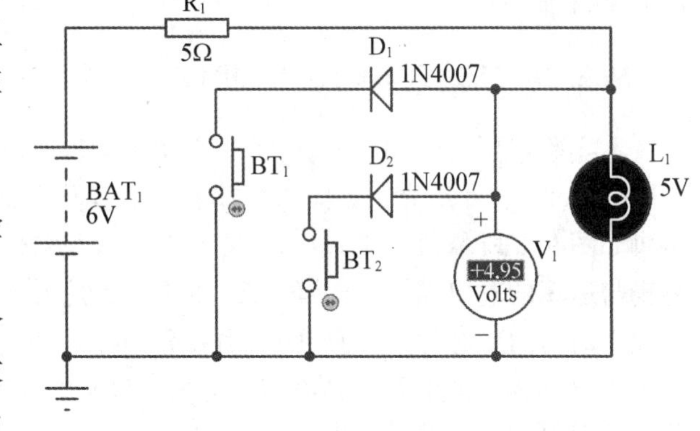


图 9.4　二极管与门电路

搭建二极管与门硬件电路的实验步骤如下：

(1) 在开关二极管区域选择两个二极管，阴极通过连接线接到按键与拨码开关模块的轻触按键上，轻触按键另外一端接地。

(2) 在 LED 显示模块选取一个发光二极管，LED 的阳极与开关二极管的阳极通过引线连接到锁紧座上。

(3) 在电阻区域选取 4.7 kΩ 电阻，电阻的一端接电源，另一端连接到上一步骤的锁紧座区域。

(4) 分别观察轻触按键按下与不按时，LED 的状态是点亮还是熄灭，以此来验证该电路的逻辑与功能。

(5) 思考问题1:如何搭建分立元件二输入或门电路?

(6) 思考问题2:如何搭建分立元件非门电路?

(7) 完成实验报告1。

在设计二极管或门以及三极管非门电路时,要完成Proteus仿真和硬件实物连接图。注意体会EDA仿真与硬件电路的区别。

接下来要验证集成逻辑门芯片的逻辑功能。具体包括:二输入与门(CD4081);二输入或门(CD4071);非门(CD4069);二输入与非门(CD4011);二输入或非门(CD4001);三输入与门(CD4073)。硬件电路实验主要使用实验平台的集成逻辑门电路模块、LED显示模块和拨码开关模块来实现。

在Proteus软件中验证上述六种不同逻辑功能的逻辑门芯片所采用的方法都是一样的。为了简便起见,我们以CD4081芯片为例,介绍它的EDA仿真测试方法。

图9.5中给出了CD4081芯片的测试电路,$A_1$和$B_1$是与门的输入端,所输入的逻辑高电平或者低电平使用Proteus软件中的"LOGICSTATE",即逻辑状态。$Y_1$是与运算的输出端,使用Proteus软件中的"LOGICPROBE"来观察输出结果。当然,输出逻辑电平的高低也可以通过是否能够点亮LED来判断。在图9.5中,$Y_2$输出连接一个黄色发光二极管,当LED被点亮表示输出高电平,LED熄灭表示输出低电平。在接下来的9.2.2~9.2.7小节中均采用上述方法来对相应的芯片进行测试,这里不一一赘述相关芯片的测试过程。

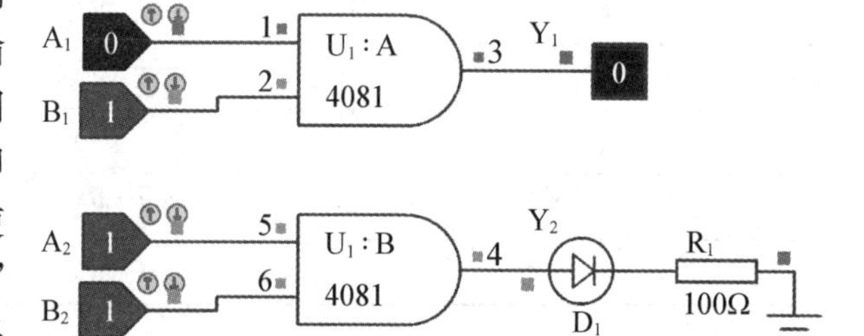


**图9.5 Proteus软件中CD4081芯片的测试电路**

## 9.2.2 二输入与门(CD4081)

本实验需要完成如下目标:测试CD4081芯片外围引脚功能。

CD4081芯片简介:该芯片是二输入与门,其内部有四个独立的二输入端与门。其外围引脚如图9.6所示,1A、1B和1Y是一个二输入端与门。其中,1A和1B是输入端口,1Y是逻辑与运算的输出端口。同样,2A、2B和2Y是另外一个二输入端与门,以此类推一共有四个独立的与门。芯片7引脚和14引脚分别接地和电源。

在Proteus软件中选取该芯片完成EDA仿真实验。在硬件实验平台上测试CD4081芯片外围引脚功能的实验步骤如下:

(1) 选择四位拨码开关的1~2接入到1A和1B端口。

(2) 与逻辑输出端口1Y连接到LED显示区域的发光二极管。

(3) 通过拨动拨码开关实现不同的电平接入,观察输出端口(输出高电平,LED点亮。反之,LED熄灭),以此来验证逻辑与功能。

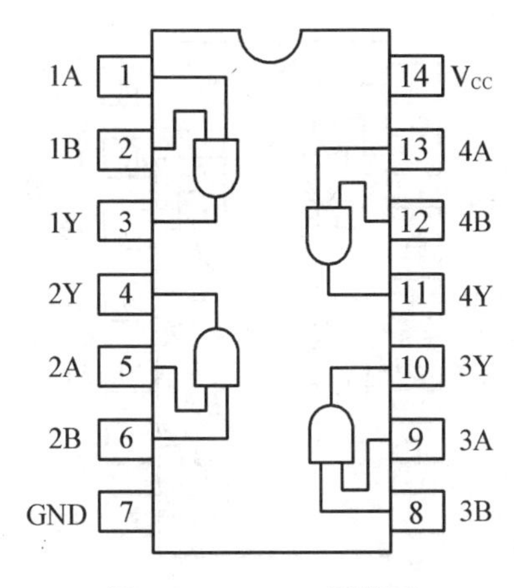

图 9.6　CD4081 引脚图

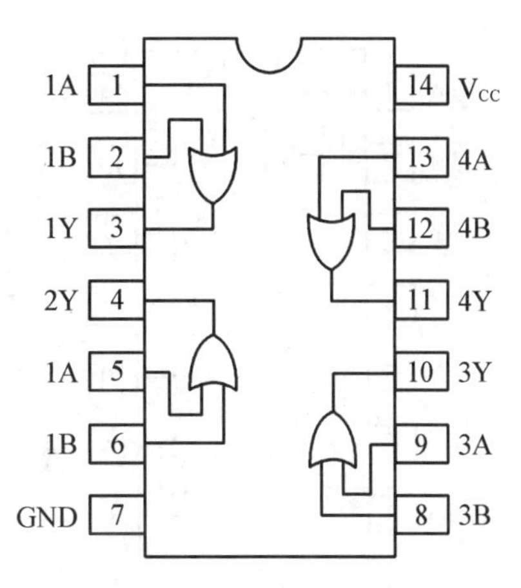


图 9.7　CD4071 引脚图

### 9.2.3　二输入或门(CD4071)

本实验需要完成如下目标:测试 CD4071 芯片外围引脚功能。

CD4071 芯片简介:该芯片是二输入或门,其内部有四个独立的二输入端或门。其外围引脚如图 9.7 所示,1A、1B 和 1Y 是一个二输入端或门。其中,1A 和 1B 是输入端口,1Y 是逻辑或运算的输出端口。同样,2A、2B 和 2Y 是另外一个二输入端或门,以此类推一共有四个独立的或门。芯片的 7 引脚和 14 引脚分别接地和电源。

在 Proteus 软件中选取该芯片完成 EDA 仿真实验。在硬件实验平台上测试 CD4071 芯片外围引脚功能的实验步骤如下:

(1) 选择四位拨码开关的 1～2 接入到 1A 和 1B 端口。

(2) 或逻辑输出端口 1Y 连接到 LED 显示区域的发光二极管。

(3) 通过拨动拨码开关实现不同的电平接入,观察输出端口(输出高电平,LED 点亮;反之,LED 熄灭),以此来验证逻辑或功能。

### 9.2.4　二输入与非门(CD4011)

本实验需要完成如下目标:测试 CD4011 芯片外围引脚功能。

CD4011 芯片简介:该芯片是二输入与非门,其内部有四个独立的二输入端与非门。其外围引脚如图 9.8 所示,1A、1B 和 1Y 是一个二输入端与非门。其中,1A 和 1B 是输入端口,1Y 是逻辑与非运算的输出端口。同样,2A、2B 和 2Y 是另外一个二输入端与非门,以此类推一共有四个独立的与非门。芯片 7 引脚和 14 引脚分别接地和电源。

在 Proteus 软件中选取该芯片完成 EDA 仿真实验。在硬件实验平台上测试 CD4011 芯片外围引脚功能的实验步骤如下:

(1) 选择四位拨码开关的 1～2 接入到 1A 和 1B 端口。

(2) 与非逻辑输出端口 1Y 连接到 LED 显示区域的发光二极管。

(3) 通过拨动拨码开关实现不同的电平接入,观察输出端口(输出高电平,LED 点亮;反之,LED 熄灭),以此来验证与非逻辑功能。

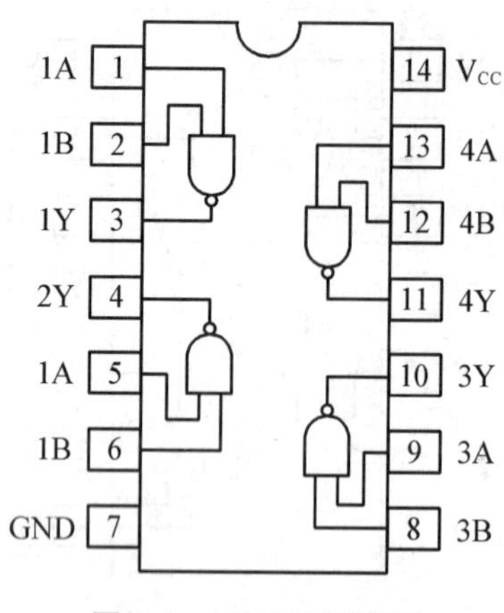

图 9.8 CD4011 引脚图

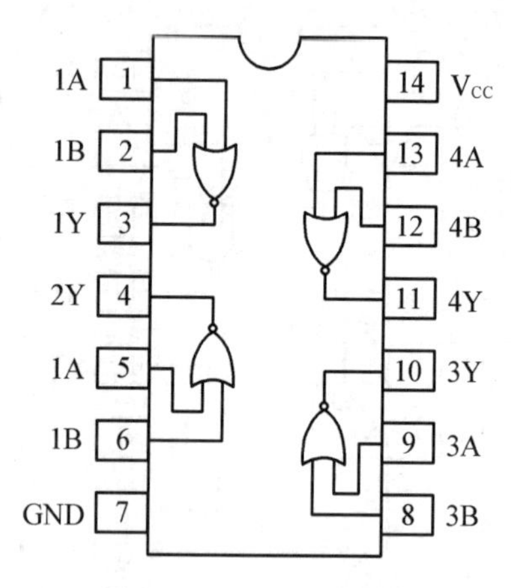


图 9.9 CD4001 引脚图

### 9.2.5 二输入或非门(CD4001)

本实验需要完成如下目标:测试 CD4001 芯片外围引脚功能。

CD4001 芯片简介:该芯片是二输入或非门,其内部有四个独立的二输入端或非门。其外围引脚如图 9.9 所示,1A、1B 和 1Y 是一个二输入端或非门。其中,1A 和 1B 是输入端口,1Y 是逻辑或非运算的输出端口。同样,2A、2B 和 2Y 是另外一个二输入端或非门,以此类推一共有四个独立的或非门。芯片 7 引脚和 14 引脚分别接地和电源。

在 Proteus 软件中选取该芯片完成 EDA 仿真实验。在硬件实验平台上测试 CD4001 芯片外围引脚的实验步骤如下:

(1) 选择四位拨码开关的 1~2 接入到 1A 和 1B 端口。

(2) 或非逻辑输出端口 1Y 连接到 LED 显示区域的发光二极管。

(3) 通过拨动拨码开关实现不同的电平接入,观察输出端口(输出高电平,LED 点亮;反之,LED 熄灭),以此来验证或非逻辑功能。

### 9.2.6 非门(CD4069)

本实验需要完成如下目标:测试 CD4069 芯片外围引脚功能。

CD4069 芯片简介:该芯片是非门,其内部有六个独立的非门。其外围引脚如图 9.10 所示,1A 和 1Y 是一个非门。其中,1A 是输入端口,1Y 是逻辑非运算的输出端口。同样,2A 和 2Y 是另外一个非门,以此类推一共有六个独立的非门。芯片 7 引脚和 14 引脚分别接地和电源。

在 Proteus 软件中选取该芯片完成 EDA 仿真实验。在硬件实验平台上测试 CD4069 芯片外围引脚功能的实验步骤如下:

(1) 选择四位拨码开关的 1 接入到 1A 端口。

(2) 非逻辑输出端口 1Y 连接到 LED 显示区域的发光二极管。

(3) 通过拨动拨码开关实现不同的电平接入,观察输出端口(输出高电平,LED 点亮;反之,LED 熄灭),以此来验证逻辑非功能。

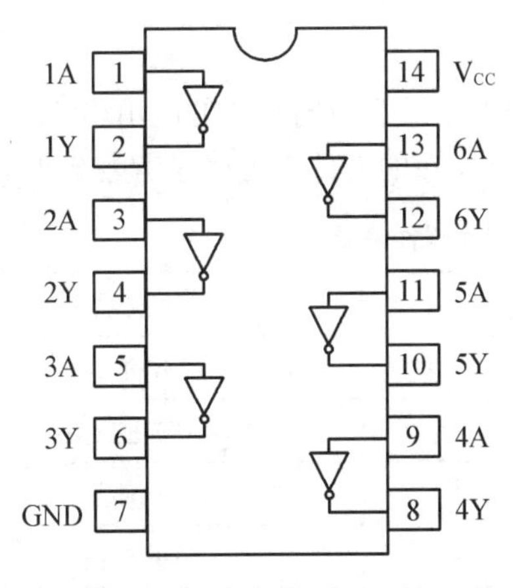

图 9.10　CD4069 引脚图

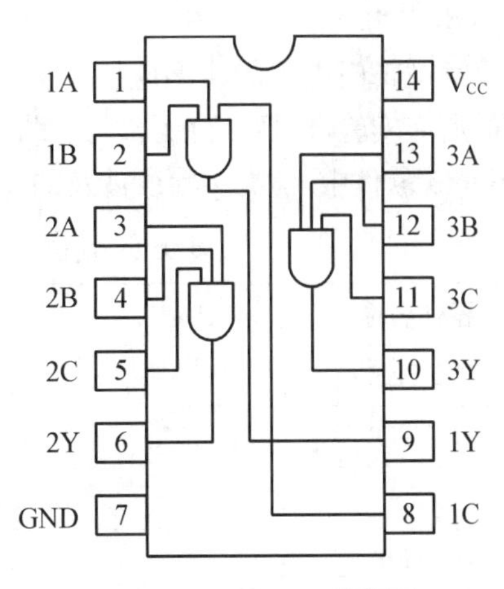


图 9.11　CD4073 引脚图

### 9.2.7　三输入与门(CD4073)

本实验需要完成如下目标：测试 CD4073 芯片外围引脚功能。

CD4073 芯片简介：该芯片是三输入与门，其内部有三个独立的三输入端与门。其外围引脚如图 9.11 所示，1A、1B、1C 和 1Y 是一个三输入端与门。其中，1A、1B 和 1C 是输入端口，1Y 是逻辑与运算的输出端口。同样，2A、2B、2C 和 2Y 是另外一个三输入端与门，以此类推一共有三个独立的三输入与门。芯片 7 引脚和 14 引脚分别接地和电源。

注意实验平台的基础逻辑电路模块没有该芯片，需要将该芯片放到锁紧座上进行测试。前 5 个芯片的测试无需考虑接电源和地，只需按照标号连接即可。但是 CD4073 在测试的时候一定要连接电源和地，注意结合图 9.11 找到相应端口所对应的引脚，按照下述步骤进行连接。

在 Proteus 软件中选取该芯片完成 EDA 仿真实验。在硬件实验平台上测试 CD4073 芯片外围引脚功能的实验步骤如下：

(1) 将 CD4073 芯片放入锁紧座，按下锁紧杆，7 引脚接地，14 引脚接电源。

(2) 选择四位拨码开关的 1～3 接入到 1A、1B 和 1C 端口(即 1、2 和 8 引脚)。

(3) 与逻辑输出端口 1Y(9 引脚)连接到 LED 显示区域的发光二极管。

(4) 通过拨动拨码开关实现不同的电平接入，观察输出端口(输出高电平，LED 点亮；反之，LED 熄灭)，以此来验证逻辑与功能。

## 9.3　跟踪训练

在测试基础逻辑门电路后，本节进一步学习由基础逻辑门来搭建复合逻辑门电路的方法，包括分立元件复合逻辑门电路的设计和由基础逻辑门芯片实现复合逻辑门的方法。通过本节实验，应该实现如下**阶段性目标**：

(1) 掌握分立元件逻辑门电路的原理与设计方法；

(2) 掌握由基础逻辑门芯片实现复合逻辑门的方法；

(3) 能够查阅集成逻辑门芯片的器件手册(datasheet)，通过手册来掌握相关芯片的测试方法与典型应用；

(4) 理解逻辑门电路的典型应用。

本节的所有实验，包括复合逻辑门电路的搭建以及集成逻辑门芯片的应用均涉及 EDA 仿真。在 Proteus 软件中，仿真实验所涉及的元器件及其所在的元件库可以参考表 9.2。

表 9.2 跟踪训练实验所需元器件清单

| 器件名称 | 所在的库 | 说明 |
| --- | --- | --- |
| BATTERY | DEVICE | 电池组 |
| BUTTON | ACTIVE | 按钮开关 |
| RES | DEVICE | 电阻 |
| 1N4148 | DIODE | 开关二极管 |
| LED - RED | ACTIVE | 红色发光二极管 |
| LED - YELLOW | ACTIVE | 黄色发光二极管 |
| LAMP | ACTIVE | 灯泡 |
| NPN | DEVICE | 三极管 |
| LOGICSTATE | ACTIVE | 逻辑状态 |
| LOGICPROBE | ACTIVE | 逻辑探针 |

### 9.3.1 晶体管分立元件或非门

本节需要大家利用二极管和三极管等元件实现或非门，Proteus 仿真电路如图 9.12 所示。在图 9.12 中，两个按钮开关 $BT_1$ 和 $BT_2$ 作为二输入或非门的输入端，开关按下相当于接入高电平，断开相当于接低电平。结合上一节实验，在 Proteus 软件中搭建电路进行仿真并分析电路的原理。

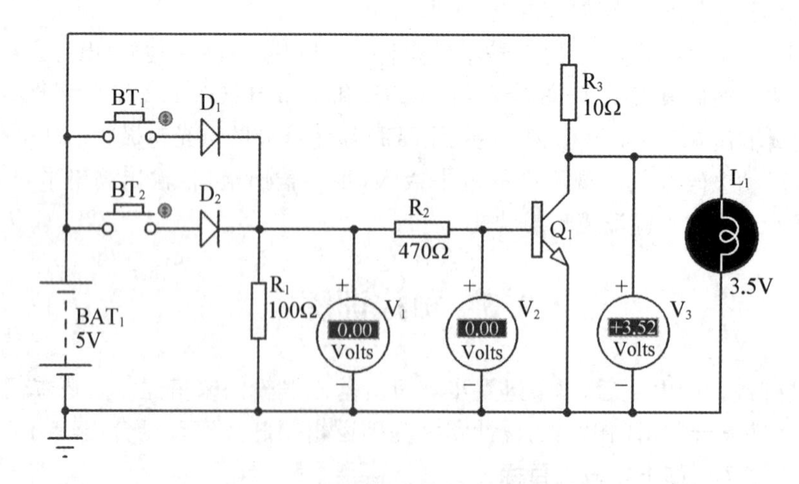


图 9.12 晶体管分立元件或非门电路

接下来，在硬件实验开发平台上完成晶体管分立元件或非门电路的搭建，具体实验步骤如下：

(1) 在开关二极管区域选择两个二极管，阳极通过连接线接到“按键与拨码开关”模块的轻触按键上，轻触按键另外一端接电源。

(2) 在电阻模块选择合适的电阻与开关二极管的阴极连接在一起，同时接入三极管开关模块。

(3) 在 LED 显示模块选取一个 LED，LED 的阳极接三极管开关模块的输出端。

(4) 观察轻触按键按下与不按时，LED 的状态是点亮还是熄灭，以此来验证或非门逻辑功能。

(5) 思考问题 1：三极管 $Q_1$ 工作在哪两个工作状态？

(6) 思考问题 2：如何搭建分立元件与非门电路？完成 Proteus 软件仿真和硬件实物连接图。

(7) 完成实验报告 2。

### 9.3.2　由基础逻辑门电路搭建复合逻辑门电路

本节实验使用基础逻辑门芯片来实现与或非逻辑门和异或门。

1. 与或非门电路搭建

与或非逻辑表达式为：$Y=\overline{A\cdot B+C\cdot D}$，是由两个二输入与门、一个二输入或门和一个非门构成。在实验平台集成逻辑门电路模块选择相应的门电路来搭建与或非门，根据实验结果列写与或非门的真值表，针对下表中的输入，填写输出结果。

**表 9.3　与或非门实验结果**

| $A$ | $B$ | $C$ | $D$ | 与或非输出 |
|---|---|---|---|---|
| 0 | 1 | 1 | 0 | |
| 0 | 0 | 0 | 1 | |
| 1 | 1 | 1 | 0 | |
| 1 | 0 | 1 | 0 | |
| 1 | 0 | 1 | 1 | |
| 0 | 0 | 1 | 1 | |
| 0 | 1 | 0 | 1 | |

2. 异或门

(1) 写出异或门的逻辑表达式。

(2) 如何由与非门和非门来实现？写出表达式。

(3) 画出电路图。

基础逻辑门实现复合逻辑门的具体步骤如下：

(1) 根据与或非逻辑表达式，在 Proteus 软件中选择 4081、4071 和 4069 来搭建电路，完成电路仿真，填写表 9.3。

(2) 在硬件实验平台上完成与或非门硬件电路的搭建。

(3) 根据异或逻辑的表达式，在 Proteus 软件中选择适当的基础逻辑门来搭建仿真电路，完成电路仿真。

(4) 在硬件实验平台上完成异或门硬件电路的搭建。

(5) 思考问题1:假如没有CD4073芯片,如何由CD4081来实现三输入与门?给出软件仿真和硬件电路的实验结果。

(6) 思考问题2:若要由三输入与门来实现二输入与门,那么多余的输入端引脚该如何处理?

(7) 完成实验报告3。

### 9.3.3 时钟信号发生电路

本节采用非门来搭建时钟信号电路,信号输出端("$U_1$ : B"的4引脚)可驱动蜂鸣器以及发光二极管,如图9.13所示。

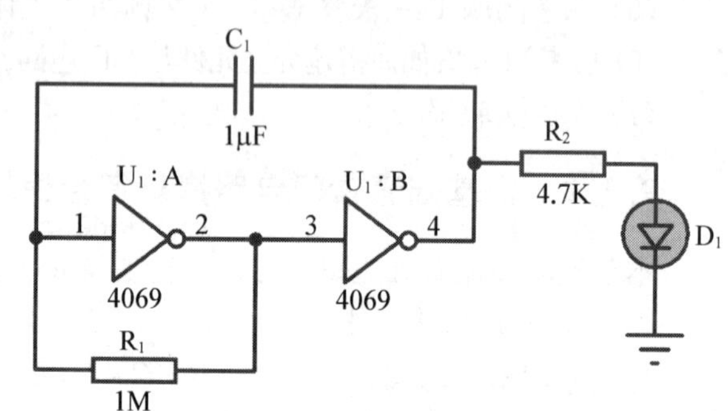


图9.13 时钟信号发生电路

具体实验步骤如下:

(1) 在硬件实验开发平台上完成上述电路的搭建,电路的输出接LED,观察LED是否闪烁。同时,输出端接入蜂鸣器,听一下是否有"嘀嘀"声。

(2) 思考问题1:时钟信号输出频率是由哪些元件参数决定?尝试改变电阻$R_1$、电容$C_1$的参数来验证。

(3) 思考问题2:试分析该电路的原理。

(4) 在Proteus软件中搭建如图9.13所示电路,运行仿真,该电路是否能够正常运行?分析原因。

(5) 在5.4节中,我们进行了双闪灯实验,其中在Proteus仿真过程中需要一个按钮开关进行人为的扰动来起振。

(6) 采用类似的方法来使图9.13所示电路起振。

(7) 体会硬件实验与软件仿真的异同。

## 9.4 拓展提高

前面我们进行了基础逻辑门和复合逻辑门电路的相关实验,本节进一步学习逻辑门芯片的使用。本节**阶段性目标**:灵活应用集成逻辑门芯片进行电路设计。

本节的所有实验,均涉及EDA仿真。在Proteus软件中,仿真实验所涉及的元器件及其所在的元件库可以参考表9.4。

表9.4 拓展提高实验所需元器件清单

| 器件名称 | 所在的库 | 说明 |
|---|---|---|
| BATTERY | DEVICE | 电池组 |
| BUTTON | ACTIVE | 按钮开关 |
| RES | DEVICE | 电阻 |
| CAP - ELEC | DEVICE | 电解电容 |

续表

| 器件名称 | 所在的库 | 说明 |
| --- | --- | --- |
| LDR | TRXD | 光敏电阻 |
| 1N4148 | DIODE | 开关二极管 |
| LED - RED | ACTIVE | 红色发光二极管 |
| LED - BLUE | ACTIVE | 蓝色发光二极管 |
| LED - GREEN | ACTIVE | 绿色发光二极管 |
| LED - YELLOW | ACTIVE | 黄色发光二极管 |
| NPN | DEVICE | 三极管 |
| 4012 | CMOS | 四输入与非门 |
| 4069 | CMOS | 非门 |
| 4081 | CMOS | 二输入与门 |
| LOGICSTATE | ACTIVE | 逻辑状态 |
| LOGICPROBE | ACTIVE | 逻辑探针 |

### 9.4.1　基于与非门的抢答器设计

图 9.14 所示是由 4 输入与非门构建的四路抢答器电路。在该图中，$D_1 \sim D_4$ 这四只 LED 是以共阳极的方式进行连接，阴极与对应的与非门的输出端相连。只有当与非门输出为低电平时，LED 才会被点亮，表示抢答成功。$U_1$：A、$U_1$：B、$U_2$：A 和 $U_2$：B 这四个与非门的其中一个输入端通过下拉电阻接地，也就是在按钮开关没有闭合的条件下，这四个与

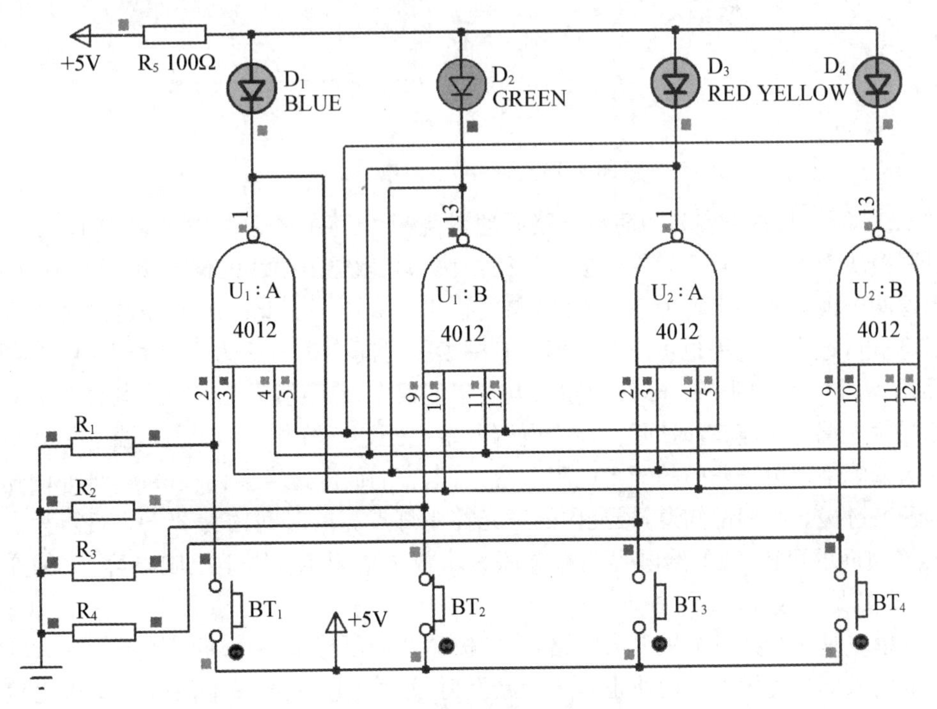


图 9.14　四路抢答器电路图

非门的输出全部为高电平。思考一下为什么？此时要注意这四个与非门的输入引脚电平状态：每一个与非门都是三个引脚接入的是高电平，一个引脚接入的是低电平（低电平引脚是与按钮开关相连）。当某一个按钮先按下时，那个低电平的引脚就变为高电平，此时该与非门输出为低电平。如图 9.14 所示，第二个按钮闭合，$D_2$ 被点亮。同时，$U_1$：B 的输出端与其余三个与非门的输入端相连，这导致其余与非门被锁定，始终输出高电平。

在图 9.14 中，电阻 $R_1$～$R_4$ 的阻值均为 4.7 kΩ。按钮开关 $BT_1$～$BT_4$ 代表四个参赛选手。四路抢答器的具体实验步骤如下：

(1) 在 Proteus 软件中搭建如图 9.14 所示电路并进行仿真。

(2) 熟悉图 9.14 中抢答器的工作原理。

(3) 思考问题 1：根据上述电路原理，思考如何实现三路抢答器？（提示：用 CD4073 和 CD4069，完成 EDA 仿真电路的设计。）

(4) 在硬件实验平台上搭建三路抢答器。

(5) 思考问题 2：上述抢答电路的缺点是什么？

### 9.4.2 声光控制节能灯

本节介绍的节能灯是典型的声光控制电路，在日常生活中有着广泛的应用。夜间进入楼道只要发出声响楼道的灯就会自动点亮，但在白天无论怎么发出声响楼道内的灯都不会被点亮。本节就完成这一实验电路。

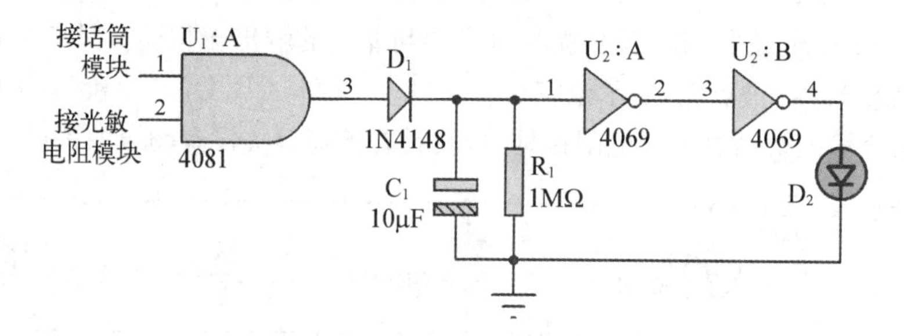


**图 9.15 简易节能灯电路图**

图 9.15 所示是本节实验的简易电路原理图，整个电路主要是由基础逻辑门、话筒模块、光敏电阻模块及电容电阻等元件构成。话筒模块和光敏电阻模块的输出接入到与门的输入端。当这两个模块的输出均为高电平时，与门输出为高电平。此高电平经过开关二极管给电容 $C_1$ 充电，这个高电平也可点亮 LED，但持续的时间会很短。为了延长 LED 点亮的时间，增加了两个串联的非门。非门的输入电阻阻值很大，典型值为几 MΩ。电容两端的电压作为非门输入端电压，随着时间的推移，电容两端电压逐渐降低，非门输入端电平会由高电平转换为低电平。由于非门的输入电阻非常大，电容的放电速度会比较缓慢，即非门输入端电平的转换过慢。我们都知道，楼道内的声光控制灯点亮的时间约为 20～30 秒，为了实现 LED 点亮时间的可控，我们给电容两端并联一个放电电阻 $R_1$，用于控制电容 $C_1$ 的充放电速度，从而实现延迟时间的可控性。

话筒模块是一个共发射极放大电路，将驻极体话筒所感应的声音信号进行放大并加载到与门的输入端。光敏电阻模块也是一个共发射极放大电路，光敏电阻作为基极上偏置电阻,用阻值为 1 kΩ 的普通电阻作为下偏置电阻。

光敏电阻(Light-dependent Resistor,简称 LDR),是利用半导体的光电导效应制成的一种电阻值随入射光的强弱而改变的电阻器,它有两个重要的参数:亮电阻和暗电阻。亮电阻表示光敏电阻器在一定的外加电压下,当有光照射时,流过的电流称为光电流。外加电压与光电流之比称为亮电阻,常用“100LX”表示。光敏电阻在一定的外加电压下,当没有光照射的时候,流过的电流称为暗电流。外加电压与暗电流之比称为暗电阻,常用“0LX”表示。

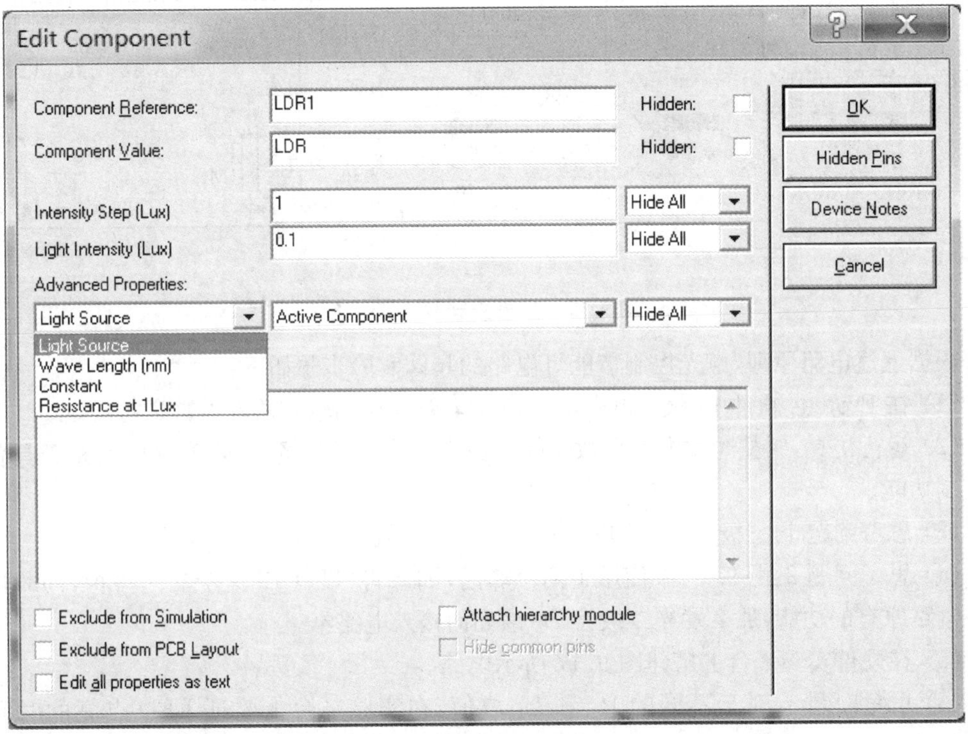

**图 9.16　光敏电阻属性设置(Proteus 软件)**

在 Proteus 软件中搭建如图 9.15 所示的声光控制节能灯电路。Proteus 中,需要对光敏电阻参数设置。如图 9.16 所示,“Constant”参数为正数时,表示光敏电阻是在光照条件下具有很高的亮电阻,典型值为几百 kΩ 到几 MΩ,对应的暗电阻阻值很小;若该参数为负数,则正好相反,表示暗电阻的阻值很大而亮电阻的阻值很小。本实验中,该参数设定为−2。

“Resistance at 1 Lux”表示在光照强度为 1 Lux 时的电阻大小。根据实际需要,可以对这两个参数进行设定。在本实验中,该参数设定为 500 kΩ。

在图 9.17 中,由于 Proteus 软件中没有话筒的仿真模型,我们采用正弦波信号代替声音信号,当按钮按下时,表示有声音信号。当没有光照(光照微弱)时,光敏电阻的阻值很大,$U_1$:A 的 1 引脚为高电平。此时,如果按下按钮(等效于对着话筒说话),三极管集电极输出高电平,相当于 $U_1$:A 的 2 引脚为高电平。这样,3 引脚输出高电平,该高电平经过二极管后为电容 $C_1$ 充电。同时,$U_2$:B 的 4 引脚输出高电平,LED 被点亮。注意,$C_1$ 和 $R_4$ 是并联的,随着时间的推延,$C_1$ 通过 $R_4$ 进行放电,$C_1$ 两端电压逐渐降低,当 $C_1$ 两端电压小于电平阈值电压时,$U_2$:A 的 1 引脚转换为低电平,使得 $U_2$:B 的 4 引脚输出低电平,LED

熄灭。延迟时间取决于 $C_1$ 和 $R_4$ 的大小，$C_1$ 的容量越大或者 $R_4$ 的阻值越大，延迟时间越长。

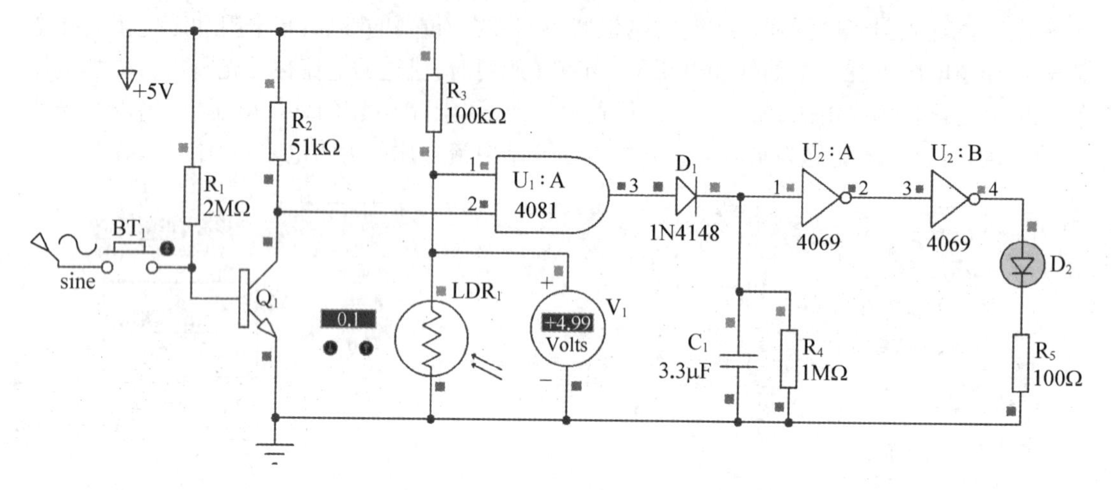


图 9.17 声光控制节能灯电路

根据上述电路原理，声光控制节能灯电路的具体实验步骤如下：

(1) 在 Proteus 软件中搭建如图 9.17 所示电路并对相应元器件参数进行设定。

(2) 运行仿真，调整光敏电阻参数来模拟白天和黑天两种场景，观察该电路是否具备声光控制功能。

(3) 思考问题 1：三极管 $Q_1$ 构成的是什么类型的放大电路？

(4) 思考问题 2：图 9.17 中使用了两个非门，如果将"$U_2$ ：B"这个非门去掉，同时还要保持电路原有的功能，那么发光二极管 $D_2$ 该如何接入电路？

(5) 在硬件实验平台上搭建图 9.17 所示电路。

(6) 思考问题 3：对于不同的 $R_4$ 和 $C_1$ 取值，在实验平台上验证 LED 点亮的时间有多长？

(7) 完成实验报告 4。

### 9.4.3 电平指示电路

在音响电路中，通常用多个发光二极管来作为音量强度的指示，被点亮 LED 的数量越多说明当前音量越大或者频率越高。本节进行基于非门的电平指示电路设计，具体电路如图 9.18 所示。该电路由非门、开关二极管、LED 等元器件构成。当输入的音频信号强度由弱到强时，发光二极管依次点亮。音量越大，LED 点亮的个数越多。图 9.18 中，信号源使用正弦波，频率为 10 kHz，幅度为 5 V。通过改变可变电阻 $R_{V_1}$ 的阻值来实现输入信号强度的改变。

电平指示电路原理：如图 9.18 所示，音频信号先经过开关二极管后再通过电阻接入到各个非门的输入端。开关二极管的管压降约为 0.7 V，其主要作用是保留音频信号的正半周，同时还起到逐级降低电位的作用。假设当前没有输入信号时，各个非门输入端都是低电平，非门输出端全部为高电平，而发光二极管是共阳极形式连接，因此各个 LED 熄灭；当有输入信号，且输入信号电压逐渐增加时，各个非门输入端电位也会有所变化。具体地，当输

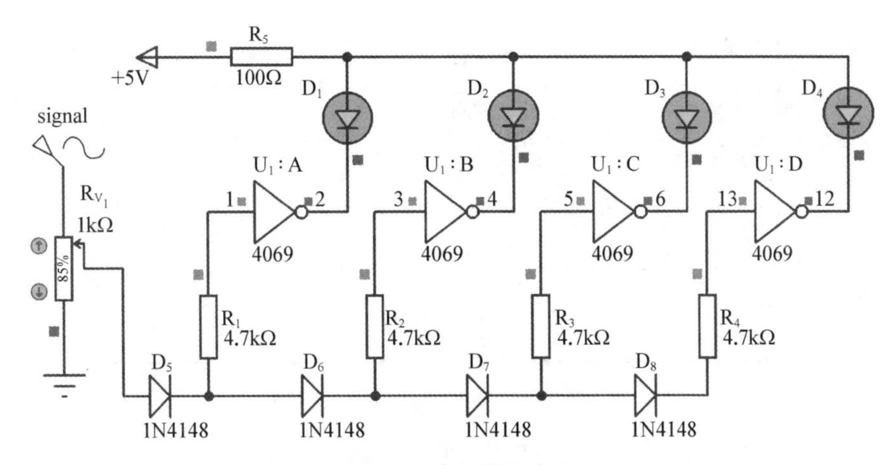


图 9.18　电平指示电路

入信号电压为 5 V 时，考虑到开关二极管的管压降，左边第一非门的输入端电位约为 4.3 V，输出端为低电平，此时第一个 LED 被点亮。而第二个非门的输入端电位约为 3.6 V（低于 CD4069 芯片高电平的阈值电压 4.0 V，详见该芯片的 datasheet），输出端为高电平，第二个 LED 处于熄灭状态。同样，第三个和第四个非门和所连接的 LED 状态和第二个非门一样。当输入音频信号足够的大，可以使后面的 LED 依次点亮。根据需要，可以再连接两个非门到电路中。通过改变可变电阻实现调整电平指示电路的最小起始值。

然而，在硬件实验平台上的 LED 模块中，所有 LED 都是采用共阴极的连接形式，暂时无法实现该电路。但是，可以结合其他基础逻辑门芯片来实现电平指示电路。通过认真分析基于非门的电平指示电路，结合硬件实验平台实际的硬件资源，需要同学们设计开发一款基于其他逻辑门的电平指示电路。

根据上述电路原理，电平指示电路的具体实验步骤如下：

(1) 在 Proteus 软件中搭建如图 9.18 所示电路并设定正弦波信号参数。

(2) 运行仿真，调整滑动变阻器，观察 LED 点亮的情况。

(3) 思考问题 1：查找 CD4069 器件手册，在 5 V 供电条件下，该芯片低电平和高电平的阈值电压是多大？

(4) 思考问题 2：如何由与非门电路来搭建电平指示电路？

(5) 完成实验报告 5。

### 9.4.4　触摸延迟灯

前面介绍了声光控制节能灯电路的基本原理，生活中还有另外一种类型的延迟灯，就是基于触摸延时开关的节能灯。触摸式延时开关有一个金属电极在外面，该金属电极与内部的三极管基极相连。当用手触摸这个金属电极时就会触发三极管导通，对一个电容充电。当将手拿开后，停止对电容充电，即电容开始放电。触摸延迟灯是通过电容的充放电来控制电路实现灯泡的点亮与熄灭。本实验来模拟楼道触摸延迟灯的电路原理。具体电路如图 9.19 所示，该电路是由非门、开关二极管和三极管开关电路构成。发光二极管 $D_2$ 代表楼道电灯。

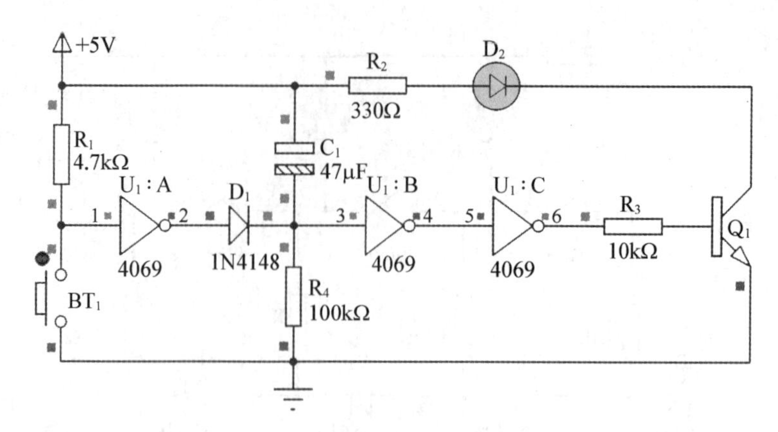


**图 9.19 触摸延迟灯**

触摸延迟灯电路原理:如图 9.19 所示,用到三个非门,对应芯片的 1,2,……,6 引脚。具体地,第一个非门的输入端是 CD4069 芯片的 1 引脚,输出端是 2 引脚,以此类推。当按钮开关断开时,1 引脚通过电阻接电源正极,也就是 1 引脚接高电平,输出端为低电平,二极管 $D_1$ 截止。第二个非门的输入端(3 引脚)为低电平。此时,电源为电容充电。3 引脚的低电平经过两个非门输出后,仍为低电平。那么,开关三极管处于截止状态,LED 熄灭。

如果按钮开关按下(即开关闭合),此时非门"$U_1$ : A"的 1 引脚为低电平,则 2 引脚输出为高电平,二极管 $D_1$ 导通,3 引脚也变为高电平,经过两个非门输出后为高电平。这样一来,三极管饱和导通,LED 点亮。此时,电容 $C_1$ 经 $D_1$ 和非门"$U_1$ : A"进行放电。

当按钮开关弹出(即开关断开)后,非门"$U_1$ : A"的 1 引脚由低电平迅速转换为高电平,则 2 引脚变为低电平。但是,由于 3 引脚连接着大容量电容,电容两端电压不能突变,3 引脚会保持高电平一段时间,此时 LED 持续发光。这时,电源经电阻 $R_4$ 向电容 $C_1$ 充电,充电结束使 3 引脚电平下降,最终 3 引脚又变为低电平,6 引脚输出也为低电平,三极管截止,LED 熄灭。

在图 9.19 中,如果用触摸电极来替代按钮开关 $BT_1$,电阻 $R_1$ 的阻值应选 10 MΩ,发光二极管接七彩 LED 模块,注意该模块已经有限流电阻,无需再外接电阻。

根据上述电路原理,触摸延迟灯电路的具体实验步骤如下:

(1) 在 Proteus 软件中搭建如图 9.19 所示电路并运行仿真。

(2) 按下按钮 $BT_1$,观察 $D_2$ 点亮的情况,按照表 9.5 中电容 $C_1$ 和电阻 $R_4$ 的参数进行设定,统计 $D_2$ 点亮的持续时间,并将数据填入表 9.5 中。

(3) 在硬件实验平台上搭建该电路,重复上一步骤并将数据填入表 9.5 中。

(4) 结合前两个实验步骤体会软件仿真和硬件实验的差异性。

(5) 思考问题 1:若电路中去掉非门"$U_1$ : C",并且要实现同样的功能,该如何更改电路?(提示:使用 PNP 型三极管。)

(6) 思考问题 2:如何用与非门来实现上述电路功能?画出电路图。

(7) 完成实验报告 6。

表 9.5　触摸延迟灯实验结果

| 电容 $C_1$ | 电阻 $R_4$ | 软件仿真延迟时间 | 硬件实验延迟时间 |
|---|---|---|---|
| 2.2 μF | 100 kΩ | | |
| 10 μF | 100 kΩ | | |
| 100 μF | 100 kΩ | | |
| 100 μF | 200 kΩ | | |
| 100 μF | 1 MΩ | | |

## 9.5　实验报告

根据上述小节的要求完成实验报告 1～6。

## 实验报告 1

( 年 月 日)

<table>
<tr><td>学生姓名</td><td></td><td>学　号</td><td></td><td>班　级</td><td></td></tr>
<tr><td>实验目的和原理</td><td colspan="5">实验题目:分立元件或门、非门电路搭建<br>实验目的:<br><br>实验原理:</td></tr>
<tr><td>实验分析和结论</td><td colspan="5">1. 二极管或门电路中,限流电阻选择多大合适?依据是什么?<br><br>2. 简要叙述三极管的开关特性。<br><br>3. 画出分立元件或门电路图。<br><br>4. 画出分立元件非门电路图。</td></tr>
</table>

## 实验报告 2

（　　年　月　日）

<table>
<tr><td>学生姓名</td><td></td><td>学　　号</td><td></td><td>班　　级</td><td></td></tr>
<tr><td>实验目的和原理</td><td colspan="5">实验题目:分立元件或非门电路搭建<br>实验目的:<br><br>实验原理:</td></tr>
<tr><td>实验分析和结论</td><td colspan="5">1. 三极管 $Q_1$ 工作在哪两个工作状态?<br><br><br>2. 如何搭建分立元件与非门电路?给出 Proteus 仿真电路图并写出具体实验步骤。</td></tr>
</table>

## 实验报告 3

( 年 月 日)

<table>
<tr><td>学生姓名</td><td></td><td>学　　号</td><td></td><td>班　　级</td><td></td></tr>
<tr><td>实<br>验<br>目<br>的<br>和<br>原<br>理</td><td colspan="5">实验题目:基础逻辑门电路实现复合逻辑门<br>实验目的:<br><br>实验原理:</td></tr>
<tr><td>实<br>验<br>分<br>析<br>和<br>结<br>论</td><td colspan="5">1. 画出基于基础逻辑门所实现的与或非逻辑电路图。<br><br>2. 画出基于基础逻辑门所实现的异或逻辑电路图。<br><br>3. 如何由 CD4081 来实现三输入与门？给出软件仿真和硬件电路的实验结果。<br><br>4. 若要由三输入与门来实现二输入与门,那么多余的输入端引脚如何处理?</td></tr>
</table>

## 实验报告 4

（　　年　月　日）

<table>
<tr><td>学生姓名</td><td></td><td>学　　号</td><td></td><td>班　　级</td><td></td></tr>
<tr><td>实<br>验<br>目<br>的<br>和<br>原<br>理</td><td colspan="5">实验题目：节能灯电路实验<br>实验目的：<br><br>实验原理：</td></tr>
<tr><td>实<br>验<br>分<br>析<br>和<br>结<br>论</td><td colspan="5">1. 电路中用到了两种不同的基本逻辑门，即与门和非门。如果电路中只允许使用与非门，电路该如何设计？画出电路图。<br><br>2. 如果“Constant”参数设定为正数，即电路中 LDR 的亮电阻阻值很大而暗电阻阻值很小，那么该如何设计电路才能实现节能灯的功能？<br><br>3. 图 9.17 中使用了两个非门，如果将“$U_2$：B”这个非门去掉，同时还要保持电路原有的功能，那么发光二极管 $D_2$ 该如何接入电路？</td></tr>
</table>

## 实验报告 5

（　　年　月　日）

| 学生姓名 | | 学　　号 | | 班　　级 | |
|---|---|---|---|---|---|
| 实验目的和原理 | **实验题目**：电平指示电路<br>**实验目的**：<br><br>**实验原理**： | | | | |
| 实验分析和结论 | 1. 图中电位器的作用是什么？<br><br>2. 在 5 V 供电条件下，CD4069 的低电平和高电平阈值电压是多大？<br><br>3. 如何由与非门电路来搭建电平指示电路？画出电路图。 | | | | |

## 实验报告 6

（　　年　月　日）

| 学生姓名 | | 学　号 | | 班　级 | |
|---|---|---|---|---|---|
| 实验目的和原理 | **实验题目**：触摸延迟灯<br>**实验目的**：<br><br>**实验原理**： | | | | |
| 实验分析和结论 | 1. 如何用与非门来实现上述电路功能？画出电路图。<br><br>2. 若电路中去掉非门“$U_1$：C”，并且要实现同样的功能，该如何更改电路？（提示：使用 PNP 型三极管。） | | | | |

【微信扫码】
实验分析与解答

# 第10章

# 组合逻辑电路

## 10.1　内容简介

数字逻辑电路根据逻辑功能的不同特点，可以分成两大类：一类是组合逻辑电路，另一类是时序逻辑电路。组合逻辑电路在逻辑功能上的特点是任意时刻的输出仅仅取决于当前时刻的输入，与电路以前的状态无关。本章对组合逻辑电路进行相关实验，通过本章实验使学生掌握加法器(74LS283)、编码器(74LS148)、译码器(74LS138、CD4028)和显示译码器(CD4543、CD4511)的使用方法。

**理论知识：**

(1) 理解组合逻辑电路的概念；

(2) 理解编码器和(显示)译码器的逻辑功能；

(3) 理解加法器的逻辑功能；

(4) 掌握组合逻辑电路的分析和设计方法；

(5) 理解竞争冒险现象的产生原因及消除方法。

**专业技能：**

(1) 测试加法器、编码器和译码器芯片的逻辑功能；

(2) 能够分析组合逻辑电路的逻辑功能；

(3) 能够根据电路图搭建实际的硬件电路；

(4) 能够排除组合逻辑电路的故障；

(5) 掌握组合逻辑电路设计的项目化流程。

**能力素质：**

(1) 通过本章实验来使学生掌握设计电路、检查电路和分析电路的基本方法；

(2) 通过本章实验来培养学生的综合设计及创新能力；

(3) 通过本章实验培养学生发现问题、分析问题和解决问题的能力；

(4) 通过电路的分析和设计培养学生的工程实践能力；

(5) 培养学生实事求是、严肃认真的科学作风和良好的实验习惯；

(6) 通过小组合作实践提高合作意识。

**实验方法**

本章以硬件电路搭建为主，Proteus 仿真为辅。本章实验用到实验平台集成逻辑门硬件电路模块、LED 显示模块、拨码开关模块等。此外，本章实验中，74LS283、74LS148 和 74LS138 是在图 10.1 所示的面包板区域使用；CD4028 是在图 10.2 所示的区域使用；显示译码器是在图 10.3 的区域使用。

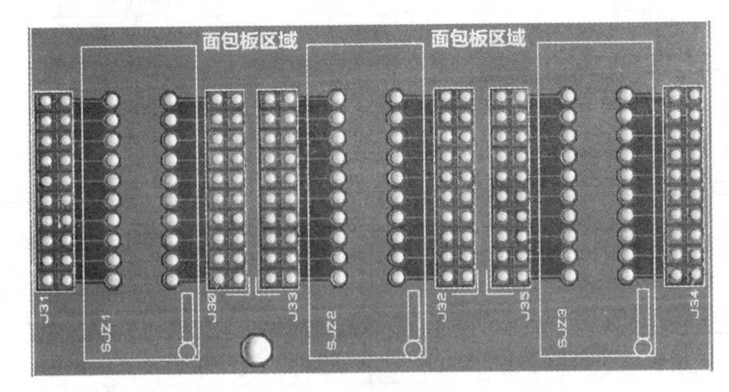


图 10.1 面包板区域

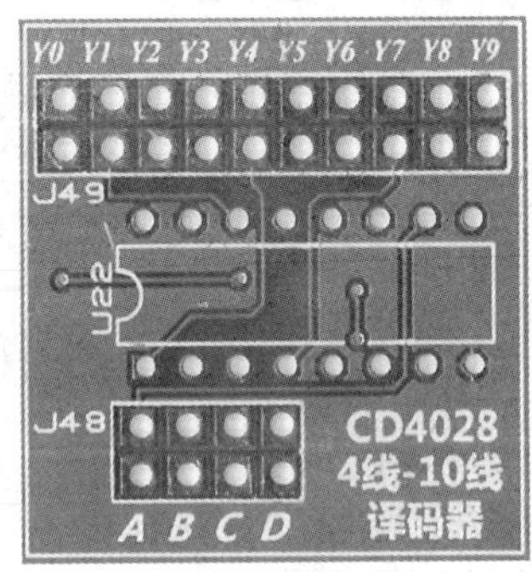


图 10.2　四线-十线译码器

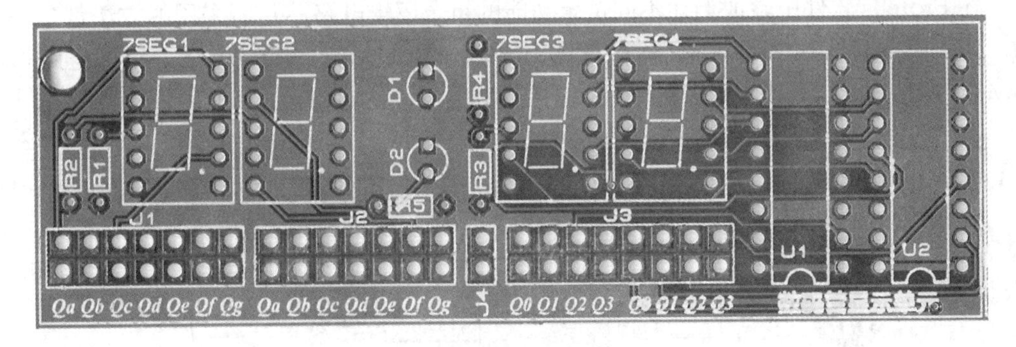


图 10.3　数码管显示单元

## 10.2　夯实基础

本节主要对常见的组合逻辑电路芯片进行测试，包括加法器、编码器、译码器和显示译码器。本节的**阶段性目标**：

(1) 测试上述组合逻辑芯片的外围引脚功能；

(2) 能够按照引脚图的标识搭建电路，并进行逻辑功能的验证。

本节关于组合逻辑电路芯片的测试实验可以使用 Proteus 仿真来完成，也可以在硬件实验平台的相关区域通过连线来完成相关芯片的测试。在 Proteus 软件中，仿真实验所涉及的元器件及其所在的元件库可以参考表 10.1。

**表 10.1 夯实基础实验所需元器件清单**

| 器件名称 | 所在的库 | 说明 |
| --- | --- | --- |
| BATTERY | DEVICE | 电池组 |
| BUTTON | ACTIVE | 按钮开关 |
| RES | DEVICE | 电阻 |
| LED - RED | ACTIVE | 红色发光二极管 |
| LOGICSTATE | ACTIVE | 逻辑状态 |
| LOGICPROBE | ACTIVE | 逻辑探针 |
| 74LS283 | 74LS | 四位二进制加法器 |
| 74LS148 | 74LS | 八线-三线编码器 |
| 74LS138 | 74LS | 三线-八线译码器 |
| 4028 | CMOS | 四线-十线译码器 |
| 4511 | CMOS | 显示译码器 |
| 4518 | CMOS | 双 BCD 同步加法计数器 |
| 4543 | CMOS | 显示译码器 |
| 7SEG - BCD | DISPLAY | (BCD 编码输入)数码管 |
| 7SEG - COM - AN - GRN | DISPLAY | 绿色共阳极数码管 |
| 7SEG - COM - CAT - GRN | DISPLAY | 绿色共阴极数码管 |

在 Proteus 软件中验证上述不同逻辑功能的组合逻辑电路芯片所采用的方法都是一样的。为了简便起见，以 74LS283 芯片为例，介绍它的 EDA 仿真测试方法。测试电路如图 10.4 所示。

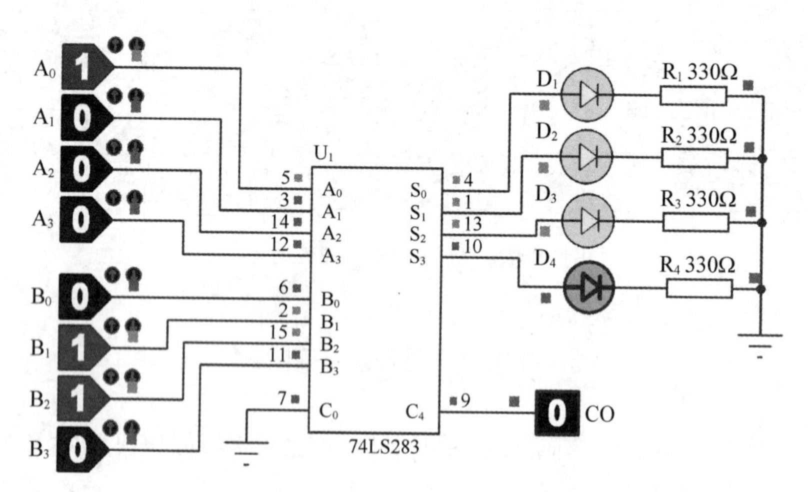


**图 10.4 Proteus 中 74LS283 芯片的测试电路**

在图 10.4 中，$A_0 \sim A_3$ 表示加数，$B_0 \sim B_3$ 表示被加数，所输入的逻辑高电平或者低电平使用 Proteus 中的"LOGICSTATE"，即逻辑状态。求和输出的结果连接 4 个 LED，分别是 $D_1 \sim D_4$。如果相应的 LED 被点亮，表示该求和位输出的是高电平，否则输出的是低电平。当然，求和输出高、低电平的测试也可以使用 Proteus 中的"LOGICPROBE"来观察输出结果。图10.4 中的进位输出端口 CO 连接的就是"LOGICPROBE"。在接下来的 10.2.1～10.2.5 小节中均采用上述方法来对相应的芯片进行测试，这里不一一赘述相关芯片的测试过程。

### 10.2.1 加法电路

本实验需要完成如下目标：测试 74LS283 芯片外围引脚功能。

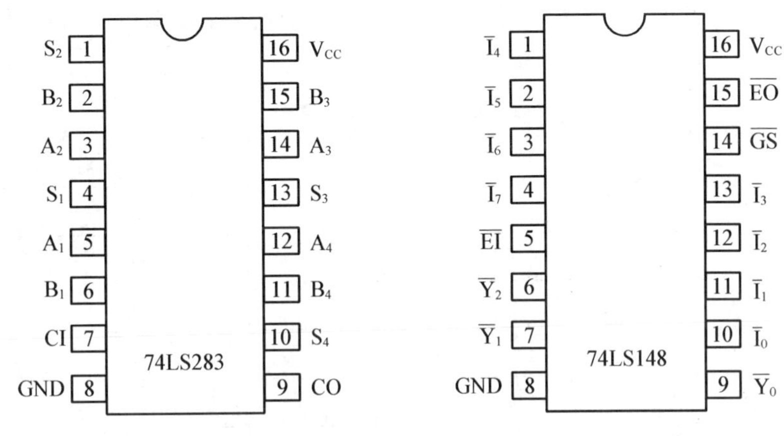


图 10.5 74LS283 引脚图　　图 10.6 74LS148 引脚图

74LS283 芯片简介：该芯片是具有超前进位的四位二进制加法器，其外围引脚如图10.5 所示，$A_1$～$A_4$ 和 $B_1$～$B_4$ 分别是加数和被加数输入端口，$A_1$ 和 $B_1$ 分别为加数和被加数的低位，$A_4$ 和 $B_4$ 分别为加数和被加数的高位；$S_1$～$S_4$ 是求和输出端口；7 引脚和 9 引脚分别是进位输入和进位输出端口，如果没有进位输入，7 引脚需要接低电平；8 引脚和 16 引脚分别接地和电源。

在 Proteus 软件中选取该芯片完成 EDA 仿真实验。在硬件实验平台上测试 74LS283 芯片外围引脚功能的实验步骤如下：

(1) 将该芯片放入锁紧座，按下锁紧杆。

(2) 八位拨码开关连接到 $A_1$～$A_4$ 和 $B_1$～$B_4$ 端口，要注意按照由低位到高位依次连接（拨码开关的 1～4 依次连接到 $A_1$～$A_4$ 端口，5～8 依次连接到 $B_1$～$B_4$ 端口）。

(3) 求和输出端口 $S_1$～$S_4$、进位输出端口 CO 按照由低到高的顺序连接到 LED 显示区域的发光二极管，进位输入端口 CI 接低电平（接地）。

(4) 通过拨动拨码开关实现不同的电平接入到加数、被加数端口，观察输出端口（输出高电平，LED 点亮；反之，LED 熄灭）。

(5) 思考问题 1：如何用两片 74LS283 的级联实现八位二进制加法功能？

(6) 思考问题 2：若 74LS283 的 7 引脚悬空，求和结果是否正确？

### 10.2.2 八线-三线编码器

本实验需要完成如下目标：测试 74LS148 芯片外围引脚功能。

74LS148 芯片简介：该芯片为八线-三线优先编码器，如图 10.6 所示。$\overline{I_0}$，$\overline{I_1}$，……，$\overline{I_7}$ 为编码输入端口，注意这些端口是低电平有效；$\overline{Y_0}$，$\overline{Y_1}$，$\overline{Y_2}$ 为编码输出端口，也是低电平有效；

$\overline{EI}$为使能输入端口(低电平有效);$\overline{EO}$为使能输出端口;$\overline{GS}$为优先编码输出端即拓展端(低电平有效),$\overline{EO}$和$\overline{GS}$端口配合使用可以实现扩展编码。表10.2为该芯片的真值表。

优先编码原理:由真值表可以看出,当EI端口为高电平时,禁止编码,输出全部为高电平;当EI端口为低电平时,允许编码。$\overline{I_7}$的优先级最高,其次是$\overline{I_6}$,……,优先级最低的是$\overline{I_0}$。当$\overline{I_0}$,$\overline{I_1}$,……,$\overline{I_7}$中某一编码输入端接低电平,而比它优先级高的编码输入端口都是高电平时,才对当前接入低电平的端口编码。例如,$\overline{I_4}=0$,$\overline{I_5}$、$\overline{I_6}$和$\overline{I_7}$都接高电平时,此时编码输出为$\overline{Y_2}\,\overline{Y_1}\,\overline{Y_0}=011$。注意,考虑到该芯片输出为低电平有效,此编码输出相当于$(4)_{10}=(100)_2$的反码。

表10.2 74LS148真值表

| 输入 | | | | | | | | | 输出 | | | | |
|---|---|---|---|---|---|---|---|---|---|---|---|---|---|
| $\overline{EI}$ | $\overline{I_0}$ | $\overline{I_1}$ | $\overline{I_2}$ | $\overline{I_3}$ | $\overline{I_4}$ | $\overline{I_5}$ | $\overline{I_6}$ | $\overline{I_7}$ | $\overline{Y_2}$ | $\overline{Y_1}$ | $\overline{Y_0}$ | $\overline{GS}$ | $\overline{EO}$ |
| 1 | × | × | × | × | × | × | × | × | 1 | 1 | 1 | 1 | 1 |
| 0 | 1 | 1 | 1 | 1 | 1 | 1 | 1 | 1 | 1 | 1 | 1 | 1 | 0 |
| 0 | × | × | × | × | × | × | × | 0 | 0 | 0 | 0 | 0 | 1 |
| 0 | × | × | × | × | × | × | 0 | 1 | 0 | 0 | 1 | 0 | 1 |
| 0 | × | × | × | × | × | 0 | 1 | 1 | 0 | 1 | 0 | 0 | 1 |
| 0 | × | × | × | × | 0 | 1 | 1 | 1 | 0 | 1 | 1 | 0 | 1 |
| 0 | × | × | × | 0 | 1 | 1 | 1 | 1 | 1 | 0 | 0 | 0 | 1 |
| 0 | × | × | 0 | 1 | 1 | 1 | 1 | 1 | 1 | 0 | 1 | 0 | 1 |
| 0 | × | 0 | 1 | 1 | 1 | 1 | 1 | 1 | 1 | 1 | 0 | 0 | 1 |
| 0 | 0 | 1 | 1 | 1 | 1 | 1 | 1 | 1 | 1 | 1 | 1 | 0 | 1 |

在Proteus软件中选取该芯片完成EDA仿真实验。在硬件实验平台上测试74LS148芯片外围引脚功能的实验步骤如下:

(1) 将该芯片放入锁紧座,按下锁紧杆。

(2) 八位拨码开关连接到编码输入端口,(拨码开关的1~8依次连接到$\overline{I_0}$~$\overline{I_7}$端口),EI端口接4位拨码开关的一位。

(3) 编码输出端口$\overline{Y_0}$、$\overline{Y_1}$和$\overline{Y_2}$依次连接到LED显示区域的发光二极管,$\overline{GS}$和$\overline{EO}$端口也接LED。

(4) 按照表10.2,通过拨动拨码开关实现不同的电平接入,观察输出端口(输出高电平,LED点亮;反之,LED熄灭),依次逐行验证表10.2。

(5) 注意该芯片编码输入、输出均为低电平有效。

(6) 思考问题:如何实现十六线-四线编码器?

### 10.2.3 三线-八线译码器

本实验需要完成如下目标:掌握74LS138芯片外围引脚功能。

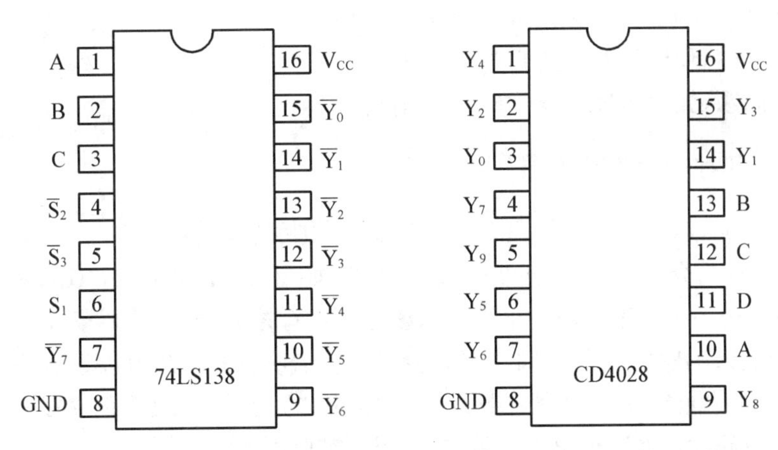


**图 10.7 74LS138 引脚图** **图 10.8 CD4028 引脚图**

74LS138 芯片简介：该芯片为三线-八线译码器，如图 10.7 所示。A、B 和 C 为译码输入端口；$\overline{Y_0}$，$\overline{Y_1}$，……，$\overline{Y_7}$为译码输出端口；$S_1$、$\overline{S_2}$和$\overline{S_3}$为控制端口：当 $S_1=1$ 且$\overline{S_2}+\overline{S_3}=0$ 时，该芯片才能进行译码；否则，译码器被禁止，输出端全部为高电平。注意该芯片输出端口是低电平有效。8 引脚接地，16 引脚接电源。表 10.3 为该芯片的真值表。

**表 10.3 74LS138 真值表**

| 输 入 | | | | | 输 出 | | | | | | | |
|---|---|---|---|---|---|---|---|---|---|---|---|---|
| $S_1$ | $\overline{S_2}+\overline{S_3}$ | $C$ | $B$ | $A$ | $\overline{Y_0}$ | $\overline{Y_1}$ | $\overline{Y_2}$ | $\overline{Y_3}$ | $\overline{Y_4}$ | $\overline{Y_5}$ | $\overline{Y_6}$ | $\overline{Y_7}$ |
| 0 | X | X | X | X | 1 | 1 | 1 | 1 | 1 | 1 | 1 | 1 |
| X | 1 | X | X | X | 1 | 1 | 1 | 1 | 1 | 1 | 1 | 1 |
| 1 | 0 | 0 | 0 | 0 | 0 | 1 | 1 | 1 | 1 | 1 | 1 | 1 |
| 1 | 0 | 0 | 0 | 1 | 1 | 0 | 1 | 1 | 1 | 1 | 1 | 1 |
| 1 | 0 | 0 | 1 | 0 | 1 | 1 | 0 | 1 | 1 | 1 | 1 | 1 |
| 1 | 0 | 0 | 1 | 1 | 1 | 1 | 1 | 0 | 1 | 1 | 1 | 1 |
| 1 | 0 | 1 | 0 | 0 | 1 | 1 | 1 | 1 | 0 | 1 | 1 | 1 |
| 1 | 0 | 1 | 0 | 1 | 1 | 1 | 1 | 1 | 1 | 0 | 1 | 1 |
| 1 | 0 | 1 | 1 | 0 | 1 | 1 | 1 | 1 | 1 | 1 | 0 | 1 |
| 1 | 0 | 1 | 1 | 1 | 1 | 1 | 1 | 1 | 1 | 1 | 1 | 0 |

在 Proteus 软件中选取该芯片完成 EDA 仿真实验。在硬件实验平台上测试 74LS138 芯片外围引脚功能的实验步骤如下：

(1) 将该芯片放入锁紧座，按下锁紧杆。

(2) 选择八位拨码开关的 1～3 接入到译码输入端口 A、B 和 C。

(3) $S_1$、$\overline{S_2}$和$\overline{S_3}$分别接八位拨码开关的 4～6 位。

(4) 译码输出端口$\overline{Y_0}$，$\overline{Y_1}$，……，$\overline{Y_7}$依次连接到 LED 显示区域的发光二极管。

(5) 按照表 10.3，通过拨动拨码开关实现不同的电平接入，观察输出端口(输出高电平，

LED 点亮；反之，LED 熄灭），依次逐行验证表 10.3。

(6) 注意：该芯片译码输出是低电平有效。

(7) 思考问题：如何实现 4 线- 16 线译码器？

### 10.2.4 四线-十线译码器

本实验需要完成如下目标：掌握 CD4028 芯片外围引脚功能。

CD4028 芯片简介：该芯片为四线-十线译码器，如图 10.8 所示。A、B、C 和 D 为译码输入端口；$Y_0$，$Y_1$，……，$Y_9$ 为译码输出端口。该芯片没有控制端口，只要接入电源，会实时地将输入端口数据译码输出。表 10.4 为该芯片的真值表。从真值表可以看出，译码输出端是高电平有效。同样能够实现四线-十线译码器的芯片有 74LS42，但 74LS42 和前面的 74LS138 一样译码输出都是低电平有效，在使用时需要注意。

**表 10.4 CD4028 芯片真值表**

| 输入 | | | | 输出 | | | | | | | | | | |
|---|---|---|---|---|---|---|---|---|---|---|---|---|---|---|
| *D* | *C* | *B* | *A* | $Y_0$ | $Y_1$ | $Y_2$ | $Y_3$ | $Y_4$ | $Y_5$ | $Y_6$ | $Y_7$ | $Y_8$ | $Y_9$ | 状态 |
| 0 | 0 | 0 | 0 | 1 | 0 | 0 | 0 | 0 | 0 | 0 | 0 | 0 | 0 | 有效译码输出 |
| 0 | 0 | 0 | 1 | 0 | 1 | 0 | 0 | 0 | 0 | 0 | 0 | 0 | 0 | |
| 0 | 0 | 1 | 0 | 0 | 0 | 1 | 0 | 0 | 0 | 0 | 0 | 0 | 0 | |
| 0 | 0 | 1 | 1 | 0 | 0 | 0 | 1 | 0 | 0 | 0 | 0 | 0 | 0 | |
| 0 | 1 | 0 | 0 | 0 | 0 | 0 | 0 | 1 | 0 | 0 | 0 | 0 | 0 | |
| 0 | 1 | 0 | 1 | 0 | 0 | 0 | 0 | 0 | 1 | 0 | 0 | 0 | 0 | |
| 0 | 1 | 1 | 0 | 0 | 0 | 0 | 0 | 0 | 0 | 1 | 0 | 0 | 0 | |
| 0 | 1 | 1 | 1 | 0 | 0 | 0 | 0 | 0 | 0 | 0 | 1 | 0 | 0 | |
| 1 | 0 | 0 | 0 | 0 | 0 | 0 | 0 | 0 | 0 | 0 | 0 | 1 | 0 | |
| 1 | 0 | 0 | 1 | 0 | 0 | 0 | 0 | 0 | 0 | 0 | 0 | 0 | 1 | |
| 1 | 0 | 1 | 0 | 0 | 0 | 0 | 0 | 0 | 0 | 0 | 0 | 0 | 0 | 无效状态 |
| 1 | 0 | 1 | 1 | 0 | 0 | 0 | 0 | 0 | 0 | 0 | 0 | 0 | 0 | |
| 1 | 1 | 0 | 0 | 0 | 0 | 0 | 0 | 0 | 0 | 0 | 0 | 0 | 0 | |
| 1 | 1 | 0 | 1 | 0 | 0 | 0 | 0 | 0 | 0 | 0 | 0 | 0 | 0 | |
| 1 | 1 | 1 | 0 | 0 | 0 | 0 | 0 | 0 | 0 | 0 | 0 | 0 | 0 | |
| 1 | 1 | 1 | 1 | 0 | 0 | 0 | 0 | 0 | 0 | 0 | 0 | 0 | 0 | |

在 Proteus 软件中选取该芯片完成 EDA 仿真实验。在硬件实验平台上测试 CD4028 芯片外围引脚功能的实验步骤如下：

(1) 选择八位拨码开关的 1～4 接入到译码输入端口 A、B、C 和 D。

(2) 译码输出端口 $Y_0$，$Y_1$，……，$Y_9$ 依次连接到 LED 显示区域的发光二极管。

(3) 按照表 10.4，通过拨动拨码开关实现不同的电平接入，观察输出端口（输出高电平，

LED 点亮;反之,LED 熄灭),依次逐行验证表 10.4。

(4) 注意:该芯片译码输出是高电平有效。

### 10.2.5　显示译码器

本实验需要完成如下目标:掌握 CD4511 和 CD4543 芯片外围引脚功能。

CD4511 芯片简介:该芯片是一个用于驱动共阴极 LED 数码管的显示译码器,具有 BCD 转换、消隐和锁存控制、七段译码及驱动功能,能提供较大的上拉电流,可直接驱动 LED 显示器。如图 10.9 所示,A、B、C 和 D 为 BCD 码输入端口,A 为最低位,D 为最高位。a,b,……,f 为译码输出端口,直接接数码管。LT 为灯测试端口,低电平有效,接入低电平时,译码输出端 a,b,……,f 全部输出高电平,此时数码管显示“8”,用于检测数码管是否损坏。LE 为锁存控制端口,高电平为锁存、低电平时正常译码。BI 为消隐控制端口,接低电平时,译码输出端 a,b,……,f 全部输出低电平,数码管熄灭。

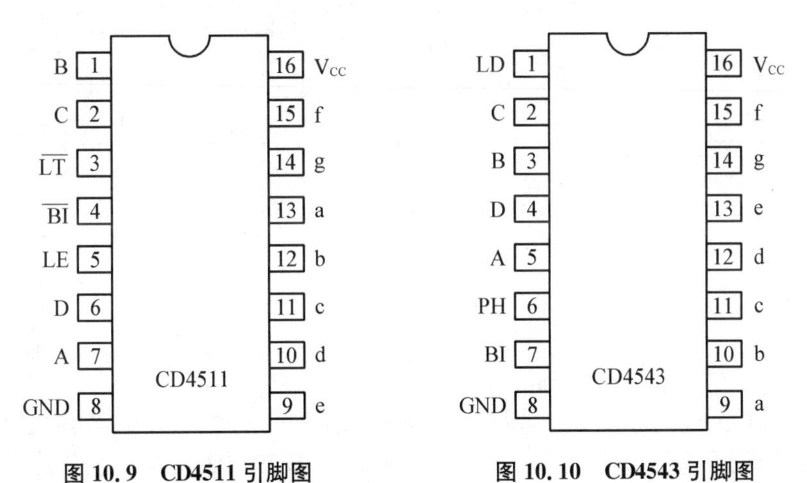


**图 10.9　CD4511 引脚图**　　**图 10.10　CD4543 引脚图**

在 Proteus 软件中选取该芯片完成 EDA 仿真实验。仿真时,译码输出要接七段共阴极数码管。在硬件实验平台上测试 CD4511 芯片外围引脚功能的实验步骤如下:

(1) 选择八位拨码开关的 1~4 接入到 A、B、C 和 D 端口。

(2) 译码输出端 a,b,……,f 依次连接到数码管显示模块的 $Q_a$,$Q_b$,……,$Q_f$。

(3) 按照表 10.5,LE、BI 和 LT 端口接高、低电平;通过拨动拨码开关实现不同的电平接入,观察数码管输出。

(4) 注意:体会该芯片的灯测试端口和消隐功能。

**表 10.5　CD4511 真值表**

| 输入 | | | | | | | 输出 | | | | | | | |
|---|---|---|---|---|---|---|---|---|---|---|---|---|---|---|
| $LE$ | $\overline{BI}$ | $\overline{LT}$ | $D$ | $C$ | $B$ | $A$ | $a$ | $b$ | $c$ | $d$ | $e$ | $f$ | $g$ | 显示 |
| × | × | 0 | × | × | × | × | 1 | 1 | 1 | 1 | 1 | 1 | 1 | 8 |
| × | 0 | 1 | × | × | × | × | 0 | 0 | 0 | 0 | 0 | 0 | 0 | |
| 0 | 1 | 1 | 0 | 0 | 0 | 0 | 1 | 1 | 1 | 1 | 1 | 1 | 0 | 0 |

续表

| 输入 | | | | | | | 输出 | | | | | | | |
|---|---|---|---|---|---|---|---|---|---|---|---|---|---|---|
| *LE* | $\overline{BI}$ | $\overline{LT}$ | *D* | *C* | *B* | *A* | *a* | *b* | *c* | *d* | *e* | *f* | *g* | 显示 |
| 0 | 1 | 1 | 0 | 0 | 0 | 1 | 0 | 1 | 1 | 0 | 0 | 0 | 0 | 1 |
| 0 | 1 | 1 | 0 | 0 | 1 | 0 | 1 | 1 | 0 | 1 | 1 | 0 | 1 | 2 |
| 0 | 1 | 1 | 0 | 0 | 1 | 1 | 1 | 1 | 1 | 1 | 0 | 0 | 1 | 3 |
| 0 | 1 | 1 | 0 | 1 | 0 | 0 | 0 | 1 | 1 | 0 | 0 | 1 | 1 | 4 |
| 0 | 1 | 1 | 0 | 1 | 0 | 1 | 1 | 0 | 1 | 1 | 0 | 1 | 1 | 5 |
| 0 | 1 | 1 | 0 | 1 | 1 | 0 | 0 | 0 | 1 | 1 | 1 | 1 | 1 | 6 |
| 0 | 1 | 1 | 0 | 1 | 1 | 1 | 1 | 1 | 1 | 0 | 0 | 0 | 0 | 7 |
| 0 | 1 | 1 | 1 | 0 | 0 | 0 | 1 | 1 | 1 | 1 | 1 | 1 | 1 | 8 |
| 0 | 1 | 1 | 1 | 0 | 0 | 1 | 1 | 1 | 1 | 0 | 0 | 1 | 1 | 9 |
| 0 | 1 | 1 | 1 | 0 | 1 | 0 | 0 | 0 | 0 | 0 | 0 | 0 | 0 | |
| 0 | 1 | 1 | 1 | 0 | 1 | 1 | 0 | 0 | 0 | 0 | 0 | 0 | 0 | |
| 0 | 1 | 1 | 1 | 1 | 0 | 0 | 0 | 0 | 0 | 0 | 0 | 0 | 0 | |
| 0 | 1 | 1 | 1 | 1 | 0 | 1 | 0 | 0 | 0 | 0 | 0 | 0 | 0 | |
| 0 | 1 | 1 | 1 | 1 | 1 | 0 | 0 | 0 | 0 | 0 | 0 | 0 | 0 | |
| 0 | 1 | 1 | 1 | 1 | 1 | 1 | 0 | 0 | 0 | 0 | 0 | 0 | 0 | |
| 1 | 1 | 1 | × | × | × | × | 取决于 *LE* 由 0 转换为 1 时的 BCD 编码 | | | | | | | |

CD4543 芯片简介：该芯片是 LED 数码管的显示译码芯片，可以驱动共阴极数码管，也可以驱动共阳极数码管。此外，该芯片还可以驱动 LCD 数码管。结合该芯片的引脚图（图 10.10）和真值表（表 10.6）来分析其功能。A、B、C 和 D 为 BCD 码输入端口，A 为最低位，D 为最高位。a，b，……，f 为译码输出端口，用于连接数码管。LD 为数据锁存端口，当 LD=0 时，会锁定并输出上一次数码管所显示的内容。正常使用显示译码功能时，该引脚须接高电平。BI 为消隐控制端口，当 BI=1 且 PH=0 时，译码输出端 a，b，……，f 全部输出低电平，实现消隐功能（相对于共阴极数码管而言）。PH 是器件类型选择端口，若要驱动共阴极 LED 数码管，PH 接低电平；若要驱动共阳极 LED 数码管，PH 接高电平；若要驱动 LCD 数码管，该端口接方波。具体功能详见表 10.6。

**表 10.6　CD4543 真值表**

| 输入 | | | | | | | 输出 | | | | | | | |
|---|---|---|---|---|---|---|---|---|---|---|---|---|---|---|
| *LD* | *BI* | *PH* | *D* | *C* | *B* | *A* | *a* | *b* | *c* | *d* | *e* | *f* | *g* | 显示 |
| × | 1 | 0 | × | × | × | × | 0 | 0 | 0 | 0 | 0 | 0 | 0 | |
| 1 | 0 | 0 | 0 | 0 | 0 | 0 | 1 | 1 | 1 | 1 | 1 | 1 | 0 | 0 |
| 1 | 0 | 0 | 0 | 0 | 0 | 1 | 0 | 1 | 1 | 0 | 0 | 0 | 0 | 1 |
| 1 | 0 | 0 | 0 | 0 | 1 | 0 | 1 | 1 | 0 | 1 | 1 | 0 | 1 | 2 |

续表

| 输　入 | | | | | | | 输　出 | | | | | | | |
|---|---|---|---|---|---|---|---|---|---|---|---|---|---|---|
| *LD* | *BI* | *PH* | *D* | *C* | *B* | *A* | *a* | *b* | *c* | *d* | *e* | *f* | *g* | 显示 |
| 1 | 0 | 0 | 0 | 0 | 1 | 1 | 1 | 1 | 1 | 1 | 0 | 0 | 1 | 3 |
| 1 | 0 | 0 | 0 | 1 | 0 | 0 | 0 | 1 | 1 | 0 | 0 | 1 | 1 | 4 |
| 1 | 0 | 0 | 0 | 1 | 0 | 1 | 1 | 0 | 1 | 1 | 0 | 1 | 1 | 5 |
| 1 | 0 | 0 | 0 | 1 | 1 | 0 | 0 | 0 | 1 | 1 | 1 | 1 | 1 | 6 |
| 1 | 0 | 0 | 0 | 1 | 1 | 1 | 1 | 1 | 1 | 0 | 0 | 0 | 0 | 7 |
| 1 | 0 | 0 | 1 | 0 | 0 | 0 | 1 | 1 | 1 | 1 | 1 | 1 | 1 | 8 |
| 1 | 0 | 0 | 1 | 0 | 0 | 1 | 1 | 1 | 1 | 0 | 0 | 1 | 1 | 9 |
| 1 | 0 | 0 | 1 | 0 | 1 | 0 | 0 | 0 | 0 | 0 | 0 | 0 | 0 | 闪烁 |
| 1 | 0 | 0 | 1 | 0 | 1 | 1 | 0 | 0 | 0 | 0 | 0 | 0 | 0 | 闪烁 |
| 1 | 0 | 0 | 1 | 1 | 0 | 0 | 0 | 0 | 0 | 0 | 0 | 0 | 0 | 闪烁 |
| 1 | 0 | 0 | 1 | 1 | 0 | 1 | 0 | 0 | 0 | 0 | 0 | 0 | 0 | 闪烁 |
| 1 | 0 | 0 | 1 | 1 | 1 | 0 | 0 | 0 | 0 | 0 | 0 | 0 | 0 | 闪烁 |
| 1 | 0 | 0 | 1 | 1 | 1 | 1 | 0 | 0 | 0 | 0 | 0 | 0 | 0 | 闪烁 |
| 0 | 0 | 0 | × | × | × | × | 取决于前面 *LD*=1 时的 BCD 编码 | | | | | | | |

在 Proteus 软件中选取该芯片完成 EDA 仿真实验。在硬件实验平台上测试 CD4543 芯片外围引脚功能的实验步骤如下：

(1) 取一片 CD4543 放入锁紧座并按下锁紧杆。

(2) 选择八位拨码开关的 1～4 接入到 A、B、C 和 D 端口。

(3) 译码输出端 a，b，……，f 依次连接到数码管显示模块的 $Q_a$，$Q_b$，……，$Q_f$。

(4) 按照表 10.6，LD、BI 和 PH 端口接高、低电平来验证相应端口的功能；通过拨动拨码开关实现不同的电平接入，观察数码管输出。

(5) 在 Proteus 软件中实现共阳极数码管驱动电路的设计。

## 10.3　跟踪训练

在测试完组合逻辑芯片后，本节学习组合逻辑电路的设计方法，包括一位全加器的设计、四线-二线编码器的设计、三变量奇偶校验器的设计、四位二进制数减法电路的设计、二线-四线译码器设计、显示编译码电路设计、三变量表决器设计和数值比较器设计。通过本节实验，应该实现如下**阶段性目标**：

(1) 掌握组合逻辑电路的设计方法；

(2) 灵活使用组合逻辑芯片进行电路设计；

(3) 理解组合逻辑芯片的典型应用。

本节的所有实验，应首先在 Proteus 软件中搭建仿真电路来验证其逻辑功能，然后将电路移植到硬件实验平台上。Proteus 软件仿真实验所涉及的组合逻辑芯片及其所在的元件库可以参考表 10.1,若是涉及逻辑门芯片可参考第九章的表 9.1。

### 10.3.1 一位全加器设计

两个一位二进制数相加,叫作半加,相应的电路称为半加器。用 $A_i$ 和 $B_i$ 表示加数和被加数,$S_i$ 表示半加和,$C_i$ 表示向高位的进位。从二进制数加法的角度看,若只考虑了两个加数本身,没有考虑低位来的进位,这是“半加”一词的由来。写出半加器的逻辑表达式。根据逻辑表达式,在实验平台上搭建电路来实现半加器功能。

如果考虑到低位的进位,再加上两个同位的加数,这种加法运算就是全加,实现全加运算的电路叫作全加器。如果用 $C_{i-1}$ 表示低位(第 $i-1$ 位)的进位,则根据全加运算的规则填写表 10.7。

表 10.7 全加器的真值表

| $A_i$ $B_i$ $C_{i-1}$ | $S_i$ | $C_i$ |
|---|---|---|
| 0 0 0 | | |
| 0 0 1 | | |
| 0 1 0 | | |
| 0 1 1 | | |
| 1 0 0 | | |
| 1 0 1 | | |
| 1 1 0 | | |
| 1 1 1 | | |

写出全加器的逻辑表达式。根据逻辑表达式,在实验平台上搭建电路来实现全加器功能。

### 10.3.2 四线-二线编码器设计

本实验采用基础逻辑门来实现四线-二线编码器的设计,能够对四路信号进行编码输出。具体实验步骤如下:

(1) 列写真值表。

(2) 逻辑功能化简(可以直接化简或采用卡诺图化简方法)得到逻辑表达式。

(3) 在 Proteus 软件中画逻辑电路图并进行仿真来验证逻辑功能。

(4) 在实验平台上搭建上述硬件电路。

(5) 思考问题:如何更改电路,加入使能端口来控制是否进行编码?

(6) 完成实验报告 1。

### 10.3.3 三变量奇偶校验器设计

本实验使用集成逻辑门电路来实现三变量奇偶校验器的设计(当输入端有奇数个 1 时,输出高电平;否则输出低电平)。具体实验步骤如下:

(1) 列写真值表。

(2) 逻辑功能化简得到逻辑表达式。

(3) 在 Proteus 软件中画逻辑电路图并进行仿真来验证逻辑功能。

(4) 在实验平台上搭建上述硬件电路。

(5) 思考问题:如何实现如下奇偶校验器的设计:输入端有偶数个 1 时输出高电平,否则输出低电平?

(6) 完成实验报告 2。

### 10.3.4　四位二进制数减法电路设计

本实验使用集成逻辑门和加法器 74LS283 来实现四位二进制数减法电路。二进制减法运算可以用补码的加法运算来实现。实验步骤如下:

(1) 掌握原码与补码的转换方法。

(2) 在 Proteus 软件中画逻辑电路图并进行仿真,同时将电路移植到硬件实验平台上,使用非门和 74LS283 来搭建硬件电路。

(3) 调试电路给出正确结果。

(4) 思考问题:如何设计一款实现原码和补码互相转换的组合逻辑电路?

### 10.3.5　二线-四线译码器

本实验采用集成逻辑门来实现二线-四线译码器。结合教材用两输入与门和非门来实现该译码器。实验步骤如下:

(1) 列写真值表。

(2) 逻辑功能化简得到逻辑表达式。

(3) 在 Proteus 软件中画逻辑电路图并进行仿真来验证逻辑功能。

(4) 思考问题 1:该电路需要四个三输入与门,但 CD4073 内部只有三个三输入与门,如何额外再用两个二输入与门来实现三输入与门?

(5) 在实验平台上搭建上述硬件电路。

(6) 思考问题 2:如何加入使能端口来控制是否进行译码? 搭建仿真电路。

(7) 思考问题 3:如何实现译码输出是低电平有效?

(8) 完成实验报告 3。

### 10.3.6　编码显示电路设计

编码器 74LS148 的输出是二进制输出,并且其输出端口是低电平有效。这样会使编码的结果不够直观。本实验需要设计一款具有编码显示功能的电路,即将编码的结果用数码管来实时地显示。该电路是用 74LS148 芯片、显示译码芯片和数码管来完成硬件电路的搭建,具体实验步骤如下:

(1) 在 Proteus 软件中搭建仿真电路。

(2) 74LS148 编码输出连接到显示译码器 CD4543 的 A、B、C、D 端口,有两个问题需要解决:一是 74LS148 芯片编码输出端为低电平有效,如何转换为高电平有效? 第二个问题是编码输出是三位输出,而显示译码器输入端有四位,那么多出来的一位该如何处理?

(3) 完成 EDA 仿真并在硬件实验平台上搭建电路。

(4) 完成实验报告 4。

### 10.3.7　三变量表决器设计

本实验采用二输入与非门、三输入与门和非门来搭建三变量表决器电路。具体实验步骤如下：

(1) 列写真值表。

(2) 逻辑功能化简得到逻辑表达式。

(3) 画逻辑电路图(用 Proteus 仿真来验证逻辑功能)。

(4) 在硬件实验平台上搭建上述硬件电路。

(5) 思考问题：如何实现五变量表决器？给出 Proteus 仿真结果。

(6) 完成实验报告 5。

### 10.3.8　数值比较器设计

本实验利用与非门和非门来搭建一位数值比较器电路。具体实验步骤如下：

(1) 列写真值表。

(2) 逻辑功能化简得到逻辑表达式。

(3) 画逻辑电路图(用 Proteus 仿真来验证逻辑功能)。

(4) 在硬件实验平台上搭建上述硬件电路。

(5) 思考问题：如何实现两位数值比较器电路的设计？给出逻辑表达式并在 Proteus 软件中给出仿真结果。

(6) 完成实验报告 6。

## 10.4　拓展提高

在掌握组合逻辑电路设计方法后，本节开展一些具有一定难度的趣味性实验，具体包括：函数发生器实验、四位二进制数显示电路设计、基于译码器的流水灯电路设计、基于显示译码器的四路抢答器设计和基于译码器的三变量表决器电路设计。通过本节的一系列实验来实现如下**阶段性目标**：

(1) 灵活应用编码器、译码器芯片实现组合逻辑电路的设计；

(2) 掌握组合逻辑电路的分析和设计方法。

### 10.4.1　函数发生器

本实验要求利用 74LS138 和适当的逻辑门电路来设计函数发生器。以如下函数为例：$Y(A,B,C)=\overline{A}BC+A\overline{B}\,\overline{C}+A\overline{B}C$，设计相应的硬件电路。具体步骤如下：

(1) 列出该函数的真值表。

(2) 要充分理解 74LS138 芯片的译码输出本质：译码输出是 $A$、$B$ 和 $C$ 这三个变量的全部最小项。

(3) 对上述表达式进行逻辑变形，注意到上述逻辑表达式的三项实质上是最小项 $m_3$、$m_4$ 和 $m_5$，即 $Y(A,B,C)=m_3+m_4+m_5$。

(4) 用与非门来重写该表达式：$Y(A,B,C)=\overline{\overline{Y_3}\cdot\overline{Y_4}\cdot\overline{Y_5}}$。

(5) 74LS138 芯片的 $Y_3$、$Y_4$ 和 $Y_5$ 输出端接三输入与非门(注意：在硬件实验平台上需要用三输入与门和非门来实现三输入与非门的逻辑功能)。

(6) 在 Proteus 软件中搭建电路并进行仿真。

(7) 在硬件实验平台上,将 74LS138 芯片放入锁紧座,按照 10.2.3 节内容对其进行外围引脚设定。

(8) 74LS138 芯片的输入端 A、B 和 C 接拨码开关,通过拨动拨码开关实现不同的电平接入,观察输出端口电平状态,对比所列的真值表,看其是否实现了预期的功能。

### 10.4.2　四位二进制数显示电路

本实验所设计的电路是将四位二进制数(0～15)用两位数码管进行显示。该电路设计的本质是使用相关的逻辑门电路来设计一个二进制数到 BCD 编码的转换电路(类似于 74LS185 芯片的功能)。

转换方法有两种:"+6"操作或者采用纯组合逻辑电路设计的思想。本实验采用纯组合逻辑电路设计的思想,具体实验步骤如下:

(1) 明确四位二进制数转换为 BCD 编码的原理,确定输入、输出变量个数。

(2) 列写真值表。

(3) 用卡诺图方法进行化简,得到逻辑表达式。

(4) 画电路图(可用 Proteus 仿真来验证逻辑功能),确定由二输入与门、二输入或门、非门以及三输入与门来搭建电路。

(5) 在硬件实验平台上根据电路原理图来实现硬件电路连接。

(6) 将输出结果(2 个 BCD 编码)接到数码管显示模块观察实验结果。

(7) 重复上述步骤,用"+6"方案来实现该电路的功能。

(8) 完成实验报告 7。

### 10.4.3　单向流水灯

本实验基于 CD4028、CD4518 芯片实现了流水灯电路,如图 10.11 所示。

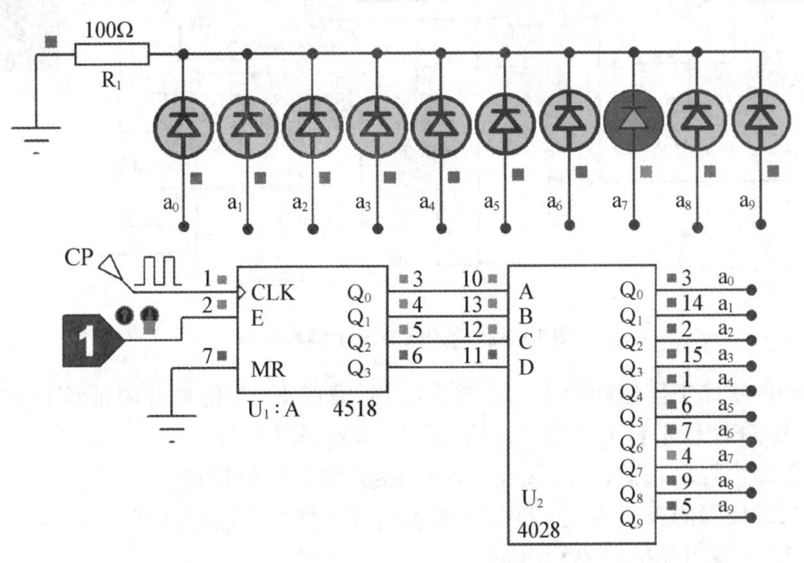


图 10.11　流水灯电路

该流水灯电路是通过 CD4518 芯片得到计数输出：0000，0001，……，1001。该输出结果通过译码器 CD4028 译码，使得 $Q_0 \sim Q_9$ 在每一个输入时，对应一个高电平输出，点亮对应的 LED。

基于上述原理，在 Proteus 软件中搭建如图 10.11 所示电路并进行仿真，认真思考电路的原理。接下来在硬件平台上搭建该电路，具体实验步骤如下：

(1) 时钟信号接入到 CD4518 芯片的时钟端口。

(2) CD4518 的计数输出端口接入到 CD4028 的输入端。

(3) CD4028 的译码输出端接 LED 显示模块。

(4) 74LS42 也是一款四线-十线译码器，在网上搜索该芯片的器件手册，测试该芯片的外围引脚及逻辑功能。

(5) 用 74LS42 芯片来替代 CD4028，在 Proteus 环境里搭建流水灯，给出仿真结果。

(6) 注意：74LS42 和 CD4028 这两款芯片译码输出端口的有效电平是不同的。

### 10.4.4 四路抢答器

图 10.12 所示电路是基于 CD4511 芯片的四路抢答器。显示译码器 CD4511 的输入端口通过下拉电阻接地，也就是初始时译码输出为零。四个按钮开关从上到下依次是 $S_1$，$S_2$，$S_3$ 和 $S_4$，若 $S_1$ 先按下，表示第一个人抢答成功，此时数码管应该显示"1"，同时该输出被锁定，其他人再按按钮也无响应。锁定电路是由与非门和与门实现。此外，还需要清零功能，通过按钮开关接到 BI 端口来实现。A、B 和 C 三个端口通过二极管接入到蜂鸣器上，实现声音提醒。

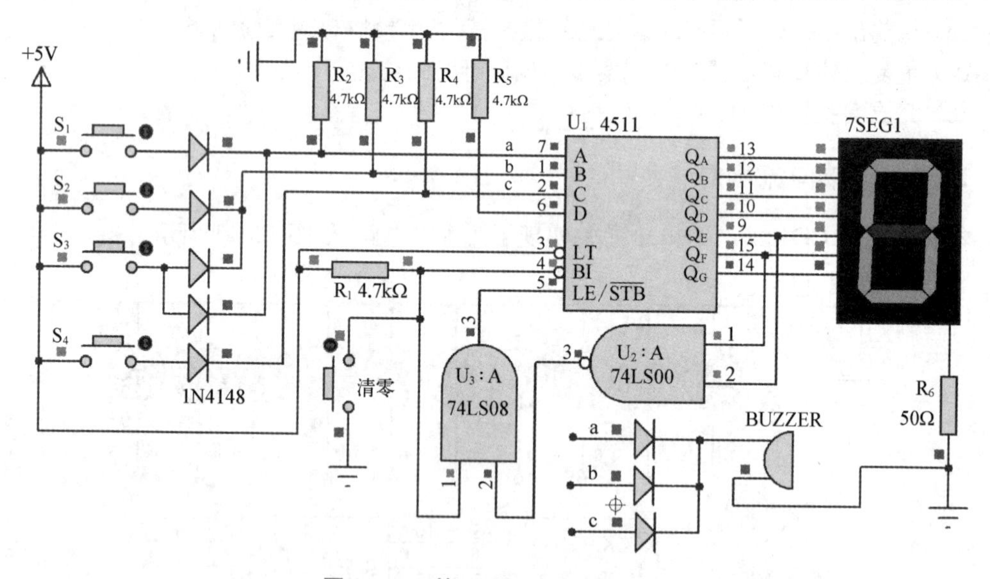


图 10.12 基于 CD4511 的抢答器

在 Proteus 软件中搭建如图 10.12 所示电路，完成 EDA 仿真并验证该抢答器的功能。基于上述原理，在硬件平台上搭建该电路，具体实验步骤如下：

(1) 选取四个轻触按键，一端接电源，一端接开关二极管阳极。

(2) 开关二极管阴极接入到 CD4511 输入端，同时输入端通过电阻接地。

(3) CD4511 输出端接数码管模块。

(4) 按图中连接形式接锁定电路。

(5) 再连接蜂鸣器模块。

(6) 思考问题:如何实现八路抢答器? 给出 Proteus 仿真结果。

(7) 完成实验报告 8。

### 10.4.5　基于 74LS138 的三变量表决器

本实验采用 74LS138 芯片和逻辑门电路实现三变量表决器,具体电路如图 10.13 所示。

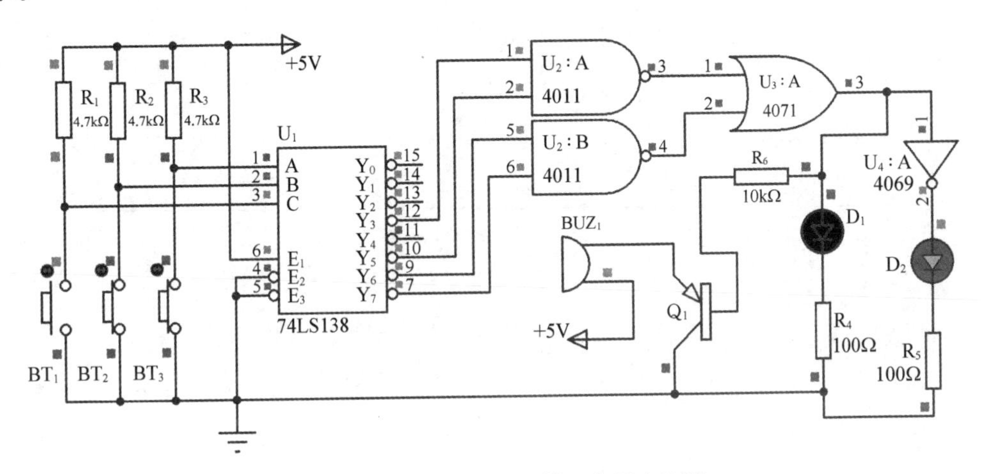


图 10.13　基于 74LS138 的三变量表决器

电路原理:如图 10.13 所示,两个二输入与非门和二输入或门实现的是四输入与非门电路。74LS138 的输出端 $Y_3$、$Y_5$、$Y_6$ 和 $Y_7$ 接入到该"四输入与非门"。当三个按钮只有一个按下或都不按下时,74LS138 的输出端 $Y_3$、$Y_5$、$Y_6$ 和 $Y_7$ 脚中有一个为低电平。该"四输入与非门"输出高电平,此时红灯亮,表明没有表决通过;当三个按钮只有二个按下或全部按下时,74LS138 的输出端 $Y_3$、$Y_5$、$Y_6$ 和 $Y_7$ 全部为高电平,"四输入与非门"输出低电平,经过非门后变为高电平,此时绿色 LED 被点亮,蜂鸣器发音,表决通过。

结合上述电路原理,在 Proteus 软件中搭建如图 10.13 所示电路,完成 EDA 仿真并验证该表决器的功能。在硬件平台上搭建该电路,具体实验步骤如下:

(1) 按键开关与电阻互连然后接到译码器的输入端。

(2) 译码器 $Y_3$、$Y_5$、$Y_6$ 和 $Y_7$ 接入 CD4011 芯片,两个与非门输出接 CD4071 芯片。

(3) CD4071 的输出分三路,一路接红色 LED,一路经过非门接绿色 LED,一路经三极管开关模块接入蜂鸣器。

(4) 思考问题 1:在该电路中,74LS138 芯片起到什么作用?

(5) 思考问题 2:若用 NPN 型三极管来驱动蜂鸣器,电路该如何更改?

(6) 完成实验报告 9。

## 10.5　实验报告

认真完成本章相关实验并填写实验报告 1～9。

## 实验报告 1

（　　年　月　日）

<table>
<tr><td>学生姓名</td><td></td><td>学　　号</td><td></td><td>班　　级</td><td></td></tr>
<tr><td>实验目的和原理</td><td colspan="5">实验题目：四线-二线编码器设计<br>实验目的：<br><br>实验原理：</td></tr>
<tr><td>实验分析和结论</td><td colspan="5">1. 列出真值表。<br><br>2. 卡诺图化简。<br><br>3. 画出实验电路。<br><br>3. 如何更改电路，加入使能端口来控制电路是否进行编码？</td></tr>
</table>

## 实验报告 2

（　　年　月　日）

| 学生姓名 | | 学　　号 | | 班　　级 | 计科院　　　班 |
|---|---|---|---|---|---|
| 实验目的和原理 | **实验题目**:三变量奇偶校验器设计<br>**实验目的**:<br><br>**实验原理**: | | | | |
| 实验分析和结论 | 1. 列真值表。<br><br>2. 写出逻辑表达式。<br><br>3. 画出实验电路图。<br><br>4. 如何实现如下奇偶校验器的设计:输入端有偶数个 1 时输出高电平,否则输出低电平? | | | | |

## 实验报告 3

（　　年　月　日）

<table>
<tr><td>学生姓名</td><td></td><td>学　　号</td><td></td><td>班　　级</td><td></td></tr>
<tr><td>实<br>验<br>目<br>的<br>和<br>原<br>理</td><td colspan="5">实验题目：二线-四线译码器设计<br>实验目的：<br><br>实验原理：</td></tr>
<tr><td>实<br>验<br>分<br>析<br>和<br>结<br>论</td><td colspan="5">1. 列真值表。<br><br>2. 写出逻辑表达式。<br><br>3. 画出实验电路图。<br><br>4. 如何加入使能端口来控制是否进行译码？搭建仿真电路。<br><br>5. 如何实现译码输出低电平有效？</td></tr>
</table>

## 实验报告 4

（　　年　月　日）

| 学生姓名 | | 学　　号 | | 班　　级 | |
|---|---|---|---|---|---|
| 实验目的和原理 | **实验题目**:编码显示电路设计<br>**实验目的**:<br><br>**实验原理**: | | | | |
| 实验分析和结论 | 1. 画出电路原理图。<br><br>2. 74LS148 芯片为低电平有效,如何转换为高电平有效?<br><br>3. 编码输出是三位输出,而显示译码器输入端有四位,那么多出来的一位该如何处理? | | | | |

## 实验报告 5

（　　年　月　日）

<table>
<tr><td>学生姓名</td><td></td><td>学　　号</td><td></td><td>班　　级</td><td></td></tr>
<tr><td>实验目的和原理</td><td colspan="5">实验题目：基于集成逻辑门的三变量表决器设计<br>实验目的：<br><br>实验原理：</td></tr>
<tr><td>实验分析和结论</td><td colspan="5">1. 列出真值表。<br><br>2. 卡诺图化简。<br><br>3. 画出实验电路。<br><br>4. 如何实现五变量表决器？写出逻辑表达式。</td></tr>
</table>

## 实验报告 6

（　　年　月　日）

<table>
<tr><td>学生姓名</td><td></td><td>学　　号</td><td></td><td>班　　级</td><td></td></tr>
<tr><td>实<br>验<br>目<br>的<br>和<br>原<br>理</td><td colspan="5">实验题目:数值比较器设计<br>实验目的:<br><br>实验原理:</td></tr>
<tr><td>实<br>验<br>分<br>析<br>和<br>结<br>论</td><td colspan="5">1. 列出真值表。<br><br>2. 卡诺图化简。<br><br>3. 画出实验电路。<br><br>4. 如何实现两位数值比较器？写出逻辑表达式。</td></tr>
</table>

## 实验报告 7

（　　年　月　日）

<table>
<tr><td>学生姓名</td><td></td><td>学　号</td><td></td><td>班　级</td><td></td></tr>
<tr><td>实验目的和原理</td><td colspan="5">实验题目：四位二进制数显示电路设计<br>实验目的：<br><br>实验原理：</td></tr>
<tr><td>实验分析和结论</td><td colspan="5">1. 列出真值表。<br><br>2. 卡诺图化简。<br><br>3. 画出实验电路。<br><br>4. 如何用“+6”操作来实现该电路的功能？</td></tr>
</table>

## 实验报告 8

（　　年　月　日）

<table>
<tr><td>学生姓名</td><td></td><td>学　　号</td><td></td><td>班　　级</td><td></td></tr>
<tr><td>实<br>验<br>目<br>的<br>和<br>原<br>理</td><td colspan="5">实验题目：基于 CD4511 的四路抢答器设计<br>实验目的：<br><br>实验原理：</td></tr>
<tr><td>实<br>验<br>分<br>析<br>和<br>结<br>论</td><td colspan="5">1. 给出具体实验步骤。<br><br>2. 如何实现八路抢答器？给出 Proteus 仿真结果。</td></tr>
</table>

## 实验报告 9

（　　年　月　日）

<table>
<tr><td>学生姓名</td><td></td><td>学　　号</td><td></td><td>班　　级</td><td></td></tr>
<tr><td>实<br>验<br>目<br>的<br>和<br>原<br>理</td><td colspan="5">实验题目:基于 74LS138 的三人表决器设计<br>实验目的:<br><br>实验原理:</td></tr>
<tr><td>实<br>验<br>分<br>析<br>和<br>结<br>论</td><td colspan="5">1. 简要叙述电路原理。<br><br>2. 在该电路中,74LS138 起到什么作用?<br><br>3. 若用 NPN 型三极管来驱动蜂鸣器,电路该如何更改?</td></tr>
</table>

【微信扫码】
实验分析与解答

# 第11章

# 触发器

## 11.1 内容简介

在数字电路中通常需要存储信息的部件。触发器是具有记忆功能,并且能够存储数字信息的最基本单元电路。触发器属于时序逻辑电路的范畴,与前两章学习的逻辑门电路和组合逻辑芯片不同,触发器的输出和输入间存在反馈路径。也就是说,触发器的次态输出不仅仅与当前电路的输入状态有关,还与触发器以前的状态有关。触发器的类型有很多种,本章学习常见触发器的使用,通过本章实验应掌握基本 RS 触发器的原理,掌握 D 触发器(74LS74)、JK 触发器(CD4027)的使用。本章实验中,74LS74 和 CD4027 是在如图 11.1 和图 11.2 所示的硬件实验平台区域使用的。

**理论知识:**

(1) 理解触发器的概念;

(2) 掌握基本 RS 触发器、同步 RS 触发器、主从 RS 触发器的逻辑功能;

(3) 掌握 D 触发器、JK 触发器、T 触发器和 T′触发器的逻辑功能;

(4) 理解触发器的历史发展脉络;

(5) 掌握触发器逻辑功能的描述方法:特征方程、真值表、激励表、状态转移图和时序图;

(6) 理解触发器的空翻和一次翻转现象;

(7) 掌握触发器类型的转换。

**专业技能:**

(1) 测试芯片的逻辑功能;

(2) 能够根据电路图搭建实际的硬件电路;

(3) 能够排除电路存在的故障;

(4) 掌握逻辑电路设计的项目化流程。

**能力素质：**

(1) 通过本章实验来提高学生动手技能，使学生正确处理实验过程中遇到的问题；

(2) 通过本章实验使学生掌握设计电路、检查电路和分析电路的基本方法；

(3) 通过本章实验培养学生综合设计和创新能力；

(4) 培养学生实事求是、严肃认真的科学作风和良好的实验习惯；

(5) 通过小组合作实践提高合作意识。

## 实验方法

本章实验以硬件电路搭建为主，Proteus 仿真为辅。本章实验需要用到实验平台的集成逻辑门电路模块、LED 显示模块、拨码开关模块等。此外，本章实验中，74LS74 和 CD4027 分别在如图 11.1 和图 11.2 所示的区域使用。

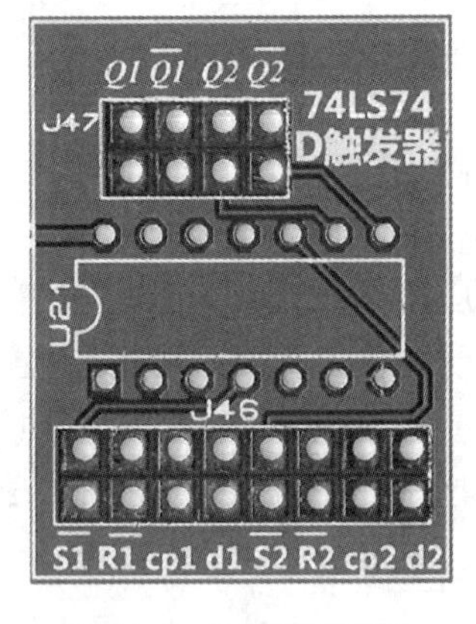


**图 11.1 D 触发器模块**

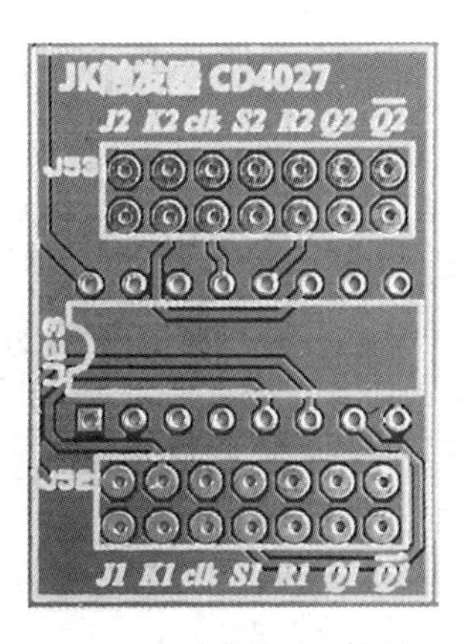


**图 11.2 JK 触发器模块**

## 11.2 夯实基础

本节对常见类型的触发器功能进行验证，包括用与非门实现基本 RS 触发器、同步 RS 触发器、同步 D 触发器和主从 RS 触发器。同时，本节还对常用的触发器芯片的功能进行测试，包括 74LS74 芯片和 CD4027 芯片。通过本节的一系列实验完成如下**阶段性目标**：

(1) 能够应用集成逻辑门芯片来实现常见类型的触发器；

(2) 理解触发器的空翻和一次翻转现象；

(3) 在硬件实验平台上完成电路连接并验证逻辑功能；

(4) 测试 74LS74 和 CD4027 芯片的外围引脚功能，能够按照引脚图的标识搭建电路，并进行逻辑功能的验证。

本节的相关实验采用 Proteus 软件仿真和硬件实验平台上电路的搭建来完成。在 Proteus 软件中，仿真实验所涉及的元器件及其所在的元件库可以参考表 11.1。

表 11.1 夯实基础实验所需元器件清单

| 器件名称 | 所在的库 | 说明 |
|---|---|---|
| BATTERY | DEVICE | 电池组 |
| BUTTON | ACTIVE | 按钮开关 |
| RES | DEVICE | 电阻 |
| LED—RED | ACTIVE | 红色发光二极管 |
| LOGICSTATE | ACTIVE | 逻辑状态 |
| LOGICPROBE | ACTIVE | 逻辑探针 |
| 74LS74 | 74LS | D 触发器 |
| 4027 | CMOS | JK 触发器 |
| 4011 | CMOS | 二输入与非门 |
| 4069 | CMOS | 非门 |

### 11.2.1 与非门实现基本 RS 触发器

本实验利用二输入与非门来搭建基本 RS 触发器电路。首先在 Proteus 软件中搭建如图 11.3 所示电路，按照基本 RS 触发器的真值表来验证其功能。接下来认真阅读教材相关内容，思考基本 RS 触发器的 R 端口和 S 端口的作用，在硬件实验平台上搭建如图 11.3 所示电路，具体实验步骤如下：

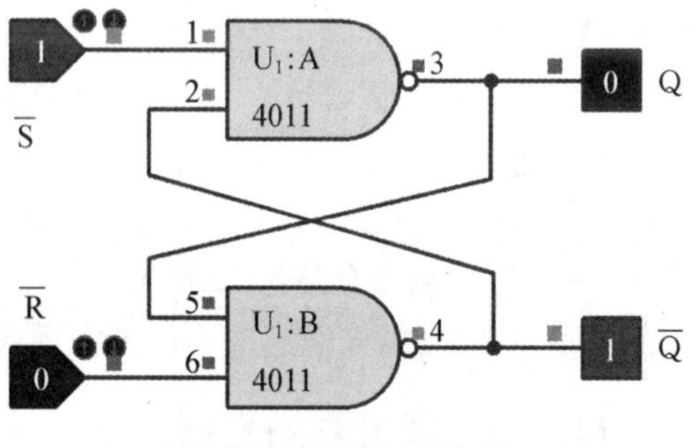

图 11.3 基本 RS 触发器

(1) 选取两位拨码开关接入到与非门的对应端口。

(2) 用面包板连接线完成与非门输出到输入的反馈。

(3) 与非门输出端接 LED。

(4) 改变输入端的电平来看输出端的状态，这里重点看一下当 R 端口和 S 端口都接低电平(禁止态)，输出会是什么样？

(5) 思考问题 1：对于禁止态，Proteus 仿真结果和硬件实验结果是否有差异？

(6) 思考问题 2：如何用或非门来实现基本 RS 触发器电路？

(7) 完成实验报告 1。

### 11.2.2 同步 RS 触发器

基本 RS 触发器的输出随输入信号的变化而立刻改变，抗干扰能力差，其实用性不强。消除组合逻辑电路的竞争和冒险的一个有效方法是引入选通逻辑。我们希望在统一的信号作用下，触发器根据当前时刻的输入状态而发生变化。也就是用时钟信号来统一控制触发器的状态转换。因此，我们对基本 RS 触发器进行改造，加入引导电路得到同步 RS 触发器。

本实验利用二输入与非门，并引入“时钟信号”来搭建同步 RS 触发器电路。具体实验电路如图 11.4 所示。在图 11.4 中，与非门“$U_1$ : A”和“$U_1$ : B”构成引导电路，只有当 CP 为高电平时，S 端口和 R 端口的数据才能传递到下一级电路中。CP 为低电平时，引导电路被锁定，思考一下这是为什么。与非门“$U_1$ : C”和“$U_1$ : D”构成一个基本 RS 触发器。

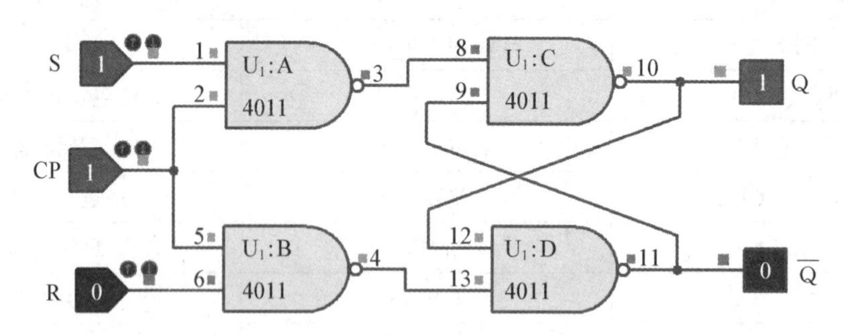


**图 11.4　同步 RS 触发器**

在 Proteus 软件中搭建该电路并完成仿真，验证同步 RS 触发器的逻辑功能。接下来在硬件实验开发平台上搭建如图 11.4 所示电路，具体实验步骤如下：

(1) 选取两位拨码开关接入到引导电路的与非门对应端口。

(2) 另外选取一位拨码开关作为时钟信号(注意是电平触发)接入到引导电路。

(3) 引导电路的输出作为基本 RS 触发器的输入，进行相应的连接。

(4) 用面包板连接线完成从与非门输出到输入的反馈。

(5) 与非门输出端接 LED。

(6) 改变输入端的电平来看输出端的状态，这里重点看一下当 R 端口和 S 端口都接高电平(禁止态)，输出会是什么样?

(7) 思考问题：如何用或非门来实现同步 RS 触发器电路?

### 11.2.3　同步 D 触发器

同步 RS 触发器的 R、S 输入端口不能同时为 1，否则触发器的输出状态不确定，也就是所谓的禁止输入状态。触发器的主要功能是存储数据，其置位端口或复位端口接有效电平后会使触发器存储 1 或者 0。在对触发器进行置位或复位操作时，触发器 R 端口和 S 端口的电平是相反的。为了避免输入端信号同时为 1，在 R 和 S 端口间接一个非门，输入端口由原来的两个(R 和 S 端口)改为一个端口，并重新命名为 D 端口，这个触发器就是同步 D 触发器。

本实验利用二输入与非门和非门来搭建同步 D 触发器电路；认真阅读教材，思考基本(同步)RS 触发器存在哪些缺点? 同步 D 触发器相对于 RS 触发器，其优点有哪些?

图 11.5 所示是基于集成逻辑门电路的同步 D 触发器原理图，是在同步 RS 触发器的基础上，将原来的 R 端口和 S 端口用一个非门连接。思考，这么做的优点是什么，克服了同步 RS 触发器的什么缺点?

在 Proteus 软件中搭建该电路并完成仿真，验证同步 D 触发器的逻辑功能。接下来在实验平台上搭建如图 11.5 所示电路，具体实验步骤如下：

(1) 选取一位拨码开关接入到引导电路的与非门对应端口。

(2) 另外选取一位拨码开关作为时钟信号(注意是电平触发)接入到引导电路。

(3) 用非门将原来的同步 RS 触发器的 R 端口和 S 端口相连。

(4) 引导电路的输出作为基本 RS 触发器的输入,进行相应的连接。

(5) 用面包板连接线完成从与非门输出到输入的反馈。

(6) 与非门输出端接 LED。

(7) 改变输入端的电平并观察输入和输出存在什么关系?

(8) 理解 D 触发器作为数据锁存器的原理。

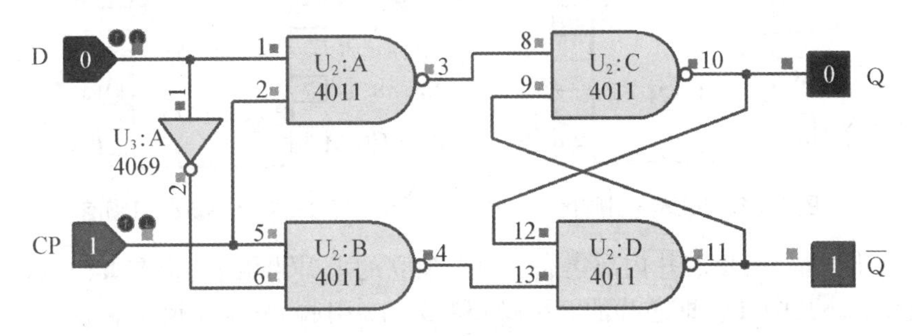


图 11.5　同步 D 触发器

## 11.2.4　主从 RS 触发器

同步触发器有个很大的问题,就是空翻现象。即在 CP=1 期间,由于输入信号变化而引起触发器翻转的现象。空翻问题的存在,使得同步触发器的应用范围变得很窄,实用价值不大,无法构成一些核心的时序逻辑电路,如计数器、寄存器。为了解决空翻问题,可以对同步触发器从电路结构上进一步改进,或者采用边沿触发。前者得到的是主从触发器,后者就是边沿触发器。

如图 11.6 所示,本实验实现了主从 RS 触发器的逻辑功能。在 Proteus 软件中搭建该电路并完成仿真。

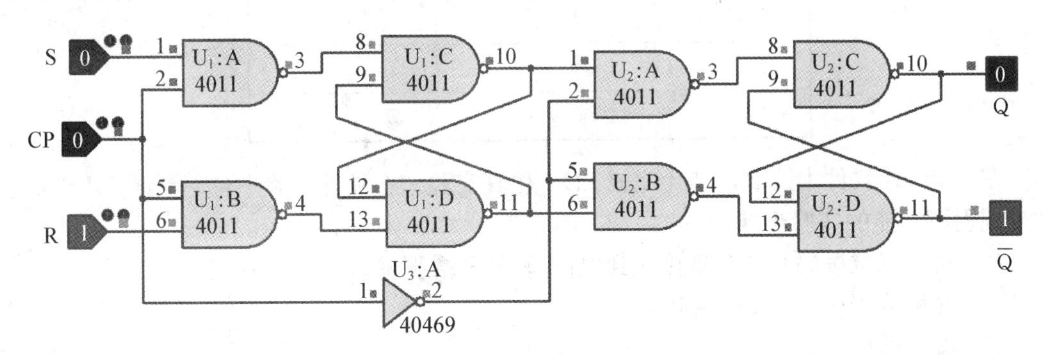


图 11.6　主从 RS 触发器

认真阅读教材,理解主从 RS 触发器的原理,重点分析主触发器和从触发器的输入、输出关系。

## 11.2.5　D 触发器

本实验旨在测试 74LS74 芯片的外围引脚功能,掌握其使用方法。74LS74 芯片引脚图如图 11.7 所示。

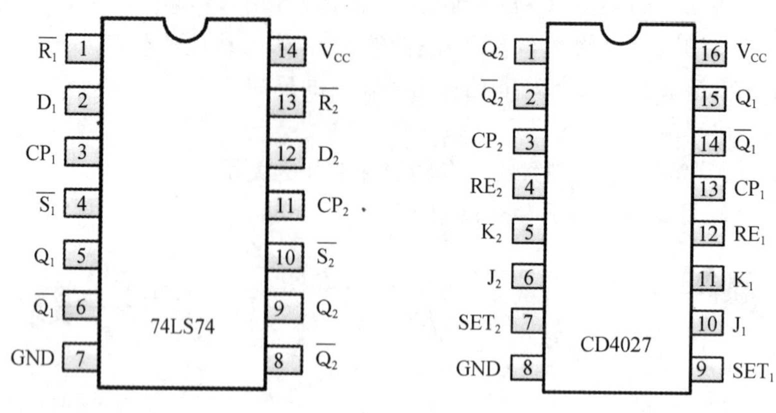


**图 11.7　74LS74 引脚图**　　　　**图 11.8　CD4027 引脚图**

74LS74 芯片简介：该芯片内部集成了两个独立的上升沿触发、带有置位端口和复位端口的 D 触发器。其中，$D_1$（即芯片的 2 引脚）和 $D_2$（12 引脚）分别是两个触发器的数据输入端口；3 引脚和 11 引脚是两个独立的时钟输入端口，分别对应两个 D 触发器；1 引脚和 13 引脚是复位端口；4 引脚和 10 引脚是置位端口；5、6 引脚和 9、8 引脚分别是两个 D 触发器的互补输出端口。表 11.2 为该芯片的真值表。7 引脚和 14 引脚分别接地和电源。

**表 11.2　74LS74 真值表**

| 输　入 | | | | 输　出 | |
|---|---|---|---|---|---|
| $\overline{S}$ | $\overline{R}$ | $CP$ | $D$ | $Q$ | $\overline{Q}$ |
| 0 | 1 | × | × | 1 | 0 |
| 1 | 0 | × | × | 0 | 1 |
| 0 | 0 | × | × | 不稳定状态 | |
| 1 | 1 | ↑ | 1 | 1 | 0 |
| 1 | 1 | ↑ | 0 | 0 | 1 |
| 1 | 1 | 0 | × | $Q^n$ | $\overline{Q^n}$ |

在 Proteus 软件中选取该芯片完成 EDA 仿真实验。在硬件实验平台上测试 74LS74 芯片外围引脚功能的实验步骤如下：

(1) 选取三位拨码开关分别接入到置位、复位和数据输入端口。

(2) 时钟信号接入到 CP 端口。

(3) 输出端接 LED。

(4) 通过拨动拨码开关实现不同的电平接入，观察输出端口（输出高电平，LED 点亮；反之，LED 熄灭），依次逐行验证表 11.2。

(5) 思考问题：如何设置引脚所接入的逻辑电平来实现置位功能？如何实现复位功能？如何实现数据保持功能？

### 11.2.6　JK 触发器

本实验旨在测试 CD4027 芯片外围引脚功能，掌握其使用方法。CD4027 芯片引脚图如

图 11.8 所示。

CD4027 芯片简介：该芯片内部集成了两个上升沿触发、带有置位端口和复位端口的 JK 触发器。其中，$J_1$、$K_1$ 和 $J_2$、$K_2$ 分别是两个触发器的数据输入端口；置位端口、复位端口、时钟端口，以及输出端口如图 11.8 所示。表 11.3 为该芯片的真值表。

**表 11.3　CD4027 真值表**

| 输　入 | | | | | 输　出 | |
|---|---|---|---|---|---|---|
| *SET* | *RE* | *CP* | *J* | *K* | Q | $\overline{Q}$ |
| 1 | 0 | × | × | × | 1 | 0 |
| 0 | 1 | × | × | × | 0 | 1 |
| 1 | 1 | × | × | × | 1 | 1 |
| 0 | 0 | ↑ | 0 | 0 | 保持原态不变 | |
| 0 | 0 | ↑ | 0 | 1 | 0 | 1 |
| 0 | 0 | ↑ | 1 | 0 | 1 | 0 |
| 0 | 0 | ↑ | 1 | 1 | 翻转 | |

在 Proteus 软件中选取该芯片完成 EDA 仿真实验。在硬件实验平台上测试 CD4027 芯片外围引脚功能的实验步骤如下：

(1) 选取三位拨码开关分别接入到置位、复位和数据输入端口。

(2) 时钟信号接入到时钟端口。

(3) 输出端接 LED。

(4) 通过拨动拨码开关实现不同的电平接入，观察输出端口(输出高电平，LED 点亮；反之，LED 熄灭)，依次逐行验证表 11.3。

(5) 思考问题：如何设置引脚所接入的逻辑电平来实现置位功能？如何实现复位功能？如何实现数据保持功能？如何实现数据的翻转？

## 11.3　跟踪训练

上节我们对常用触发器的逻辑功能进行了相关的实验。接下来，在本节实验中学习触发器的典型应用，具体包括：按键消抖电路、双闪灯电路、分频电路和触发器类型的转换。通过本节的一系列实验完成如下**阶段性目标**：

(1) 掌握触发器的一些典型应用；

(2) 理解触发器类型的转换；

(3) 能够应用触发器进行电路设计。

本节的相关实验采用 Proteus 仿真和硬件实验平台电路的搭建来完成。在 Proteus 软件中，仿真实验所涉及的元器件及其所在的元件库可以参考表 11.4。

表 11.4 跟踪训练实验所需元器件清单

| 器件名称 | 所在的库 | 说明 |
| --- | --- | --- |
| BATTERY | DEVICE | 电池组 |
| BUTTON | ACTIVE | 按钮开关 |
| RES | DEVICE | 电阻 |
| LED - RED | ACTIVE | 红色发光二极管 |
| 1N4148 | DIODE | 开关二极管 |
| LOGICSTATE | ACTIVE | 逻辑状态 |
| LOGICPROBE | ACTIVE | 逻辑探针 |
| NPN | ASIMMDLS | 三极管 |
| 74LS74 | 74LS | D触发器 |
| 4011 | CMOS | 二输入与非门 |
| 4069 | CMOS | 非门 |
| 4081 | CMOS | 二输入与门 |
| SW - SPDT | ACTIVE | 单刀双掷开关 |

### 11.3.1 按键消抖电路

对于一些需要时钟信号的场合，如果用轻触按键来实现上升沿或下降沿信号功能，会存在输出信号“抖动”的缺点。也就是，按一次按钮，却形成多次时钟脉冲信号。这主要是由于金属弹片的震动效应，震动时间的长短由按键的机械特性决定，一般为 5～10 毫秒。按键稳定闭合时间的长短则是由操作人员的按键动作决定的，一般为零点几秒至数秒。按键抖动会引起一次按键被误读多次。为确保芯片对按键的一次闭合仅做一次处理，必须去除按键抖动。在按键闭合稳定时读取键的状态，并且必须等到按键释放稳定后再作处理。图 11.9 所示是基于基本 RS 触发器的按键消抖电路。

图 11.9 中两个“与非门”构成一个基本 RS 触发器。当按键未按下时(即单刀双掷开关拨向上方)，置位端口 $\overline{S}$接入低电平，因此基本 RS 触发器输出为 1；当按键按下时(即单刀双掷开关拨向下方)，复位端口 $\overline{R}$接入低电平，因此基本 RS 触发器输出为 0。这样，触发器 Q 端口由高电平变为低电平，形成了一个时钟信号的下降沿。思考，如何形成时钟信号的上升沿？

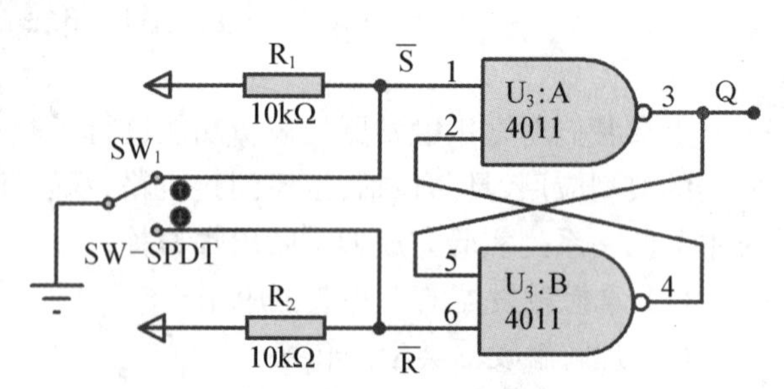


图 11.9 基于基本 RS 触发器的按键消抖电路

但是，按键金属弹片的机械特性，按键因弹性形变而产生抖动，会产生一些尖峰脉冲干扰信号。因此，我们需要一个电路来消除这些尖峰脉冲干扰。

在 Proteus 软件中完成该电路的仿真，并在硬件实验平台上搭建如图 11.9 所示电路，具体实验步骤如下：

(1) 选取单刀双掷开关，将公共端接地，一端接入到基本RS触发器的S端口，另一端接到R端口。

(2) 输出端Q接入到计数器CD4518的时钟端口，计数器输出接入到数码管显示模块。

(3) 来回拨动开关，观测数码管的状态。

(4) 思考问题：如何用轻触按键来实现上升沿或下降沿信号？

(5) 完成实验报告2。

实际上，有一种逻辑门是施密特触发器类型的，如CD40106是带施密特触发器的非门；CD4093和74LS132都是带施密特触发器的二输入与非门。利用此类型的逻辑门来搭建如图11.9所示的防抖电路，其电路稳定性要远高于普通逻辑门。另外，利用CD4093来设计按键防抖电路会更简单一些。思考，该如何设计？

### 11.3.2 双闪灯

所谓双闪灯是两个LED轮流点亮，也就是在某一时间节点一个LED点亮，而另外一个LED熄灭，在下一个时间节点正好反过来，形成所谓的“双闪”效果。本实验利用D触发器的互补输出端来驱动两个LED并实现该电路功能。图11.10所示是基于D触发器的双闪灯电路原理图。

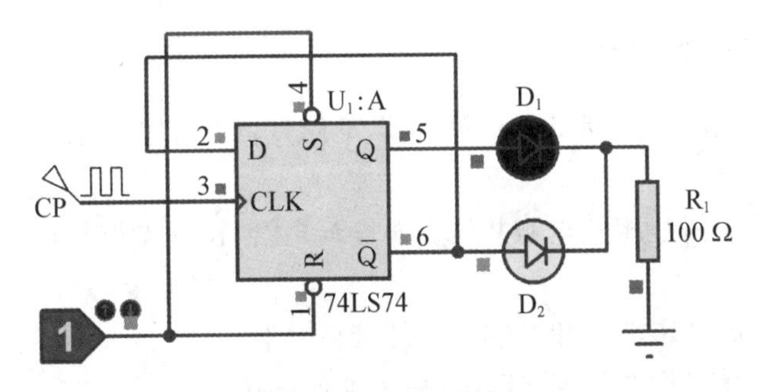


**图11.10 基于D触发器的双闪灯**

首先在Proteus软件中完成图11.10所示电路的EDA仿真实验。接下来在实验平台上搭建如图11.10所示电路，具体实验步骤如下：

(1) 将D触发器的R端口和S端口全部接高电平(思考接低电平是否可以)。

(2) 输出端$\overline{Q}$接入到数据端口D(思考这么做的目的是什么)。

(3) 将时钟信号接入到D触发器的CLK端。

(4) D触发器的两个输出端分别接两个LED。

(5) 思考问题：如何用JK触发器实现上述电路？

(6) 完成实验报告3。

### 11.3.3 声控双闪灯

本实验要实现声音控制双闪灯，是在上一个实验的基础上，加入话筒模块，通过声音来控制双闪灯是否工作。电路如图11.11所示。

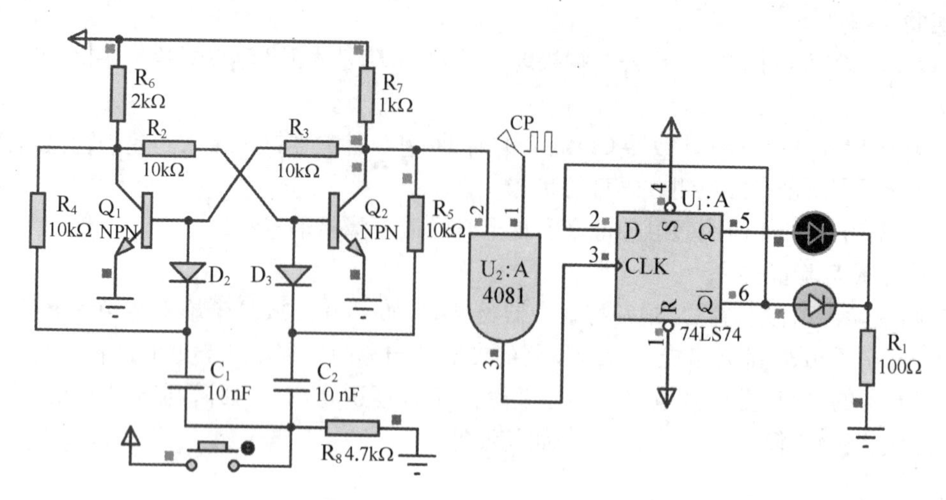


图 11.11 声控双闪灯电路图

这里用按钮开关的闭合来模拟声音信号输入。$Q_1$ 和 $Q_2$ 及外围电路构成双稳态触发器，按钮开关每闭合一次，双稳态触发器的状态就会发生一次翻转，其输出接入二输入与门，来控制时钟信号是否接入到D触发器的时钟端口，从而控制双闪灯是否工作。认真分析该电路原理，在 Proteus 软件中搭建仿真电路。然后在硬件平台上搭建该电路。

### 11.3.4 触发器类型转换

本实验由JK触发器来分别实现D触发器、T触发器和T′触发器，搭建电路来验证所转换的触发器的功能。

在 Proteus 软件中搭建相关电路并仿真。接下来以JK触发器转换为D触发器为例，给出其具体实验步骤：

(1) 将JK触发器的R端口和S端口全部接高电平。

(2) J端口和K端口用非门连接起来(思考如何连接)。

(3) J端口接一位拨码开关，Q端口接LED。

(4) 时钟信号接触发器时钟端口。

(5) 认真阅读教材，按照类似方法，思考如何由JK触发器实现T触发器和T′触发器？如何由JK触发器实现RS触发器？如何由D触发器实现T′触发器？搭建相应的硬件电路，并完成实验报告4。

### 11.3.5 分频电路

本实验用D触发器和JK触发器实现二、四、八分频输出。上一个实验我们实现了触发器类型的转换，当用D触发器实现T′触发器后，我们发现每两个时钟信号周期，触发器输出端Q的电平才转换一次，也就是说利用一个T′触发器实现了对时钟信号的二分频。如果以Q的电平作为时钟信号加载到另外一个T′触发器上，会继续对此信号进行二分频，相对于时钟信号而言，就相当于进行了四分频。以此类推可以实现八分频、十六分频，等等。接下来，以基于D触发器的八分频电路为例，其具体的实验步骤如下：

(1) 选择三个D触发器，每一个D触发器的$\overline{Q}$端口与D端口相连来实现T′触发器功能，输出端 Q 各连接一个 LED。

(2) 第一个 T′触发器的输出端信号作为时钟信号接入到下一个 T′触发器的时钟端口。

(3) 在 Proteus 软件中搭建该电路并仿真来完成八分频功能的验证。

(4) 接下来在硬件实验平台上搭建电路。

(5) 注意，在硬件实验平台上只有两个 D 触发器，第三个 T′触发器需要使用 JK 触发器 CD4027 来实现。

(6) 最后将硬件实验平台上“时钟信号 1”模块的输出接入到第一个 T′触发器的时钟端口，调整时钟信号模块的电位器，观察三盏 LED 的闪烁情况。

(7) 完成实验报告 5。

## 11.4　拓展提高

本节设置了一些具有一定难度的趣味性触发器电路实验，具体包括电子蜡烛实验、基于触发器的流水灯实验、基于触发器的抢答器实验和继电器控制电路设计实验。通过本节的一系列实验来实现如下**阶段性目标**：

(1) 深入理解触发器的原理；

(2) 灵活应用触发器实现时序逻辑电路的设计。

本节的相关实验采用 Proteus 软件仿真和硬件实验平台电路的搭建来完成。在 Proteus 软件中，仿真实验所涉及的元器件及其所在的元件库可以参考表 11.5。

**表 11.5　拓展提高实验所需元器件清单**

| 器件名称 | 所在的库 | 说明 |
| --- | --- | --- |
| BATTERY | DEVICE | 电池组 |
| BUTTON | ACTIVE | 按钮开关 |
| RES | DEVICE | 电阻 |
| LED-RED | ACTIVE | 红色发光二极管 |
| 1N4148 | DIODE | 开关二极管 |
| 1N4001 | DIODE | 二极管 |
| LOGICSTATE | ACTIVE | 逻辑状态 |
| LOGICPROBE | ACTIVE | 逻辑探针 |
| NPN | ASIMMDLS | 三极管 |
| RESPACK-8 | DEVICE | 排阻 |
| 74LS74 | 74LS | D 触发器 |
| 74LS279 | 74LS | RS 触发器 |
| 74LS10 | 74LS | 三输入与非门 |
| 4011 | CMOS | 二输入与非门 |

续表

| 器件名称 | 所在的库 | 说明 |
|---|---|---|
| 4028 | CMOS | 四线-十线译码器 |
| 4069 | CMOS | 非门 |
| 4073 | CMOS | 三输入与门 |
| RELAY | ACTIVE | 继电器 |
| MOTOR-DC | MOTORS | 电机 |
| LDR | TRXD | 光敏电阻 |

### 11.4.1 电子蜡烛

本实验主要模拟点蜡烛和吹蜡烛过程，主要利用触发器的置位端口和复位端口来进行数据输出的控制，具体电路如图 11.12 所示。

由于 Proteus 软件中没有话筒，模拟吹蜡烛环节不易实现，这里我们用如图 11.12 所示左边的开关电路来模拟声音信号。由于 Proteus 软件中也没有红外接收管，用类似功能的器件(光敏电阻)来替代。

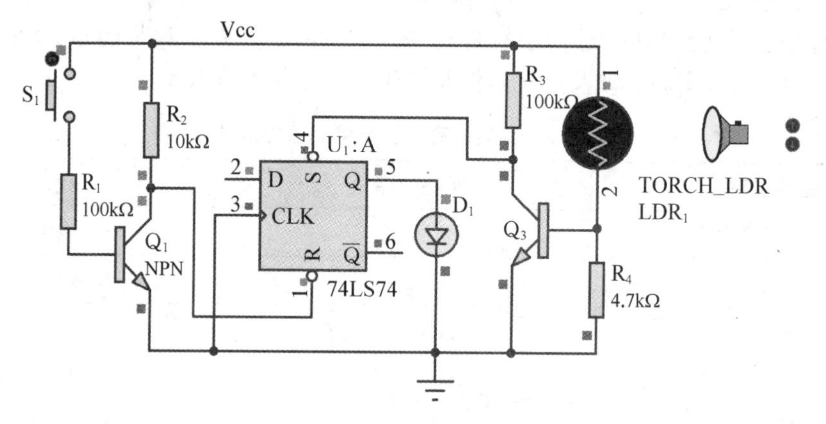


图 11.12 电子蜡烛原理图

在仿真电路里，带有光线照射的 LDR，当运行仿真并按右侧的向上箭头，每按一次，光源向左移动一定的距离，此时光照强度也逐级增加。光源位置不同，所对应的光敏电阻的阻值也不同。具体如图 11.3 所示。R(0)表示原始位置(或者没有光照条件下)LDR 的阻值为 1 MΩ；当按一次向上按钮后，光源位置左移，有一定的光照，此时 LDR 对应位置 R(1)的阻值为 100 kΩ；以此类推，光源越靠近 LDR，其电阻阻值越小。

电路原理：红外模块接 D 触发器的置位端口，话筒模块接两级放大电路，声音信号经两级放大输出后接 D 触发器的复位端口，D 触发器的 CLK 接地，D 触发器的 Q 端口接七彩 LED。电路正常工作时，红外模块和话筒模块输出均为高电平。当用手电照射红外接收管时，红外模块输出低电平，这样对 D 触发器执行置位操作，Q 端口输出高电平。当手电光线离开红外接收管后，红外模块输出端又恢复高电平。根据 D 触发器真值表，当置位端和复位端接高电平、CLK 接地时，D 触发器维持原态不变，这样 Q 端口时钟输出高电平，七彩

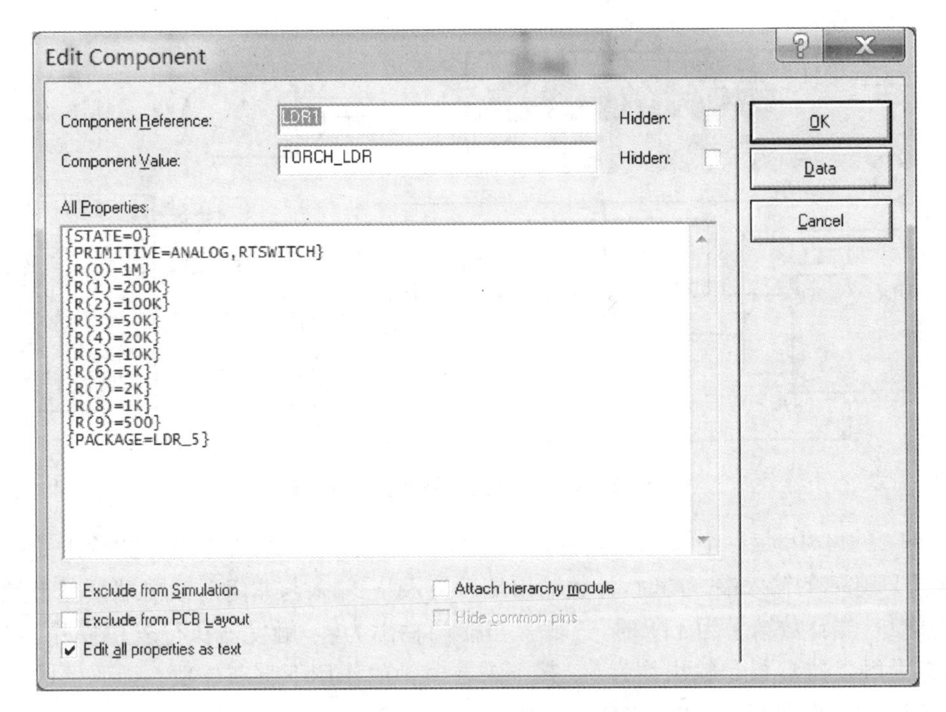


图 11.13 光敏电阻参数设置

LED 始终闪烁，好比蜡烛被点亮。当对着话筒吹一下时，两级放大电路输出低电平，使触发器复位，七彩 LED 熄灭，相当于蜡烛被吹灭。

基于上述原理，首先在 Proteus 软件中搭建电路并完成 EDA 仿真。接下来，本实验需要在实验平台上实现上述电子蜡烛电路，具体的实验步骤如下：

(1) 将红外接收模块的输出接 D 触发器的置位端口。

(2) 话筒模块接入多级放大电路模块的第一级，输出接三极管开关模块。

(3) 三极管开关模块输出接 D 触发器的复位端口。

(4) 触发器时钟端口接地。

(5) 触发器的输出端 Q 接七彩 LED。

(6) 思考问题：如果要实现说话时“蜡烛”被点亮，光照时熄灭这一功能，该如何在上述电路的基础上进行更改?

(7) 完成实验报告 6。

### 11.4.2 基于触发器的单向流水灯电路

本实验与 10.4.3 节的单向流水灯电路不同，本节中的流水灯不采用计数器，只是用触发器来替代计数器并实现流水功能。重点掌握用触发器实现计数器的原理，为下一章计数器的学习打基础。具体电路如图 11.14 所示。

电路原理：在 11.3.5 节我们采用触发器实现了分频功能电路，分频电路的本质是由若干个 T′触发器级联构成，每一级触发器的 Q 输出端口输出信号的频率依次是时钟频率的 $1/2^n$。从计数器的角度来理解，每个 T′触发器的低位到高位是逢二进一的关系，也就是说若干个 T′触发器级联就构成了二进制计数器。

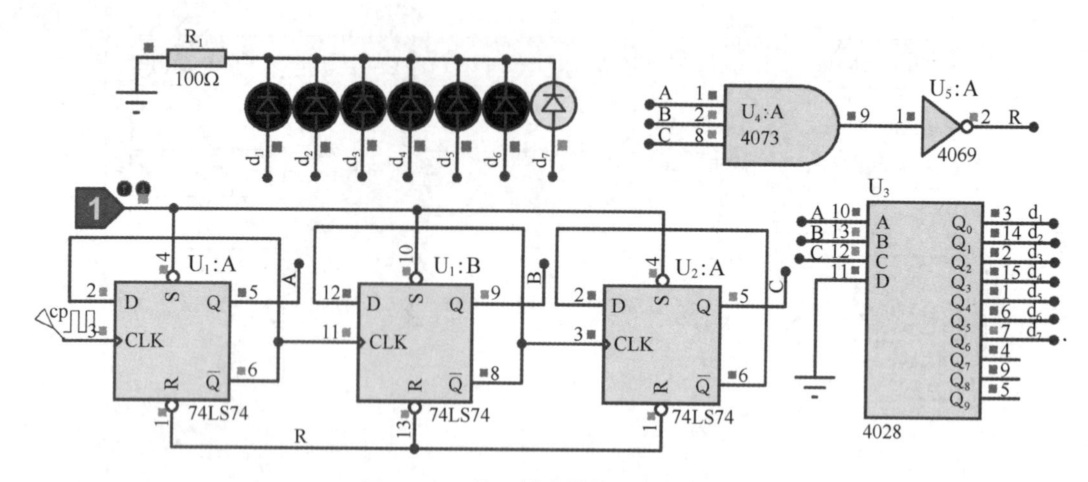


图 11.14 基于触发器的流水灯电路

在图 11.14 中，每一个 D 触发器都连接形成 T′触发器，Q 端口作为计数输出端口接到译码器 CD4028 的输入端。同时，计数输出端口接入“三输入与非门”，输出端接三个触发器的复位端口，当计数结果为 111 时，三输入与非门输出为零，触发器执行复位操作，实现清零，即三个触发器 Q 端口输出均为 0。接下来在时钟的作用下重新计数。译码器的输出端口接 LED，每一时刻只有一盏 LED 被点亮，最终形成流水。

根据上述电路原理，首先在 Proteus 软件中搭建电路并完成仿真。接下来在硬件实验平台上搭建上述电路，具体实验步骤如下：

(1) 将实验平台上的 D 触发器和 JK 触发器连接形成 T′触发器。

(2) 三个 T′触发器级联，输出端接 CD4028，同时接入三输入与门。

(3) 三输入与门的输出端接非门，非门的输出接触发器的复位端口。

(4) 触发器的置位端口接高电平。

(5) 译码器的输出端接 LED。

(6) 通过改变时钟频率观测流水灯的流水速度。

(7) 思考问题：基于此电路的原理，如何实现 16 盏灯的流水？（提示：使用 74LS154，给出 EDA 仿真。）

(8) 注意：实验平台上只有一个 74LS74 芯片，另外一个 D 触发器需要用 JK 触发器(CD4027)来实现。这时需要注意这两款芯片的复位电平是不一样的。

(9) 完成实验报告 7。

### 11.4.3 基于 RS 触发器的抢答器设计

本实验是进行基于触发器的抢答器设计，电路如图 11.15 所示，该电路是 9.4.1 节基于与非门的抢答器电路的“升级版”。9.4.1 节中抢答器的缺点是开关按下时代表抢答，如果要想重新抢答，需要再按一次按钮开关来断开电路。为了解决这一问题，我们在前面电路的基础上加入 RS 触发器，使抢答电路不再受开关通断的限制，同时加入清零按钮。

RS 触发器所对应的芯片型号是 74LS279。首先回顾 RS 触发器的置位端口和复位端口的功能。假设 RS 触发器初始值为 Q=0，当 R=1，S=1 时，触发器具有保持功能；当 R=

1,S=0时,触发器置1,对应的三输入与非门输出为低电平,LED被点亮;当R=0,S=1时,触发器置0,也就是实现了清零功能,准备开始进入下一轮的抢答。

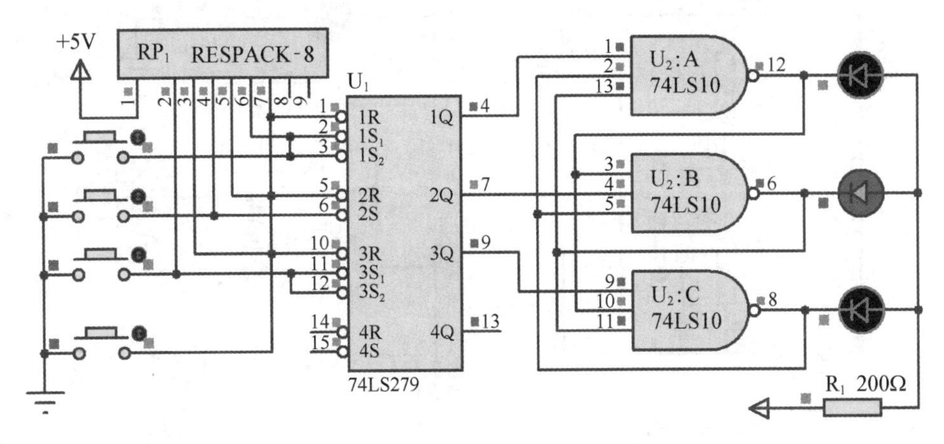


图 11.15 基于基本RS触发器的抢答器电路

在Proteus软件中完成图11.15所示电路的仿真,理解上述电路原理。接下来,设计开发基于D触发器的两路抢答器并搭建硬件电路,具体步骤如下:

(1) 结合D触发器的真值表,为D触发器的置位端口和复位端口接入合适的电平。

(2) 与图11.15类似,两个触发器的置位端口各通过一个轻触按键连接。

(3) 复位端口连在一起通过另外一个轻触按键接地。

(4) 输出端接入二输入与非门,与非门的输出接LED。

(5) 认真分析基于74LS74或者CD4027的两路抢答器原理;在此基础上开发设计三路(在实验平台上实现)、四路抢答器(EDA仿真)。

(6) 完成实验报告8。

### 11.4.4 基于D触发器的抢答器设计

本实验给出了基于D触发器的两路抢答器设计,电路如图11.16所示。该电路充分利用了D触发器的时钟端口、复位端口来实现抢答功能。

对于D触发器(结合11.2.5节的表11.2),R为复位端口,S为置位端口,都是低电平有效。本电路中用到复位端口,通过按钮开关接到两个触发器的复位端口。两个触发器的反向输出端口经过与运算后与时钟信号一起进行与非运算,其结果作为触发器的时钟信号。当清零按钮按下时,两个触发器的R端口接入低电平,这时两个触发器输出均为低电平,两个互补输出端口输出均为高电平,则与门输出也为高电平。此高电平与时钟信号(CP)进行与非运算,其结果仍然是一个时钟信号,该信号加载到两个触发器的时钟端口。当A或B按钮按下时,在时钟信号上升沿的作用下,触发器存入一个高电平。假设A按钮按下,那么对应的触发器的互补输出端口输出就是低电平,则与门输出也是低电平,与非门输出恒为高电平。此时再按下A或者B,触发器并不能响应(思考为什么),也就是相当于触发器被锁定,保证了抢答的准确性。

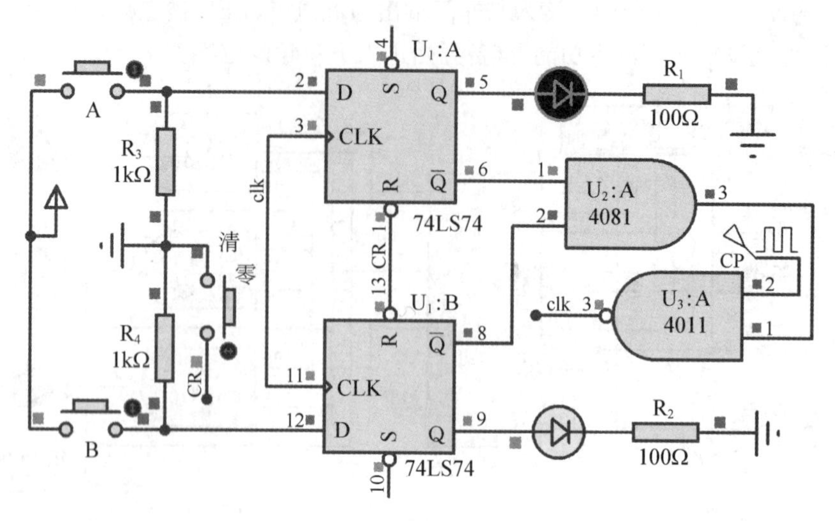


图 11.16 基于 D 触发器的抢答器电路

根据上述电路原理，首先在 Proteus 软件中搭建如图 11.16 所示电路并完成仿真。接下来在硬件实验平台上搭建电路，具体步骤如下：

(1) D 触发器的数据输入端口通过轻触按键接入电源(注意 D 端口有个下拉电阻)。

(2) 两个触发器的复位端口通过一个轻触按键接地。

(3) 触发器输出端接入 LED 显示区域。

(4) 按照电路，互补输出端接入二输入与门，与门的输出与时钟信号一起接入二输入与非门，与非门输出接入 D 触发器的时钟端口。

(5) 认真分析上述电路原理，是否能够设计出基于 CD4027 的两路抢答器？

(6) 思考问题：基于上述电路，如何设计三路、四路抢答器？给出 Proteus 仿真电路图。

### 11.4.5 继电器控制电路

本实验模拟工厂动力电控制电路。在工厂，一些大功率、高电压驱动的电气设备的开关电路往往采用继电器。这样做可以降低高压电触电的风险，用低压电来控制高电压电路的通断，实现高、低压电路的电气隔离。

本实验由基本 RS 触发器、三极管开关电路、继电器电路和高压回路构成。如图 11.17 所示，高压电路的电压为 10 kV，用于驱动一台大功率的电机。继电器的线圈接入到低电压(5 V)开关回路，同时线圈两端要并联一个整流二极管。思考，为什么要并联一个整流二极管？

电路原理：基本 RS 触发器的 R 端口和 S 端口接不同的电平，来使输出端 Q 为高电平或低电平。根据 RS 触发器的真值表，只使用触发器的置位和复位功能，即 R 和 S 端口信号互斥。可以采用非门来连接 R 和 S 端口，然后只保留一个控制端口(思考，这实现了什么触发器的逻辑功能?)。

Q 端口通过电阻接到三极管的基极，当 Q=1 时，三极管饱和导通，三极管的发射极和集电极间相当于一个开关闭合。此时，继电器的线圈中有电流流过，产生磁场将开关吸引到左侧。这样一来，右侧高压回路就闭合，电机开始转动。当 Q=0 时，三极管截止，继电器的线圈中没有电流流过，开关被释放，右侧高压回路处于断开状态，电机停止转动。

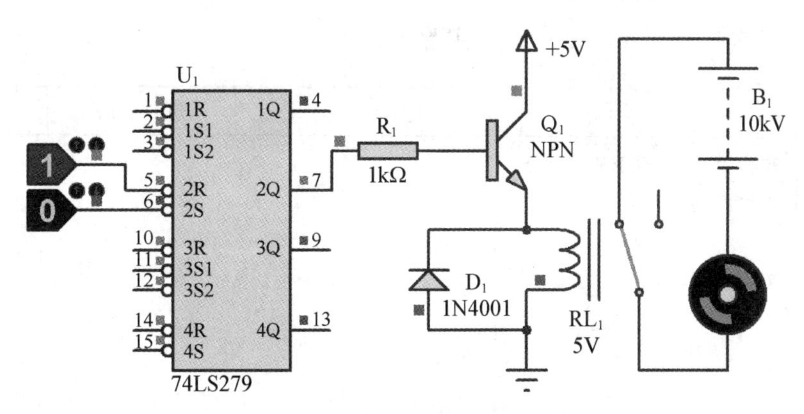


**图11.17 基于RS触发器的电机控制电路**

思考问题1:该电路是触发器的Q端口为高点平时电机转动,如果设计成Q端口为低电平时电机转动,高电平时电机不转,那么这个电路该如何实现?(提示:重新设计三极管开关电路。)

思考问题2:在此电路的基础上进行电路更改实现当Q=1时,电机顺时针转动;当Q=0时,电机逆时针转动。(提示:用Proteus中的RLY-DPCO继电器。)

完成上述电路的EDA仿真设计并填写实验报告9。

## 11.5 实验报告

认真开展本章相关实验,填写实验报告1~9。

## 实验报告 1

（　　年　月　日）

| 学生姓名 | | 学　　号 | | 班　　级 | |
|---|---|---|---|---|---|
| 实验目的和原理 | **实验题目**：基本 RS 触发器<br>**实验目的**：<br><br>**实验原理**： | | | | |
| 实验分析和结论 | 1. 给出基于或非门的基本 RS 触发器电路，并给出状态方程。<br><br>2. 在硬件电路上，当输入为禁止态时，输出端是高电平还是低电平？如何理解？ | | | | |

## 实验报告 2

（　　年　月　日）

<table>
<tr><td>学生姓名</td><td></td><td>学　　号</td><td></td><td>班　　级</td><td></td></tr>
<tr><td>实<br>验<br>目<br>的<br>和<br>原<br>理</td><td colspan="5">实验题目:按键消抖电路<br>实验目的:<br><br>实验原理:</td></tr>
<tr><td>实<br>验<br>分<br>析<br>和<br>结<br>论</td><td colspan="5">1. 如何由或非门来实现按键消抖电路?<br><br><br>2. 如何由轻触按键实现上升沿或者下降沿信号？给出电路图。</td></tr>
</table>

## 实验报告3

（　　年　月　日）

<table>
<tr><td>学生姓名</td><td></td><td>学　号</td><td></td><td>班　级</td><td></td></tr>
<tr><td>实<br>验<br>目<br>的<br>和<br>原<br>理</td><td colspan="5">实验题目：基于D触发器的双闪灯<br>实验目的：<br><br>实验原理：</td></tr>
<tr><td>实<br>验<br>分<br>析<br>和<br>结<br>论</td><td colspan="5">1. 画出基于JK触发器的双闪灯电路图。<br><br>2. 在图11.10中，输出端$\overline{Q}$接入到数据端口D的目的是什么？给出必要的理论推导。</td></tr>
</table>

# 实验报告 4

（　　年　月　日）

| 学生姓名 | | 学　　号 | | 班　　级 | |
|---|---|---|---|---|---|
| 实验目的和原理 | **实验题目**：触发器类型转换<br>**实验目的**：<br><br>**实验原理**： | | | | |
| 实验分析和结论 | 1. 如何由 JK 触发器实现 T 触发器和 T′触发器？<br><br>2. 如何由 JK 触发器实现 RS 触发器？<br><br>3. 如何由 D 触发器实现 T′触发器？ | | | | |

## 实验报告 5

（　　年　月　日）

<table>
<tr><td>学生姓名</td><td></td><td>学　　号</td><td></td><td>班　　级</td><td></td></tr>
<tr><td>实<br>验<br>目<br>的<br>和<br>原<br>理</td><td colspan="5">实验题目:分频电路<br>实验目的:<br><br>实验原理:</td></tr>
<tr><td>实<br>验<br>分<br>析<br>和<br>结<br>论</td><td colspan="5">1. 画出基于 D 触发器的分频实验电路图。<br><br>2. 画出基于 JK 触发器的分频实验电路图。</td></tr>
</table>

## 实验报告 6

（　　年　月　日）

<table>
<tr><td>学生姓名</td><td></td><td>学　　号</td><td></td><td>班　　级</td><td></td></tr>
<tr><td>实验目的和原理</td><td colspan="5">实验题目：电子蜡烛<br>实验目的：<br><br>实验原理：</td></tr>
<tr><td>实验分析和结论</td><td colspan="5">1. 简要叙述电路原理。<br><br>2. 如果要实现说话时“蜡烛”被点亮，光照时熄灭这一功能，该如何在上述电路的基础上进行更改？</td></tr>
</table>

## 实验报告 7

( 年 月 日)

<table>
<tr><td>学生姓名</td><td></td><td>学　　号</td><td></td><td>班　　级</td><td></td></tr>
<tr><td>实<br>验<br>目<br>的<br>和<br>原<br>理</td><td colspan="5">实验题目:基于触发器的流水灯<br>实验目的:<br><br>实验原理:</td></tr>
<tr><td>实<br>验<br>分<br>析<br>和<br>结<br>论</td><td colspan="5">1. 在 Proteus 软件中完成电路仿真,简要叙述电路原理。<br><br>2. 基于此电路的原理,如何实现 16 盏灯的流水?(提示:使用 74LS154,给出 EDA 仿真。)</td></tr>
</table>

**实验报告 8**　　　　（　　年　月　日）

<table>
<tr><td>学生姓名</td><td></td><td>学　　号</td><td></td><td>班　　级</td><td></td></tr>
<tr><td>实验目的和原理</td><td colspan="5">实验题目：基于触发器的抢答器设计<br>实验目的：<br><br>实验原理：</td></tr>
<tr><td>实验分析和结论</td><td colspan="5">1. 简要叙述电路原理。<br><br>2. 在硬件实验平台上完成三路抢答器的设计。<br><br>3. 完成四路抢答器的 Proteus 仿真设计。</td></tr>
</table>

## 实验报告 9

（　　年　月　日）

<table>
<tr><td>学生姓名</td><td></td><td>学　号</td><td></td><td>班　级</td><td></td></tr>
<tr><td>实验目的和原理</td><td colspan="5">**实验题目：**继电器控制电路设计<br>**实验目的：**<br><br>**实验原理：**</td></tr>
<tr><td>实验分析和结论</td><td colspan="5">1. 该电路是触发器的 Q 端口为高点平时电机转动，如果设计成 Q 端口为电平时电机转动，高电平时电机不转，那么这个电路该如何设计？（提示：重新设计三极管开关电路。）<br><br>2. 在此电路的基础上进行电路更改实现当 Q=1 时，电机顺时针转动；当 Q=0 时，电机逆时针转动。（提示：用 Proteus 中的 RLY－DPCO 继电器。）</td></tr>
</table>

【微信扫码】
实验分析与解答

# 第12章 时序逻辑电路

## 12.1 内容简介

时序逻辑电路在逻辑功能上的特点是任意时刻的输出不仅仅取决于当前的输入状态，而且还取决于电路以前的状态。通过时序逻辑电路的相关实验来测试常见类型时序逻辑芯片的外围引脚及功能，掌握计数器(CD4518、CD4029、74LS161、CD4017)和移位寄存器(74LS194)的使用，掌握同步和异步时序逻辑电路的分析和设计方法。

**理论知识：**

(1) 理解时序逻辑电路的概念；

(2) 掌握计数器和移位寄存器的逻辑功能；

(3) 掌握时序逻辑电路分析和设计的步骤；

(4) 掌握任意进制计数器的设计；

(5) 掌握移位寄存器的使用。

**专业技能：**

(1) 具备测试芯片逻辑功能的能力；

(2) 能够根据电路图搭建实际的硬件电路；

(3) 能够排除电路所存在的故障；

(4) 掌握时序逻辑电路分析与设计的项目化流程。

**能力素质：**

(1) 通过本章实验来提高学生动手技能，使学生具备发现问题、分析问题和解决问题的能力；

(2) 通过本章实验来培养学生综合设计及创新能力；

(3) 通过本章实验使学生掌握时序逻辑电路的分析和设计能力；

(4) 通过本章实验使学生具备一定的硬件电路设计能力；

(5) 通过电路的分析和设计培养学生的工程实践能力；

(6) 培养学生实事求是、严肃认真的科学作风和良好的实验习惯；

(7) 通过小组合作实践提高合作意识。

## 实验方法

本章实验以硬件电路搭建为主，Proteus 软件仿真为辅。本章实验用到实验平台集成逻辑门硬件电路模块、数码管模块、点阵模块、LED 显示模块、拨码开关模块等。此外，本章实验中，74LS161、CD4518、CD4029 和 CD4017 在如图 12.1～12.4 所示的区域展开。

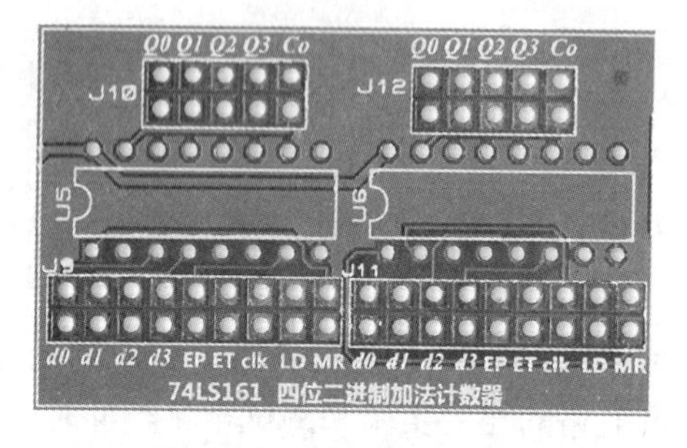


图 12.1　计数器 74LS161

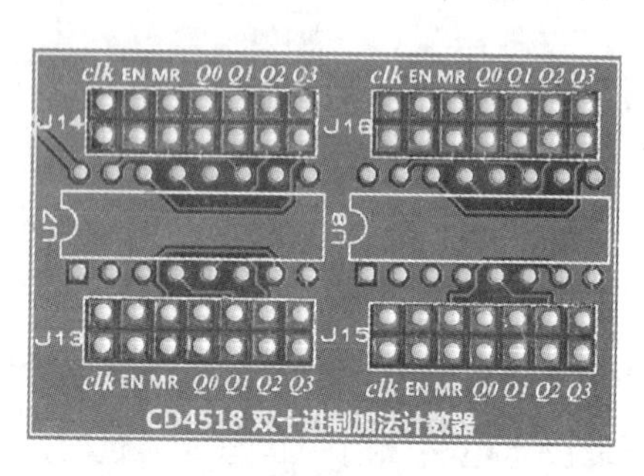


图 12.2　计数器 CD4518

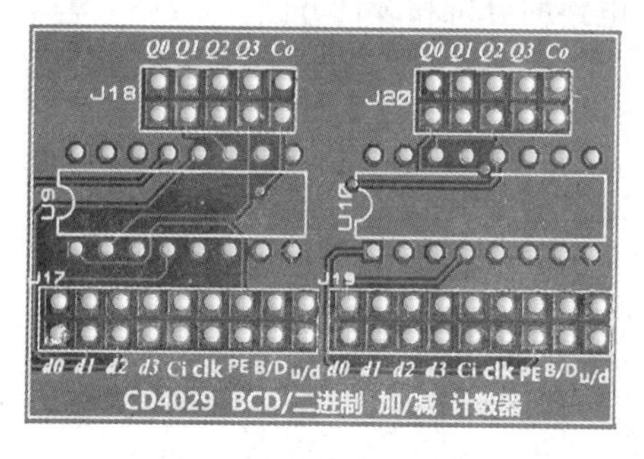


图 12.3　计数器 CD4029

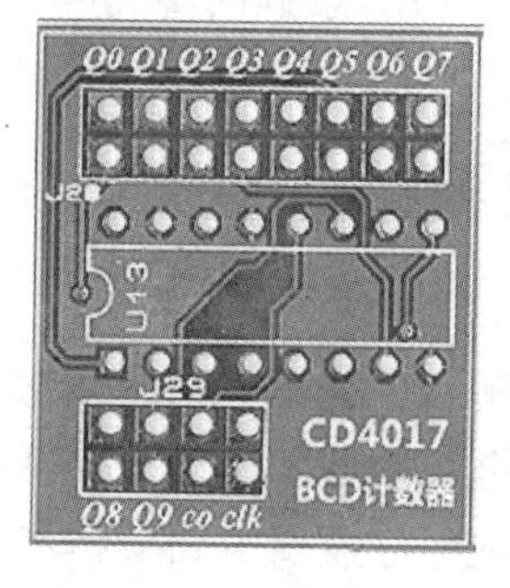


图 12.4　计数器 CD4017

## 12.2　夯实基础

本节对常见类型的时序逻辑电路芯片功能进行测试，包括 CD4518 芯片、74LS161 芯片、CD4029 芯片、CD4017 芯片、74LS90 芯片和 74LS194 芯片。通过本节实验完成如下**阶段性目标**：

(1) 测试相关计数器、移位寄存器芯片的外围引脚功能；

(2) 能够按照引脚图的标识搭建电路，并进行逻辑功能的验证；

(3) 在硬件实验平台上完成电路连接并验证逻辑功能。

本节的相关实验采用 Proteus 软件仿真和硬件实验平台上电路的搭建来完成。在 Proteus 软件中，仿真实验所涉及的元器件及其所在的元件库可以参考表 12.1。

表 12.1　夯实基础实验所需元器件清单

| 器件名称 | 所在的库 | 说明 |
| --- | --- | --- |
| BATTERY | DEVICE | 电池组 |
| BUTTON | ACTIVE | 按钮开关 |
| RES | DEVICE | 电阻 |
| LED - RED | ACTIVE | 红色发光二极管 |
| LOGICSTATE | ACTIVE | 逻辑状态 |
| LOGICPROBE | ACTIVE | 逻辑探针 |
| 74LS90 | 74LS | 二-五-十进制计数器 |
| 74LS161 | 74LS | 四位二进制同步计数器 |
| 74LS194 | 74LS | 四位双向移位寄存器 |
| 4017 | CMOS | 十进制计数器 |
| 4029 | CMOS | 四位二进制可逆计数器 |
| 4518 | CMOS | 双 BCD 同步加法计数器 |
| 4071 | CMOS | 二输入或门 |
| 4081 | CMOS | 二输入与门 |
| 4543 | CMOS | 显示译码器 |
| 7SEG - COM - CAT - GRN | DISPLAY | 绿色共阴极数码管 |

## 12.2.1　双 BCD 加法计数器

本实验旨在测试 CD4518 芯片外围引脚功能，掌握其使用方法。CD4518 芯片引脚图如图 12.5 所示。

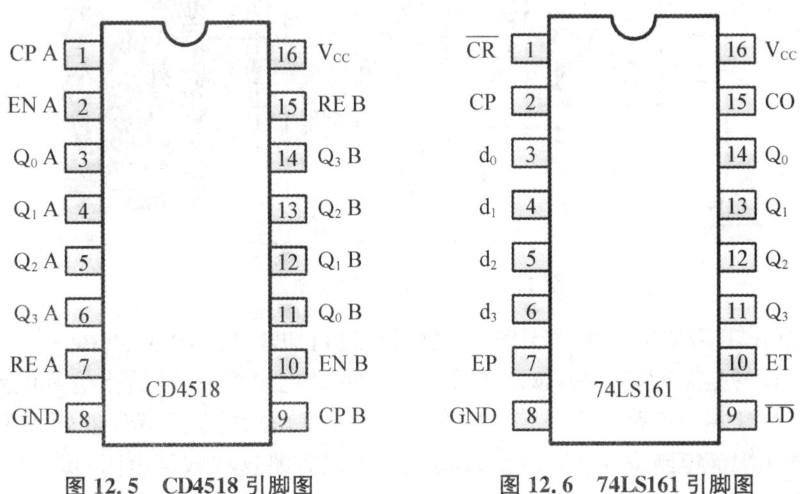


图 12.5　CD4518 引脚图　　图 12.6　74LS161 引脚图

CD4518 芯片简介：该芯片为双 BCD 同步加法计数器，即一个封装内有两个独立的十进制计数器。如图 12.5 所示，两组计数器的引脚分列计数器两边，CP 为时钟端口，EN 为计数使能端口，RE 为复位端口，$Q_0 \sim Q_3$ 为计数输出端口。8 引脚接地，16 引脚为电源端口。表 12.2 为该芯片的真值表。

**表 12.2　CD4518 芯片真值表**

| 时钟端口 | *EN* 端口 | *RE* 端口 | 功能说明 |
|---|---|---|---|
| ↑ | 1 | 0 | 加法计数(上升沿触发) |
| 0 | ↓ | 0 | 加法计数(下降沿触发) |
| ↓ | × | 0 | 暂停计数 |
| × | ↑ | 0 | 暂停计数 |
| ↑ | 0 | 0 | 暂停计数 |
| 1 | ↓ | 0 | 暂停计数 |
| × | × | 1 | $Q_0=Q_1=Q_2=Q_3=0$，清零 |

CD4518 芯片功能：由表 12.2 的第二行和第三行可以看出，该芯片既可以在时钟的上升沿时进行计数，也可以在时钟的下降沿时进行计数。具体而言，当计数使能端口接高电平，复位端口接低电平时，是在时钟上升沿计数；当计数时钟端口接低电平，使能端口接时钟信号，复位端口接低电平时，是在时钟下降沿计数。在上升沿计数的接法中，当 $EN=0$ 实现计数暂停功能；同样地，下降沿计数的接法中，当时钟端口接高电平实现计数暂停功能。当复位端口接高电平时，实现清零，即 $Q_0 \sim Q_3$ 输出全部为零。注意，CD4518 芯片并没有进位输出端口，在进行级联时，但可利用 $Q_3$ 做输出端。例如误将第一级的 $Q_3$ 输出端口接到第二级的时钟端口，结果发现计数变成“逢八进一”了。原因在于 $Q_3$ 是在时钟作用下产生正跳变的，其上升沿不能作进位脉冲，只有其下降沿才是“逢十进一”的进位信号。正确接法应是将低位的 $Q_3$ 端接高位的 EN 端，高位计数器的时钟端接地。

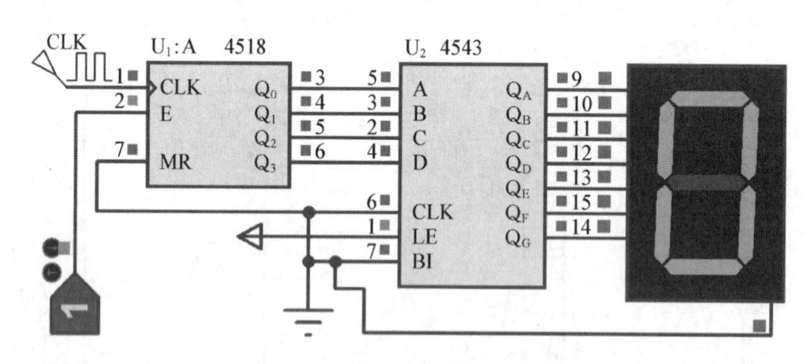


**图 12.7　CD4518 计数器电路**

图 12.7 所示电路是在时钟信号上升沿触发时进行加法计数，即按照真值表第二行的端口设置方式连接的电路。接下来，依次验证该芯片的其他设置方式，给出仿真电路，并在硬件实验平台上搭建相关电路。有一点需要注意，图 12.7 所示中显示译码器的译码输出端与数码管间应使用限流电阻来连接。在仿真实验中可以省略这些限流电阻，但在实际的硬件电路中不能省略。

在 Proteus 软件中选取该芯片并按照图 12.7 完成 EDA 仿真实验。在硬件实验平台上测试CD4518芯片外围引脚功能的实验步骤：

(1) 在图12.2所示区域按照时钟上升沿的形式进行引脚设定。

(2) 时钟信号接芯片的时钟端口，计数使能端口接高电平，复位端口接低电平。

(3) 计数输出端口 $Q_0 \sim Q_3$ 接数码管显示单元。

(4) 在时钟的作用下实现计数，并验证计数暂停功能、清零功能。

(5) 用同样的步骤实现时钟下降沿计数。

(6) 思考问题：如何级联实现100进制计数？

(7) 完成实验报告1。

### 12.2.2 四位二进制加法计数器

本实验旨在测试74LS161芯片外围引脚功能，掌握其使用方法。74LS161芯片引脚图如图12.6所示。

74LS161芯片简介：该芯片为四位二进制同步计数器，具有异步清零、同步置数、计数和保持功能。图12.6所示是该芯片的引脚图，1引脚为异步清零控制端口，低电平有效；2引脚为时钟输入端口；3～6引脚为同步置数的数据输入端口，与LD端口配合使用；EP和ET为计数控制端口，LD为同步置数的控制端口，低电平有效；$Q_0 \sim Q_3$ 为计数输出端口；CO为进位输出端口。8引脚接地，16引脚为电源端口。表12.3为该芯片的真值表。

**表12.3 74LS161芯片真值表**

| 输入 | | | | | | | | | 输出 | | | |
|---|---|---|---|---|---|---|---|---|---|---|---|---|
| $\overline{CR}$ | $\overline{LD}$ | $ET$ | $EP$ | $CP$ | $d_0$ | $d_1$ | $d_2$ | $d_3$ | $Q_0$ | $Q_1$ | $Q_2$ | $Q_3$ |
| 0 | × | × | × | × | × | × | × | × | 0 | 0 | 0 | 0 |
| 1 | 0 | × | × | ↑ | $d_0$ | $d_1$ | $d_2$ | $d_3$ | $d_0$ | $d_1$ | $d_2$ | $d_3$ |
| 1 | 1 | 1 | 0 | × | × | × | × | × | 保持 | | | |
| 1 | 1 | 1 | 1 | ↑ | × | × | × | × | 计数 | | | |

74LS161芯片功能：由表12.3可以看出，当CR端口为低电平时，无论其他引脚为什么状态，计数输出全部为低电平，即实现了计数清零功能；当CR端口为高电平，LD端口为低电平，且在时钟上升沿作用下，计数器将同步置位数据端口的数据送入计数器内部，此时，计数输出端口 $Q_0 \sim Q_3$ 输出数据为置数端口数据；当CR端口为高电平，LD端口为高电平，ET端口为高电平，EP端口为低电平，实现计数保持功能(当ET为低电平，EP为高电平时也具有计数保持功能)；当CR端口、LD端口、ET和EP端口都为高电平，在时钟信号的作用下进行加法计数。

图12.8所示为Proteus软件中验证74LS161芯片的实验电路。显示部分用到了前面第10.4.2节所涉及的四位二进制数译码显示电路(二进制到BCD编码的转换电路)，将74LS161芯片的计数输出结果进行译码显示。如图12.8所示，上面的数码管显示个位数字，下面的数码管显示十位数字。结合74LS161芯片的真值表(表12.3)，验证异步清零、同步置数以及保持和计数功能。

在Proteus软件中选取该芯片并按照图12.8完成EDA仿真实验。在硬件实验平台上

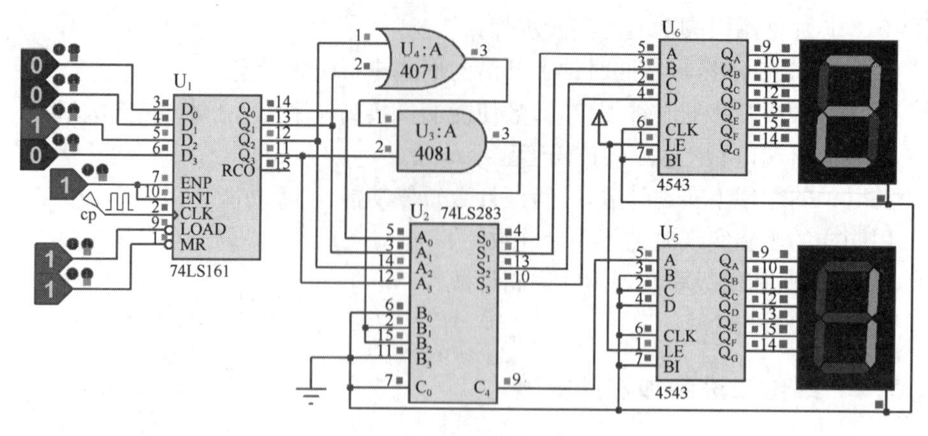


图 12.8 74LS161 计数电路

测试 74LS161 芯片外围引脚功能的实验步骤如下：

(1) 在图 12.1 所示区域进行连线，时钟信号接芯片的时钟端口。

(2) CR 端口、LD 端口、ET 和 EP 端口都接高电平。

(3) 计数输出端口 $Q_0 \sim Q_3$ 接数码管显示单元。

(4) 在时钟的作用下实现计数，并验证计数保持功能和清零功能。

(5) 同步置数端口接拨码开关，验证同步置数功能。

(6) 思考问题：如何级联实现 100 进制计数？

(7) 完成实验报告 2。

### 12.2.3 四位二进制/BCD 可逆计数器

本实验旨在测试 CD4029 芯片外围引脚功能，掌握其使用方法。CD4029 芯片引脚图如图 12.9 所示。

CD4029 芯片简介：该芯片为四位可逆计数器，具有二进制计数、十进制计数、异步置数功能。图 12.9 所示是该芯片的引脚图，1 引脚为异步置数控制端口，高电平有效；15 引脚为时钟输入端口；$d_0 \sim d_3$ 为异步置数数据输入端口，与 PE 引脚配合使用；CI 为进位输入端口；CO 为进位输出端口；$Q_0 \sim Q_3$ 为计数输出端口；8 引脚接地，16 引脚为电源端口。表 12.4 为该芯片的真值表。

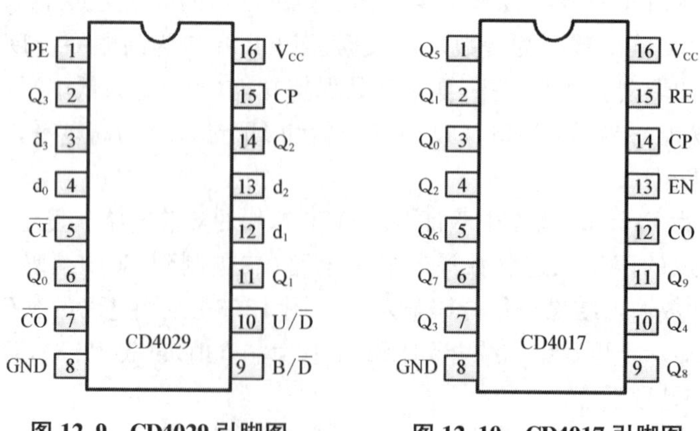


图 12.9 CD4029 引脚图　　图 12.10 CD4017 引脚图

表 12.4 CD4029 芯片真值表

| 输 入 | | | | | | | | | 输 出 | | | |
|---|---|---|---|---|---|---|---|---|---|---|---|---|
| $PE$ | $\overline{CI}$ | $U/D$ | $B/D$ | $CP$ | $d_0$ | $d_1$ | $d_2$ | $d_3$ | $Q_0$ | $Q_1$ | $Q_2$ | $Q_3$ |
| 1 | × | × | × | × | $d_0$ | $d_1$ | $d_2$ | $d_3$ | $d_0$ | $d_1$ | $d_2$ | $d_3$ |
| 0 | 0 | 0 | 0 | ↑ | × | × | × | × | 十进制减法计数 | | | |
| 0 | 0 | 0 | 1 | ↑ | × | × | × | × | 二进制减法计数 | | | |
| 0 | 0 | 1 | 0 | ↑ | × | × | × | × | 十进制加法计数 | | | |
| 0 | 0 | 1 | 1 | ↑ | × | × | × | × | 二进制加法计数 | | | |

CD4029 芯片功能：由表 12.4 可以看出，当 PE 端口为高电平时，实现异步置数，计数器将异步置位数据端口的数据送入计数器内部，此时，计数输出端口 $Q_0 \sim Q_3$ 输出数据为置数端口数据；当 PE 接低电平，$\overline{\text{CI}}$ 端口为低电平（注意：要想使芯片实现计数功能，该引脚必须接低电平），若 U/$\overline{\text{D}}$(Up/Down)端口接高电平，芯片执行加法计数；若接低电平，芯片执行减法计数；B/$\overline{\text{D}}$(Binary/Decade)端口接高电平，芯片执行二进制计数；若接低电平，芯片执行十进制计数。该芯片的优点是，通过适当的设定 U/$\overline{\text{D}}$ 和 B/$\overline{\text{D}}$ 端口便能实现四种类型的计数，便于进行计数器的设计。

图 12.11 所示为 Proteus 软件中验证 CD4029 芯片的实验电路。结合真值表逐一验证该芯片所具有的功能。接下来，在硬件实验平台上搭建如图 12.11 所示电路。

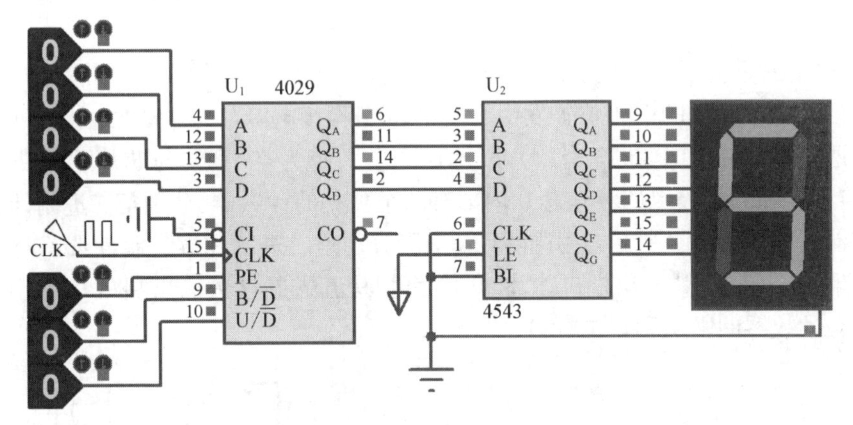


图 12.11 CD4029 计数电路

测试 CD4029 芯片外围引脚功能的实验步骤如下：

(1) 在图 12.3 所示区域，时钟信号接芯片的时钟端口，CI 端口接低电平。

(2) 计数输出端口 $Q_0 \sim Q_3$ 接数码管显示单元。

(3) $d_0 \sim d_3$ 端口接拨码开关，PE 端口接高电平验证异步置数功能。

(4) PE 端口接低电平，选取两位拨码开关接 U/$\overline{\text{D}}$ 和 B/$\overline{\text{D}}$ 端口，通过改变这两个端口的电平来逐一验证表 12.4 所示的四种计数功能。

(5) 注意：若设定为二进制计数，1010～1111 这六个计数输出结果在数码管上显示的字符是什么？利用第 10.4.2 节所涉及到的四位二进制数译码显示电路来实现完整的计数显示。

(6) 思考问题：如何实现两片 CD4029 的级联？

(7) 完成实验报告 3。

### 12.2.4 十进制计数器/脉冲分配器

本实验旨在测试 CD4017 芯片外围引脚功能，掌握其使用方法。CD4017 芯片引脚图如图 12.10 所示。

CD4017 芯片简介：该芯片为十进制计数器、分频器，如图 12.10 所示。该芯片内部由计数器和译码器构成，由译码器的输出实现对脉冲信号的分配，对应引脚为 $Q_0 \sim Q_9$。14 引脚为时钟输入端口；15 引脚为复位端口，高电平有效，实现清零功能；13 引脚为时钟信号使能端口；12 引脚为进位输出端口。

通过硬件实验平台上搭建电路来体会 CD4017 是如何实现信号分频作用的。具体实验步骤如下：

(1) 在图 12.4 所示区域，时钟信号接芯片的时钟端口。

(2) EN 端口接低电平、MR 端口接低电平（注意：在硬件实验平台上，EN 和 MR 端口在硬件实验平台上已经接低电平，若是在锁紧座上固定芯片并测试，则需要这一步）。

(3) 计数输出端口 $Q_0 \sim Q_9$ 接 LED 单元。

(4) 观察 LED 点亮与时钟频率的关系。

### 12.2.5 二-五-十进制计数器

本实验旨在测试 74LS90 芯片外围引脚功能，掌握其使用方法。74LS90 芯片引脚图如图 12.12 所示。

74LS90 芯片简介：该芯片为中规模异步计数器，如图 12.12 所示。该芯片与其他芯片的不同之处是电源和地的引脚位置发生了变化，5 引脚接电源，10 引脚接地。另外一个特别之处是有两个 NC 端口（4 和 13 引脚），表示这两个引脚为空引脚，与芯片逻辑功能没有关系，无需连入实际的硬件电路。该芯片内部有两个独立的计数器：分别是二进制计数器和五进制计数器。如图 12.12 所示，1 引脚和 14 引脚分别是二进制和五进制计数器时钟输入端口；12 引脚是二进制计数输出端口；9、8 和 11 引脚是五进制计数输出端口；2、3 引脚和 6、7 引脚分别是计数器的复位和置位端口。

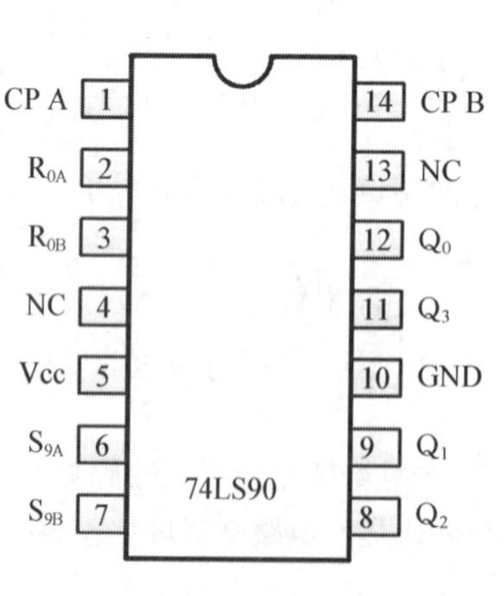


图 12.12　74LS90 引脚图

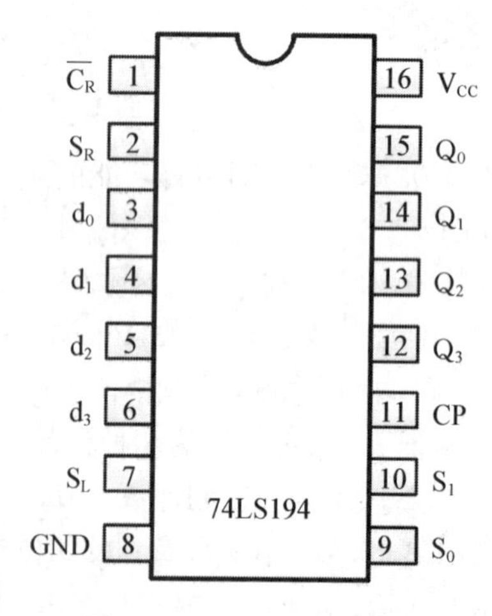


图 12.13　74LS194 引脚图

74LS90 芯片功能：由真值表(表 12.5)可以看出，当 $R_{0A}=R_{0B}=1$，且 $S_{9A}\cdot S_{9B}=0$ 时，实现异步清零，两个计数器的输出端口 $Q_3Q_2Q_1Q_0=0000$；当 $S_{9A}=S_{9B}=1$，且 $R_{0A}\cdot R_{0B}=0$ 时，实现异步置数，两个计数器的输出端口 $Q_3Q_2Q_1Q_0=1001$，实现置 9 功能；当 $R_{0A}\cdot R_{0B}=0$ 且 $S_{9A}\cdot S_{9B}=0$ 时，在时钟信号下降沿的作用下进行计数。

**表 12.5　74LS90 真值表**

| 输　入 | | | | | 输　出 | | | |
|---|---|---|---|---|---|---|---|---|
| $R_{0A}$ | $R_{0B}$ | $S_{9A}$ | $S_{9B}$ | $CLK$ | $Q_3$ | $Q_2$ | $Q_1$ | $Q_0$ |
| 1 | 1 | 0 | × | × | 0 | 0 | 0 | 0 |
| 1 | 1 | × | 0 | × | 0 | 0 | 0 | 0 |
| 0 | × | 1 | 1 | × | 1 | 0 | 0 | 1 |
| × | 0 | 1 | 1 | × | 1 | 0 | 0 | 1 |
| × | 0 | 0 | × | ↓ | 计数 | | | |
| × | 0 | × | 0 | ↓ | 计数 | | | |
| 0 | × | 0 | × | ↓ | 计数 | | | |
| 0 | × | × | 0 | ↓ | 计数 | | | |

测试使用 74LS90 芯片功能的实验步骤如下：

(1) 使用 Proteus 仿真，如图 12.14 所示，进行二进制计数器的功能验证。

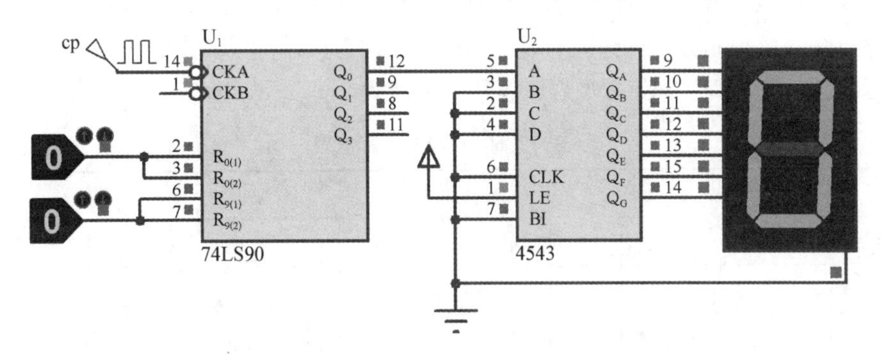


**图 12.14　74LS90 二进制计数器的功能验证**

(2) 如图 12.15 所示，进行五进制计数器的功能验证。

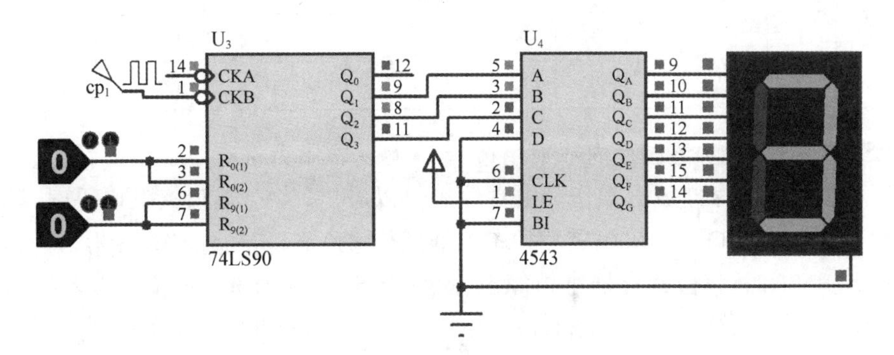


**图 12.15　74LS90 五进制计数器的功能验证**

(3) 如图 12.16 所示,进行十进制计数器的功能验证。

(4) 在验证十进制计数的功能时,有没有其他的连接方式?

(5) 若采用共阳极数码管来显示计数结果,重新设计显示译码电路。

(6) 完成实验报告 4。

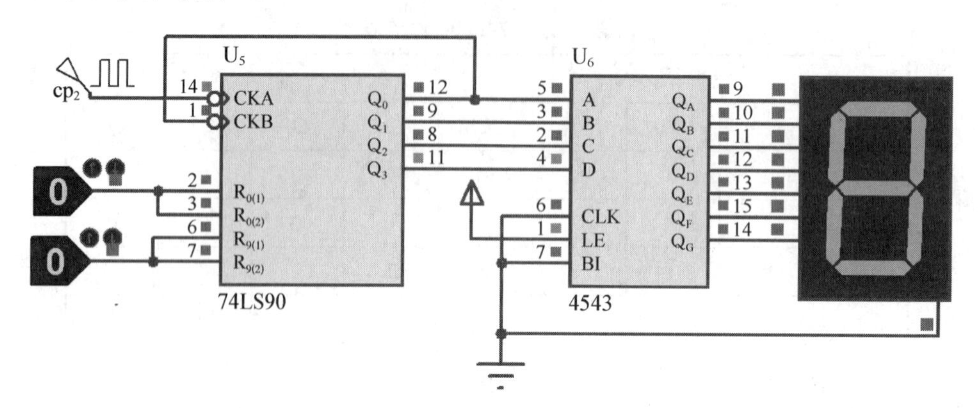


图 12.16 74LS90 十进制计数器的功能验证

## 12.2.6 四位双向移位寄存器

本实验需要完成如下阶段性目标:测试 74LS194 芯片外围引脚功能,掌握其使用方法。

74LS194 芯片简介:该芯片为四位高速双向移位寄存器,引脚如图 12.13 所示。1 引脚为异步清零端口;2 引脚为右移串行数据输入端口;7 引脚为左移串行数据输入端口;3～6 引脚为并行输入端口;11 引脚为时钟输入端口;9、10 引脚为工作模式控制端口;12～15 引脚为并行数据输出端口。表 12.6 为该芯片的真值表。

表 12.6 74LS194 真值表

| 功能 | 输入 | | | | | | | | | | 输出 | | | |
|---|---|---|---|---|---|---|---|---|---|---|---|---|---|---|
| | $CP$ | $\overline{C_R}$ | $S_1$ | $S_0$ | $S_R$ | $S_L$ | $d_0$ | $d_1$ | $d_2$ | $d_3$ | $Q_0$ | $Q_1$ | $Q_2$ | $Q_3$ |
| 清零 | × | 0 | × | × | × | × | × | × | × | × | 0 | 0 | 0 | 0 |
| 置数 | ↑ | 1 | 1 | 1 | × | × | a | b | c | d | a | b | c | d |
| 右移 | ↑ | 1 | 0 | 1 | $D_{SR}$ | × | × | × | × | × | $D_{SR}$ | $Q_0$ | $Q_1$ | $Q_2$ |
| 左移 | ↑ | 1 | 1 | 0 | × | $D_{SL}$ | × | × | × | × | $Q_1$ | $Q_2$ | $Q_3$ | $D_{SL}$ |
| 保持 | ↑ | 1 | 0 | 0 | × | × | × | × | × | × | $Q_0^n$ | $Q_1^n$ | $Q_2^n$ | $Q_3^n$ |
| 保持 | ↓ | 1 | × | × | × | × | × | × | × | × | $Q_0^n$ | $Q_1^n$ | $Q_2^n$ | $Q_3^n$ |

74LS194 芯片功能:该芯片内部采用边沿 D 触发器作为寄存单元,在时钟上升沿的作用下进行移位操作或存储数据操作。由真值表可以看出,当$\overline{C_R}$端口接低电平时,移位寄存器被清零,即 $Q_3Q_2Q_1Q_0=0000$;若要使寄存器进行移位或者存储操作,$\overline{C_R}$端口应该接高电平。当 $S_1S_0=00$ 时,移位寄存器维持原态不变;当 $S_1S_0=01$ 时,移位寄存器执行右移操作;当 $S_1S_0=10$ 时,移位寄存器执行左移操作;当 $S_1S_0=11$ 时,移位寄存器执行并行置数操作。注意,上述移位及置数操作都是在时钟上升沿的作用下实现的。

在 Proteus 软件中选取该芯片并按照图 12.17 所示电路来完成 EDA 仿真实验。在硬件实验平台上测试 74LS194 芯片外围引脚功能的实验步骤如下：

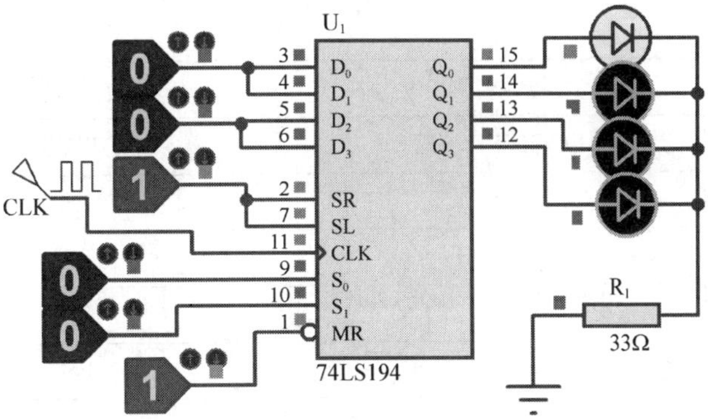

(1) 将该芯片放入锁紧座，按下锁紧杆。

(2) $d_0 \sim d_3$ 端口接 4 位拨码开关。

(3) $S_1$、$S_0$、$S_R$、$S_L$、$\overline{C_R}$各接一位拨码开关。

图 12.17　74LS194 芯片测试电路

(4) $Q_0 \sim Q_3$ 输出端口接 LED。

(5) 验证清零功能：拨动拨码开关，使$\overline{C_R}=0$，观察各 LED 状态。

(6) 验证置数功能：$\overline{C_R}=1$，$S_1S_0=11$，$d_0 \sim d_3$ 任意设定，观察各 LED 状态。

(7) 验证右移：按照表 12.6 进行引脚设定，右移输入端 SR 送入二进制数码，例如 0110，时钟频率调至最低，观察各 LED 状态。

(8) 与上一步骤类似，验证左移操作。

(9) 同样地，验证数据保持功能。

(10) 思考问题：如何实现循环移位？完成 Proteus 仿真实验。

## 12.3　跟踪训练

上一节对常见类型的时序逻辑电路芯片功能进行测试。接下来，在本节实验中学习计数器和移位寄存器的典型应用，具体包括：基于 CD4017 的流水灯电路、基于 74LS161 的任意进制计数器设计、基于 CD4518 的任意进制计数器设计、正反计时器设计、基于 74LS194 的流水灯电路和数据的串并/并串转换。通过本节的一系列实验完成如下**阶段性目标**：

(1) 掌握计数器、寄存器的一些典型应用；

(2) 理解时序逻辑电路设计的方法与步骤。

本节的相关实验采用 Proteus 软件仿真和硬件实验平台的电路搭建来完成。在 Proteus 软件中，仿真实验所涉及的元器件及其所在的元件库可以参考表 12.7。

表 12.7　跟踪训练实验所需元器件清单

| 器件名称 | 所在的库 | 说明 |
|---|---|---|
| BATTERY | DEVICE | 电池组 |
| BUTTON | ACTIVE | 按钮开关 |
| RES | DEVICE | 电阻 |
| LED-RED | ACTIVE | 红色发光二极管 |
| LOGICSTATE | ACTIVE | 逻辑状态 |

续表

| 器件名称 | 所在的库 | 说明 |
|---|---|---|
| LOGICPROBE | ACTIVE | 逻辑探针 |
| 74LS90 | 74LS | 二-五-十进制计数器 |
| 74LS161 | 74LS | 四位二进制同步计数器 |
| 74LS192 | 74LS | 十进制可逆计数器 |
| 74LS194 | 74LS | 四位双向移位寄存器 |
| 4017 | CMOS | 十进制计数器 |
| 4029 | CMOS | 四位二进制可逆计数器 |
| 4518 | CMOS | 双 BCD 同步加法计数器 |
| 4071 | CMOS | 二输入或门 |
| 4081 | CMOS | 二输入与门 |
| 4543 | CMOS | 显示译码器 |
| 7SEG - BCD | DISPLAY | BCD 编码数码管 |
| 7SEG - COM - CAT - GRN | DISPLAY | 绿色共阴极数码管 |

### 12.3.1 基于 CD4017 的流水灯电路

本实验需要完成基于 CD4017 芯片的流水灯电路的搭建。在 Proteus 软件中完成如图 12.18 所示电路的 EDA 仿真。接下来，在硬件实验平台上完成电路的搭建，通过本实验重点理解分频计数的原理。具体实验步骤如下：

(1) 在硬件实验平台相应区域(图 12.4 所示区域)，时钟信号接芯片的时钟端口。

(2) 计数输出端口 $Q_0 \sim Q_9$ 接 LED 显示单元。

(3) 观察 LED 点亮与时钟频率的关系。

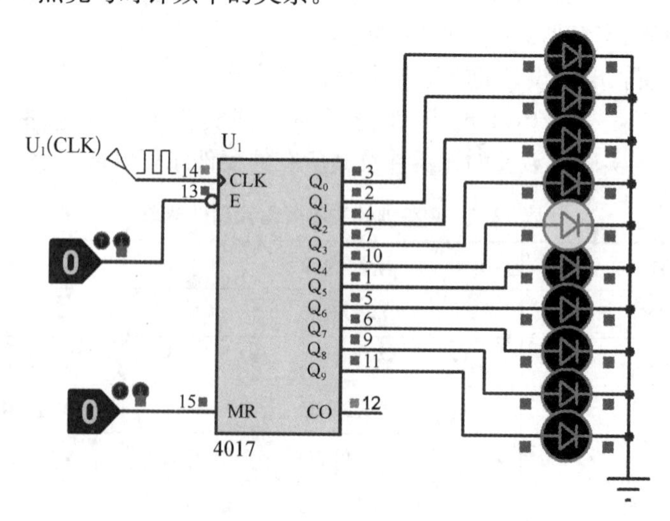


图 12.18 基于 CD4017 的流水灯电路

### 12.3.2　声控流水灯电路

声控流水灯电路是在上一节基本流水灯电路的基础上加入话筒模块实现的，具体实验电路如图 12.19 所示。驻极体话筒将声音信号转换为电信号，经三极管放大后作为时钟信号接入 CD4017 的 14 引脚。声音的高低变化形成一系列高低电平，并作为时钟信号形成流水。

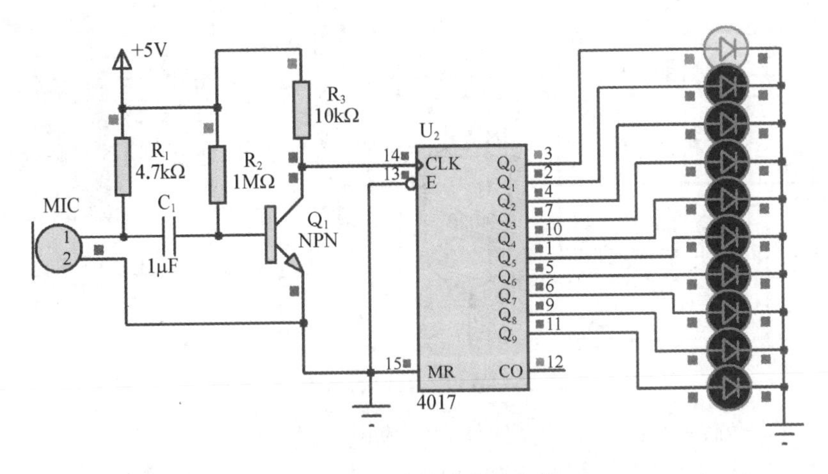


图 12.19　声控流水灯电路

在硬件平台上搭建电路实现声控流水灯。注意 Proteus 软件里没有驻极体话筒及其仿真模型，该实验适合于在硬件平台上实现。想实现软件仿真，可用正弦波信号来代替 MIC 的音频信号。具体实验步骤如下：

(1) 将 CD4017 的输出端与 LED 相连。

(2) 话筒模块连接到多级放大电路的第一级，输出端直接连接到 CD4017 的时钟端口。

(3) MR 端口和时钟使能端口都接地。

(4) 对准话筒说话，观察 LED 的流水情况。

### 12.3.3　基于 74LS161 的任意进制计数器设计

本实验需要完成如下目标：置位法和复位法实现任意进制计数器的设计。阅读教材，掌

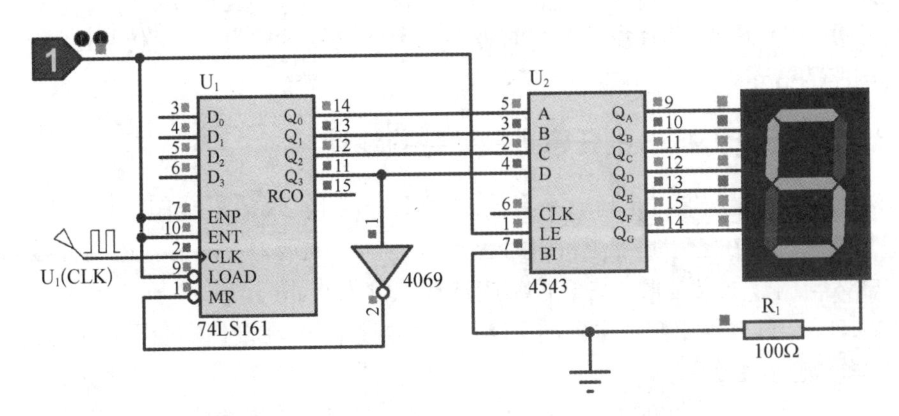


图 12.20　采用复位法设计的八进制计数器

握置位法和复位法设计任意进制计数器的原理。图 12.20 和图 12.21 所示分别是采用复位法和置位法设计的八进制计数器。注意把握好任意进制计数器设计过程中,起跳状态的选择。

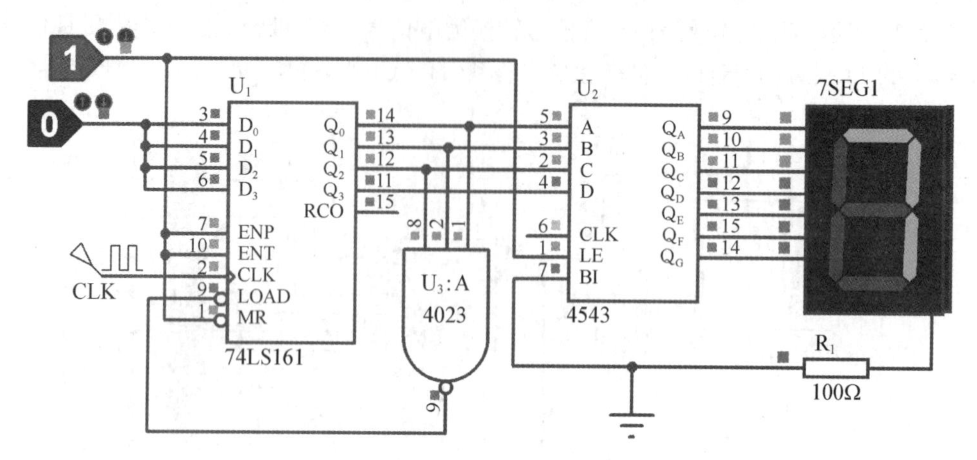


图 12.21 采用置位法设计的八进制计数器

以图 12.20 为例,首先在 Proteus 软件中完成电路的 EDA 仿真。接下来,在硬件实验平台上搭建上述硬件电路,具体实验步骤如下:

(1) 将 74LS161 芯片的 EP、ET 和 LD 端口接高电平。

(2) 时钟信号接 74LS161 的时钟端口。

(3) 用非门连接 $Q_3$ 端口和清零端口。

(4) 计数输出端口连接显示译码单元。

(5) 再重复上述步骤完成置位法八进制计数器的电路连接。

(6) 完成实验报告 5。

结合电路,思考如下问题:

(1) 用复位法和置位法设计六进制计数器,给出仿真电路并在硬件平台实现电路的搭建。

(2) 用两个 74LS161 芯片设计数字时钟的六十进制计数器,给出仿真电路并在硬件平台实现电路的搭建。

(3) 用两个 74LS161 芯片设计数字时钟的二十四进制计数器,给出仿真电路并在硬件平台实现电路的搭建。

### 12.3.4 基于 CD4518 的任意进制计数器设计

CD4518 芯片的复位端口是高电平有效,即 RE=1 时实现清零操作。74LS161 等芯片是低电平复位。因此在进行基础逻辑门的选择上要有所区别。下图的六进制计数器中,使用的是二输入与门。如果是低电平复位则应选择二输入与非门。

首先在 Proteus 软件中完成电路的 EDA 仿真。接下来,在硬件实验平台上搭建上述硬件电路,具体实验步骤如下:

(1) 将 CD4518 芯片的 $Q_1$ 和 $Q_2$ 端口接入二输入与门,输出端接清零端口。

(2) 计数输出端口连接显示译码单元。

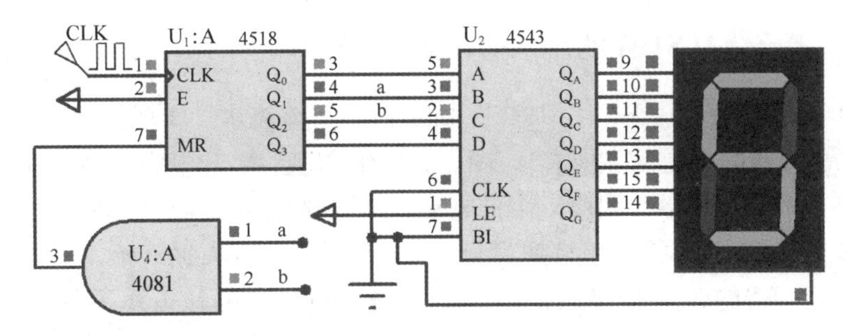


图 12.22 复位法六进制计数器

(3) 接入时钟信号观测计数情况。

(4) 设计七进制计数器和二十四进制计数器。给出 Proteus 仿真图,并在硬件实验平台上完成相关硬件电路的搭建。

(5) 完成实验报告 6。

### 12.3.5 正反计时器设计

图 12.23 所示是基于 74LS192 芯片的 100 进制可逆计数器。该电路所用核心元件是 74LS192 芯片,该芯片是十进制可逆计数器。74LS192 芯片的 $D_0 \sim D_3$ 端口为异步置位数据输入端,当 PL 端口为低电平时,执行置位操作;若要使芯片正常计数,PL 端口必须接高电平;5 引脚和 4 引脚分别是加法计数和减法计数的时钟输入端口,若要进行减法计数,5 引脚要接高电平,4 引脚接时钟信号;若是两个芯片级联,高位芯片的 5 引脚要与低位芯片的 12 引脚相连(加法计数),或者高位芯片的 4 引脚与低位芯片的 13 引脚相连(减法计数);该芯片的 14 引脚为清零端口;$Q_0 \sim Q_3$ 为计数输出端口。

深入理解上述电路,用 CD4029 芯片实现一百进制可逆计数器,给出仿真原理图,在硬件实验平台上搭建相关的硬件电路,填写实验报告 7。

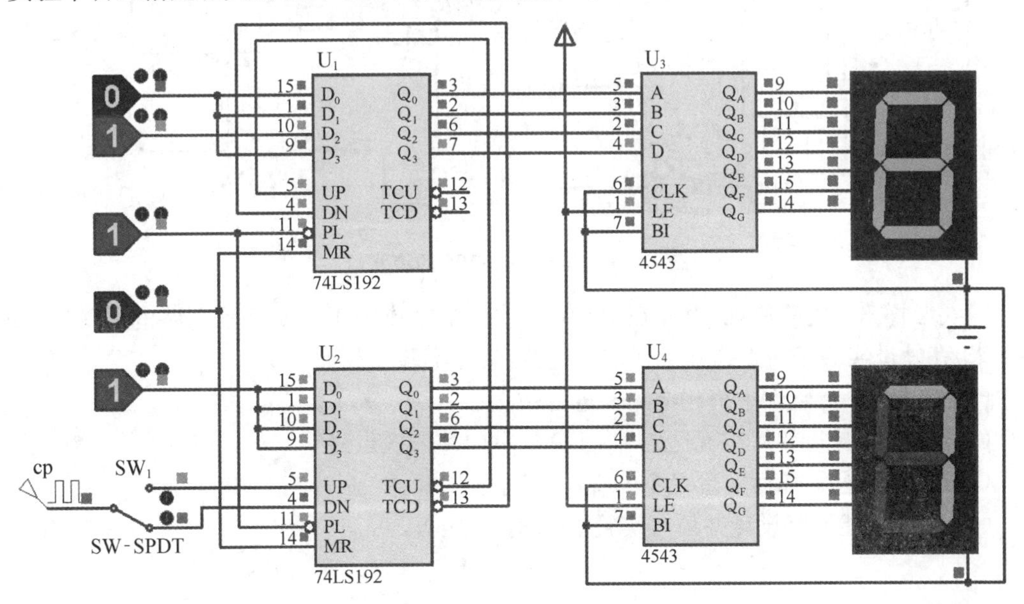


图 12.23 基于 74LS192 的可逆计数器

### 12.3.6 基于 74LS194 的流水灯电路

图 12.24 所示电路为基于 74LS194 芯片的流水灯，该流水灯实现四个发光二极管 $D_1$～$D_4$ 的循环点亮(流水方向是从左向右)。图 12.24 中，电阻 $R_1$ 和电容 $C_1$ 所构成的电路实现了上电时给与门“$U_3$：A”的 1 引脚一个低电平，之后持续输出高电平。为了便于观察，电路中加入手动复位按钮 $BT_1$，按下该按钮后松开，电路便自动进入循环流水状态。当 $BT_1$ 按下时，与门“$U_3$：A”的 1 引脚接入低电平，与门输出低电平，该低电平加载到 D 触发器“$U_2$：A”的置位端口(“$U_2$：A”的 4 引脚)，D 触发器则执行置数操作，触发器 Q 端口(“$U_2$：A”的 5 引脚)输出高电平，该高电平加载到移位寄存器的 $S_1$ 端口，而 $S_0$ 端口接的是高电平，此时移位寄存器 $U_1$ 执行置数操作，$U_1$ 的 $Q_0$ 端口(15 引脚)输出高电平，此时发光二极管 $D_1$ 被点亮。移位寄存器 $U_1$ 的 $Q_0$ 端口的高电平经过非门“$U_4$：B”后转换为低电平，该低电平加载到 D 触发器“$U_2$：A”的复位端口(“$U_2$：A”的 1 引脚)，D 触发器则执行复位操作，触发器 Q 端口输出低电平。这样一来，移位寄存器的 $S_1$ 端口接入低电平，移位寄存器执行右移操作，即 $Q_0$ 端口的高电平依次向 $Q_1$、$Q_2$ 和 $Q_3$ 端口移位输出，从而发光二极管$D_2$～$D_3$ 依次被点亮。当 $Q_3$ 输出高电平时，该高电平经过非门“$U_4$：A”后转换为低电平，该低电平加载到与门“$U_3$：A”的 2 引脚，与门输出低电平，从而使 D 触发器再次执行置数操作，并进入新一轮的“流水”。在 Proteus 软件中搭建该电路，运行仿真。

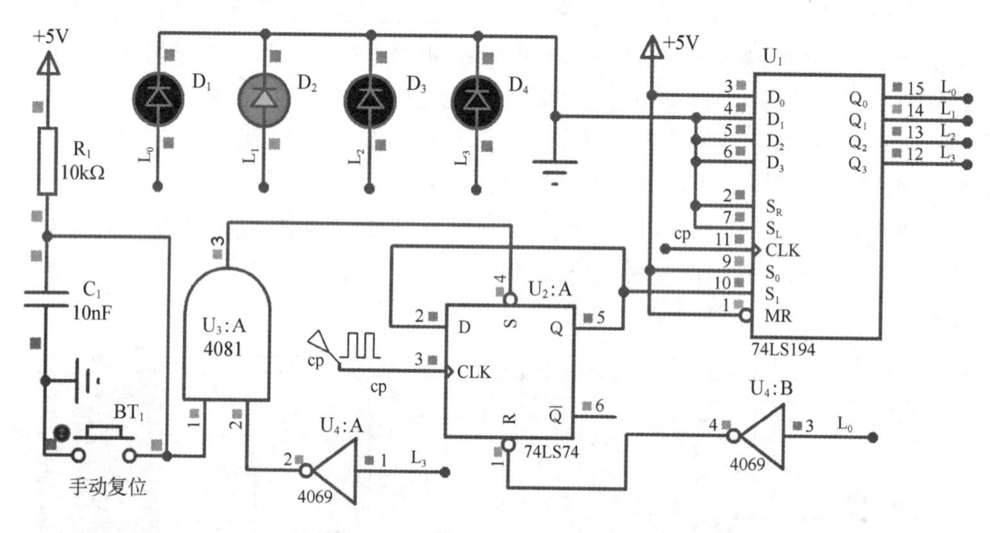


图 12.24 基于 74LS194 的流水灯

深入理解图中电路原理，首先在 Proteus 软件中完成图 12.24 所示电路的 EDA 仿真。接下来，在硬件实验平台上搭建上述硬件电路，具体实验步骤如下：

(1) 在 Proteus 软件中搭建电路并进行仿真。

(2) 思考问题 1：如何实现这四个 LED 从右向左依次点亮？

(3) 思考问题 2：如何实现八个 LED 的流水？

(4) 完成上述电路设计并填写实验报告 8。

## 12.3.7　数据的串并和并串转换

本节实现基于 74LS194 芯片的数据串行-并行转换(简称串并转换)和并行-串行转换(简称并串转换)。

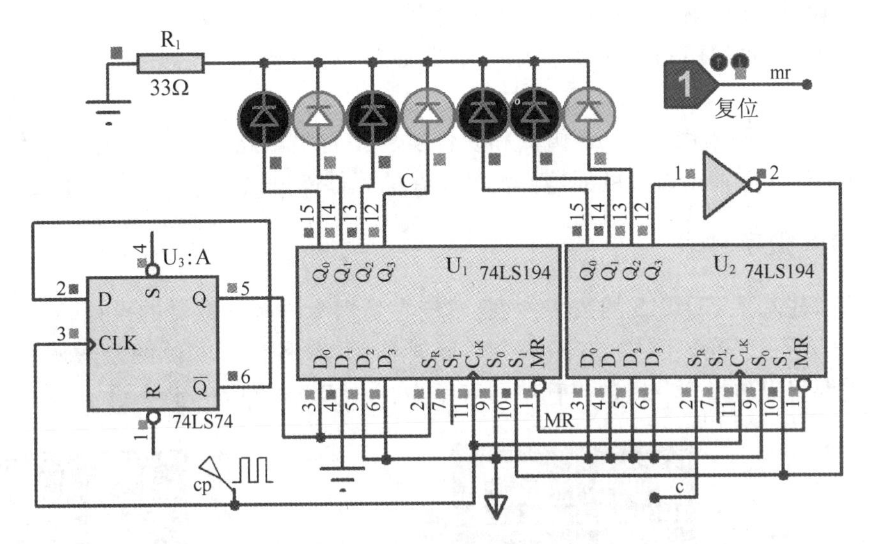

图 12.25　数据的串并转换

图 12.25 所示是串行-并行转换电路，D 触发器连接形成 T′触发器，用于生成 01010101 序列，作为串行输入信号。$U_1$ 的并行端口 $D_0$ 和右移串行端口连在一起，$D_1$ 接地，$D_2$ 和 $D_3$ 接高电平；$U_2$ 的并行端口 $D_0$～$D_3$ 全部接高电平。这里，$U_1$ 的 $D_1$ 端口数据作为串并转换的标志信号。

电路运行时首先执行复位操作，$U_1$ 和 $U_2$ 的输出端全部为低电平。对于 $U_2$ 的 $Q_3$ 端口，其输出的低电平经过非门后转换为高电平并接到 $U_1$ 和 $U_2$ 的 $S_1$ 端口，而 $U_1$ 和 $U_2$ 的 $S_0$ 端口始终接高电平，移位寄存器执行置位操作，$U_1$ 和 $U_2$ 各触发器的状态为 $d_0$111111。而此时 $U_2$ 的 $Q_3$ 端口高电平经非门后转换为低电平，使得 $S_1S_0$＝01，也就是移位寄存器接下来要执行右移操作。在接下来的第 2 到第 7 个时钟作用下，串行数据被依次存入到寄存器中。当第 7 个时钟脉冲结束后，$U_2$ 的 $Q_3$ 端口输出低电平，经非门转换后成为高电平，即 $S_1S_0$＝11，进入新一轮的串并转换周期。

基于 74LS194 的并行-串行转换电路如图 12.26 所示。结合教材深入理解该电路的原理，在 Proteus 软件中搭建电路并仿真。

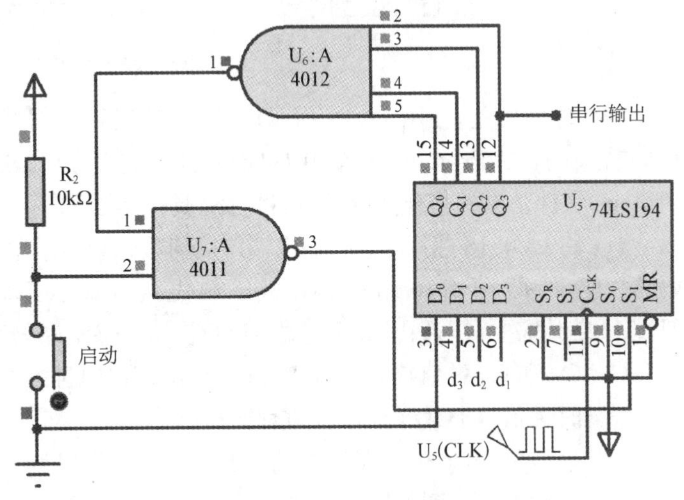

图 12.26　数据的并串转换

## 12.4 拓展提高

本节开展一些具有一定难度的趣味性电路实验，具体包括数字秒表电路设计、多模式彩灯电路设计、双向流水灯电路设计和二十四秒倒计时电路设计。通过本节的一系列实验来实现如下**阶段性目标**：灵活应用计数器芯片、移位寄存器芯片实现时序逻辑电路的设计。

本节的相关实验采用 Proteus 仿真和硬件实验平台上电路的搭建来完成。在 Proteus 软件仿真中，EDA 实验所涉及的元器件及其所在的元件库可以参考上一节的表 12.7。

### 12.4.1 数字秒表

本实验搭建基于 CD4518 的数字秒表，其核心是六十进制计数器的设计。数字秒表电路如图 12.27 所示。在该图中，右侧两个数码管作为“毫秒位”，左侧两个数码管作为“秒位”，根据需要可以再增加一组数码管单元来作为“分位”。时钟信号频率设定为 100。

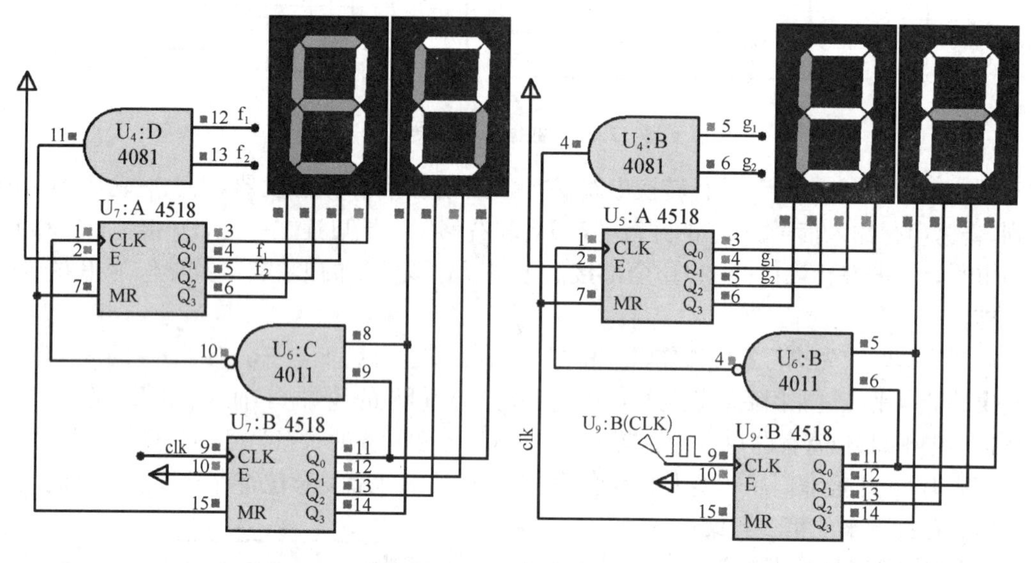


**图 12.27 数字秒表**

需要注意的是，在图 12.27 所示电路中，数码管的类型是 BCD(Binary Coded Decimal)编码输入的，在 Proteus 软件中对应的器件名称为“7SEG - BCD”。根据电路图完成 Proteus 软件仿真并搭建实际的硬件电路，具体步骤如下：

(1) 将 CD4518 芯片的计数输出端口接到数码管显示单元(注意：数码管需要通过显示译码芯片驱动，即 CD4518 芯片的计数输出先接入显示译码单元的 CD4543/CD4511 芯片。CD4511 芯片需要对 LT、BI 和 LE 端口进行设定。显示译码的输出再接入数码管显示单元)。

(2) $Q_1$ 和 $Q_2$ 端口接入二输入与门，输出端接时钟端口。

(3) 时钟信号加载到毫秒位的时钟端口。

(4) 毫秒位中，低位到高位的进位要采用下降沿触发方式，详见 12.2.1 节中相关介绍。

(5) 注意毫秒位到秒位的进位，分析其是上升沿触发还是下降沿触发。

(6) 分析电路原理，搭建硬件电路并完成实验报告 9。

上述秒表有一定的缺陷，就是没有清零和暂停功能。图 12.28 所示是在 CD4029 芯片的基础上实现的清零和暂停功能，搭建 Proteus 仿真电路，分析其原理，在此基础上，在图 12.27 所示电路加入开始、暂停和清零功能（注意：用一个按钮同时实现暂停和清零功能），形成一个功能较为完善的秒表，同时填写实验报告 10。

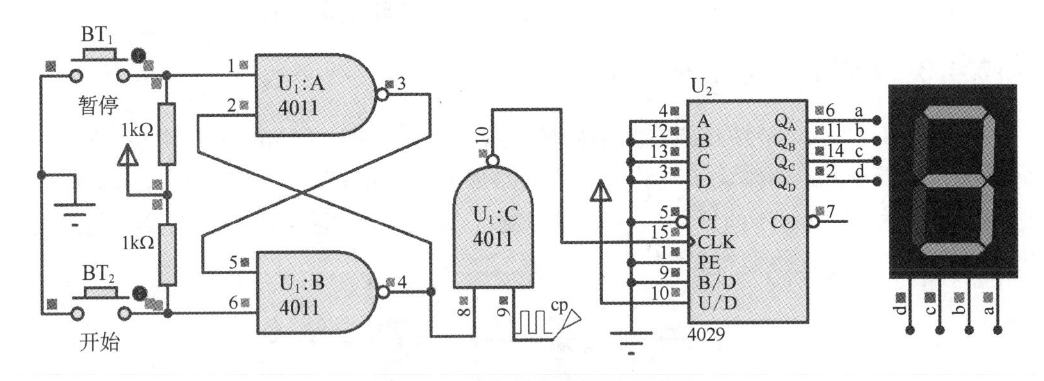


**图 12.28　暂停和清零功能电路**

## 12.4.2　多模式彩灯

图 12.29 所示是采用 74LS194、74LS161、74LS74、74LS00 芯片实现的多模式彩灯。该彩灯具有如下功能：四盏 LED 从左向右依次点亮，然后再从右向左再依次熄灭，接下来四盏 LED 一起闪烁 4 次。最后四盏 LED 重复上述过程。

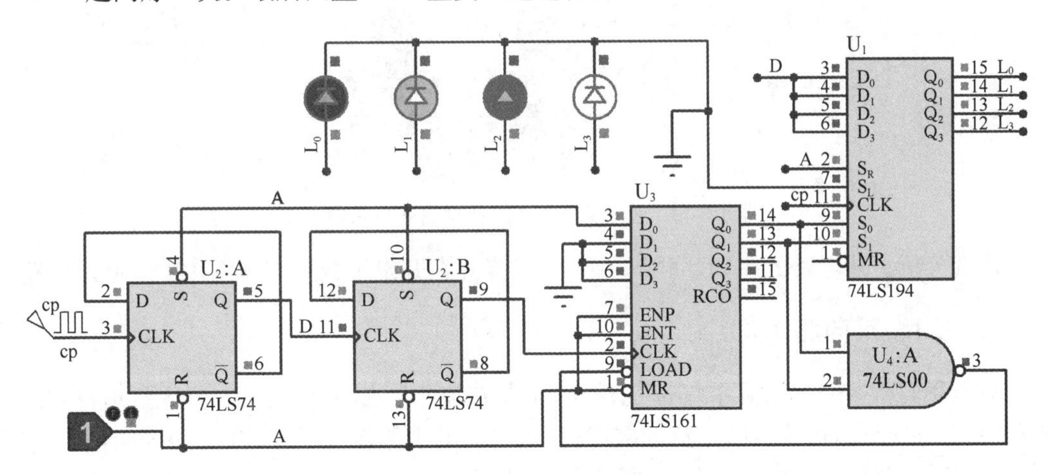


**图 12.29　多模式彩灯电路**

认真分析上述电路的实现原理，在 Proteus 软件中搭建如图 12.29 所示电路并分析电路的原理。具体实验步骤如下：

(1) 两个 D 触发器的级联实现了什么功能？（提示：D 触发器转换成为哪种类型的触发器。）

(2) 74LS161 芯片用于计数，观察它是采用置位法还是复位法实现的计数功能？是几进制计数器？计数输出经历了哪几个状态？

(3) 计数输出的结果 $Q_0$ 和 $Q_1$ 接到移位寄存器的工作模式控制端口，分析移位寄存器到底经历了哪些模式转换？

(4) 在实验开发平台上搭建上述硬件电路，并完成实验报告 11。

(5) 依据上述原理，进一步思考如何实现 8 个 LED 的多模式彩灯电路？（提示：需要两个 74LS194 和三个 D 触发器。）完成实验报告 12。

(6) 在此电路的基础上设计一款双向流水灯，并完成实验报告 13。

### 12.4.3 音频信号显示器

本实验是在 12.3.2 节声控流水灯电路的基础上，采用两片 CD4017、共阴极 LED 以及话筒模块和多级放大电路模块实现的。具体电路如图 12.30 所示。在该图中，声音信号放大后作为时钟信号接入到两个 CD4017 的时钟端口，CD4017 的输出端口分别接共阴极数码管的红、绿端口，具体连接形式如图 12.30 所示。

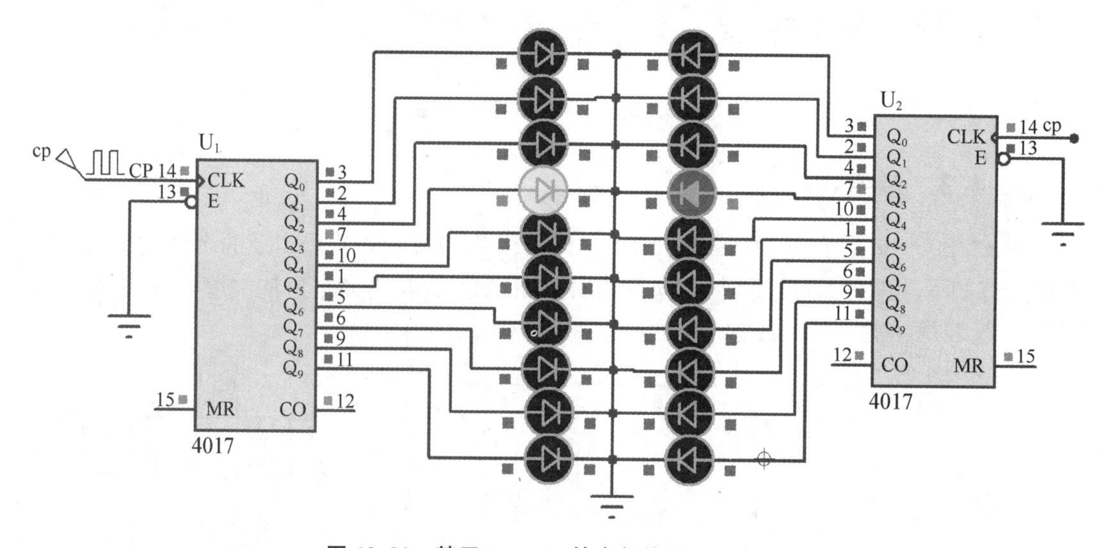


图 12.30 基于 CD4017 的音频信号显示电路

认真分析上述电路的原理，完成 Proteus 仿真并在开发平台上实现图 12.30 所示电路。

### 12.4.4 双向流水灯

前面我们所接触到的流水灯都是朝一个方向"流水"，如何实现双向流水灯电路（LED 从左向右依次点亮，再从右向左流依次点亮）？下面的电路图是基于 74LS191（四位二进制可逆计数器）、74LS154（四线-十六线译码器）和 74LS76（JK 触发器）实现的双向流水灯电路。

在 Proteus 软件中搭建如图 12.31 所示电路并进行仿真。分析图 12.31 所示电路原理，具体实验过程如下：

(1) 思考问题 1：图 12.31 中 JK 触发器的连接形式最终转换成什么类型的触发器？

(2) 思考问题 2：74LS191 芯片的 5 引脚是加法计数和减法计数的转换控制端口，触发器的输出用于控制该端口，实现了流水灯的什么功能？

(3) 74LS154 是四线-十六线译码器，注意是低电平有效，为了保证每个时钟信号下只有一盏 LED 被点亮，图 12.31 中 LED 是共阳极的连接形式。

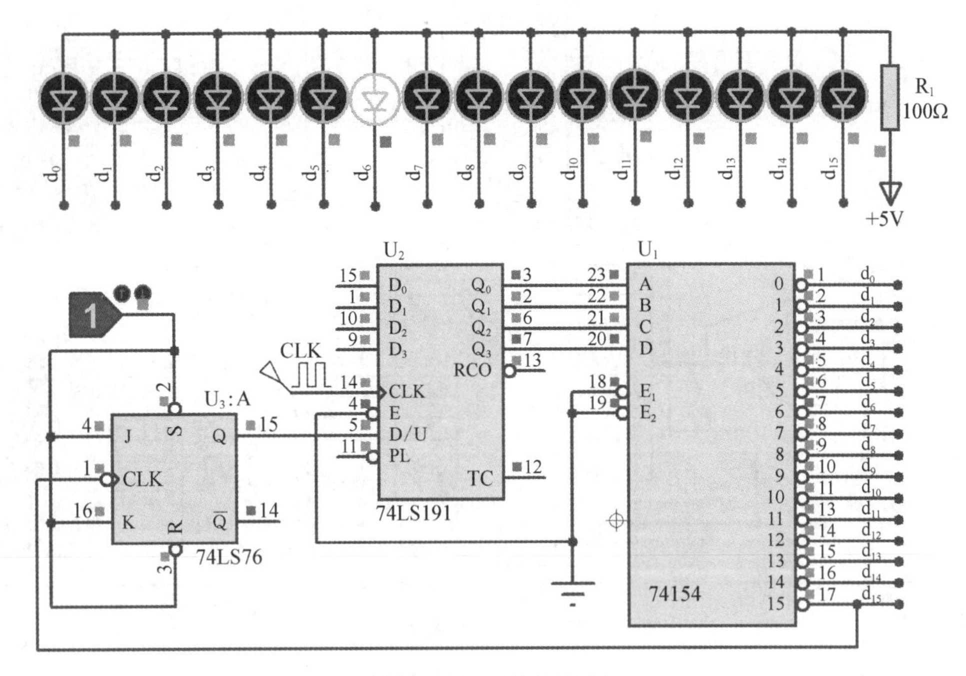


图 12.31　双向流水灯

硬件实验平台上没有 74LS154 芯片，但是有四线-十线译码器(CD4028)以及 3 线-8 线译码器(74LS138)，根据上述电路原理，采用如下两组芯片来设计设双向流水灯，画出电路原理图，搭建实际的硬件电路，并填写实验报告 14：

(1) 搭建基于 CD4029、74LS74/CD4027、CD4028 的双向流水灯。

(2) 搭建基于 CD4029、74LS74/CD4027、74LS138 的双向流水灯。

### 12.4.5　二十四秒倒计时器

图 12.32 所示为二十四秒倒计时电路原理图。该倒计时电路所用核心元件是 74LS192 芯片，该芯片是十进制可逆计数器。另外，还用到显示译码芯片 CD4543 和二输入与非门。这里，两个二输入与非门"$U_5$ ：B"和"$U_5$ ：C"构成一个基本 RS 触发器，用于电路的状态控制。

在 Proteus 软件中搭建该电路并运行仿真。电路的初始状态是停留在 24 秒的位置不变，按下开始按钮后，与非门一个输入端接低电平，基本 RS 触发器输出高电平，此时电路开始进行倒计时计数。当计数到"00"时，在下一个时钟信号到来时，两个数码管均变为"99"，这时两个 74LS192 芯片的 $Q_3$ 输出端口均为高电平，这两个高电平经过与非门后变为低电平，该低电平使基本 RS 触发器状态转换为低电平，从而使两个计数芯片执行置位操作，即数码管显示"24"，并且一直保持置位状态直到按下开始按钮。

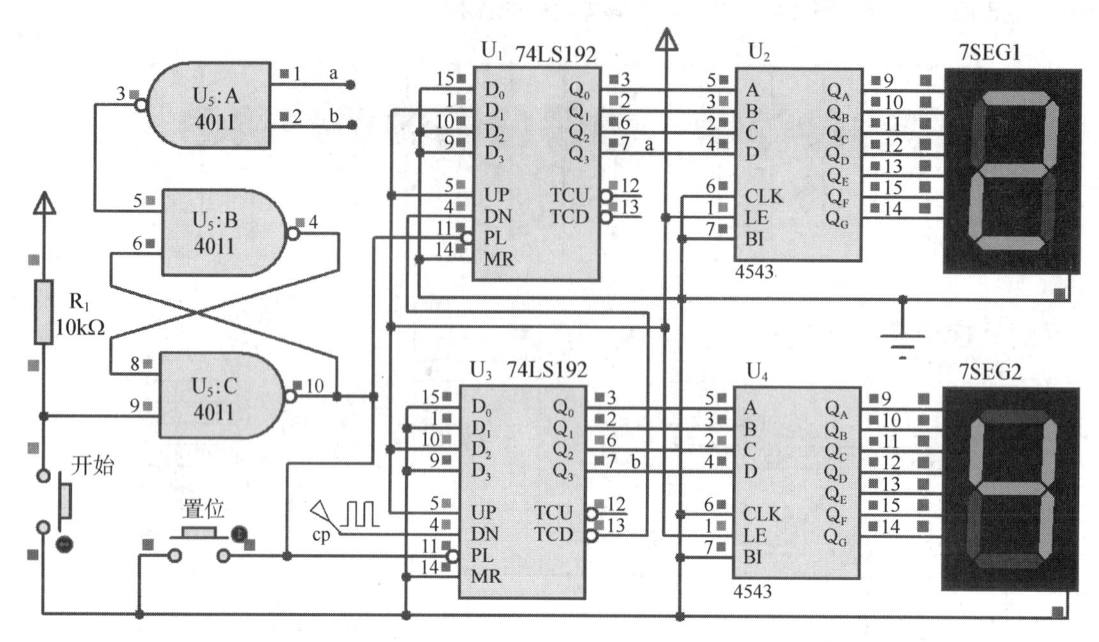


图 12.32 二十四秒倒计时电路

深入理解上述电路，在 Proteus 软件中搭建上述电路并仿真。基于上述电路，用 CD4029 芯片来替代 74LS192 芯片，并实现二十四秒倒计时功能。思考问题：如何实现四十八秒、六十秒倒计时电路？完成实验报告 15。

### 12.4.6 电子沙漏

在古代，沙漏是一种简易的计时装置。本实验综合应用移位寄存器来设计一个集知识性和趣味性为一体的“电子沙漏”，通过 LED 的点亮与熄灭来模拟古代沙漏计时的运动过程。“电子沙漏”实验涉及移位寄存器的原理及 74LS194 芯片的应用、计数器的原理及 74LS161 芯片的应用、任意进制计数器的设计以及时序逻辑电路的设计。图 12.33 是本实验的电路原理图，该图是“基础”版本的电路图。

在图 12.33 中，“电子沙漏”是由黄色发光二极管 $D_1 \sim D_8$ 和红色发光二极管 $D_9 \sim D_{16}$ 构成，黄色发光二极管和对应位置的红色发光二极管（例如 $D_1$ 和 $D_{13}$、$D_5$ 和 $D_{10}$）是以串联的形式通过排阻接在电源和地之间。整个电子沙漏共有八对串联的 LED，每一对串联 LED 的中间节点接入移位寄存器的并行输出端口。芯片 $U_1$ 和 $U_2$ 级联构成 8 位双向移位寄存器，上电初始化时 $U_1$ 和 $U_2$ 的并行输出端口输出均为低电平，此时八盏黄色 LED 全部点亮，而八盏红色 LED 全部熄灭。接下来在时钟信号的作用下，黄色 LED 依次熄灭而对应位置的红色 LED 依次点亮，从而实现“沙漏”的演示效果，而这一过程主要是通过移位寄存器的串行移位操作来实现的。

完成图 12.33 所示电路的 EDA 仿真，验证逻辑功能的正确性，将仿真电路移植到图 12.34 所示的电子沙漏模块上，结合便携式数字电路实验平台完成硬件电路的搭建。在完成本实验的过程中，重点思考如下问题：

（1）如何使用 74LS194 芯片级联构成 8 位双向移位寄存器？

(2) 串行移位过程中,串行左移和串行右移数据输入端口该如何设置?

(3) 当"沙漏"中黄色 LED 全部熄灭、红色 LED 全部点亮后,如何实现自动从头开始沙漏计时? 提示:使用芯片的清零端口。

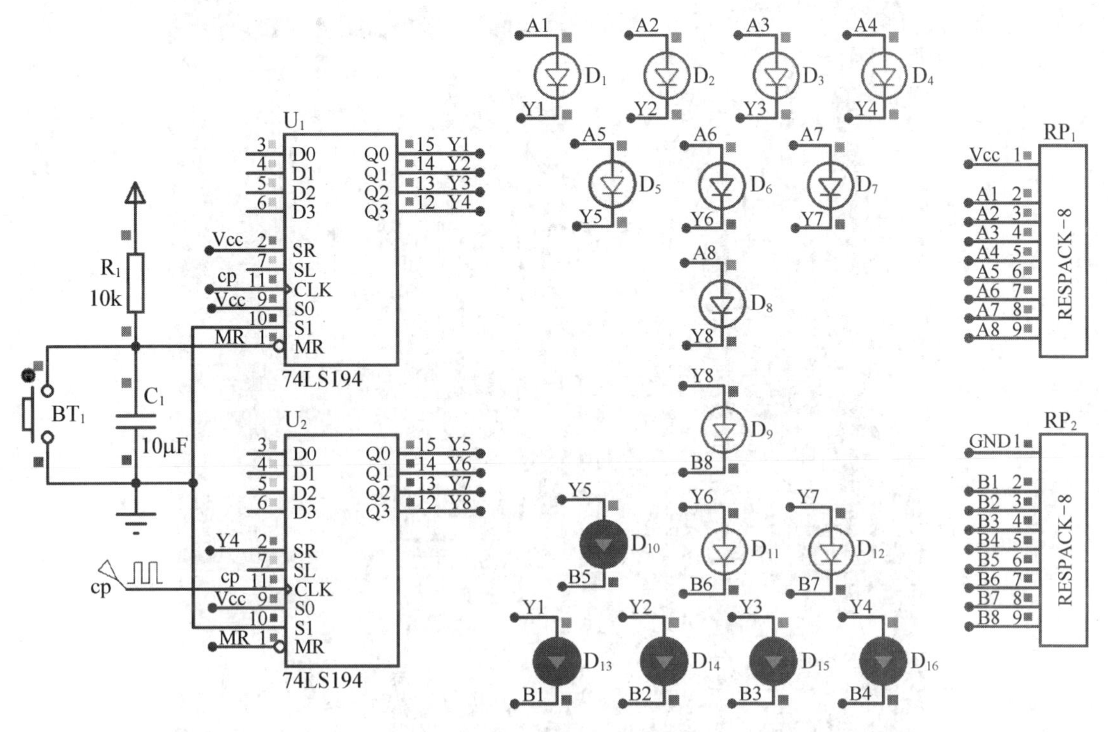


图 12.33　电子沙漏电路图

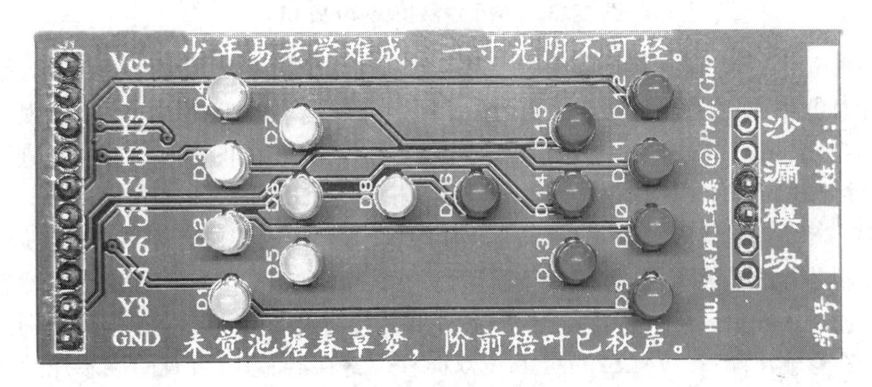


图 12.34　电子沙漏模块(16 盏 LED)

图 12.33 所示电路可以进一步升级为 30 盏 LED 的电子沙漏。图 12.35 是 30 盏 LED 的电子沙漏模块,图中"*Dsr*"和"*Dsl*"分别为串行右移和串行左移数据输入端口、"S1"和"S0"为该芯片的模式控制端口、"IO0"~"IO3"为该芯片的并行输出端口。图中 4 片 74LS194 芯片的时钟端口均已连接到左下角的时钟单元电路,通过旋转电位器来改变时钟信号的频率。时钟单元电路旁边是一个"非门"单元电路。图 12.35 的右半部分是沙漏单元电路,上面黄色 LED 和下面对应位置的红色 LED 通过排阻以串联的形式接在电源和地之间,串联的中间节点与"Y0"~"Y14"端口相连。在图 12.35 的左上角有个手动清零按键和

一个清零端口，该清零端口已经与图中4片移位寄存器芯片的清零端口相连，可以同时对4片移位寄存器执行清零操作。

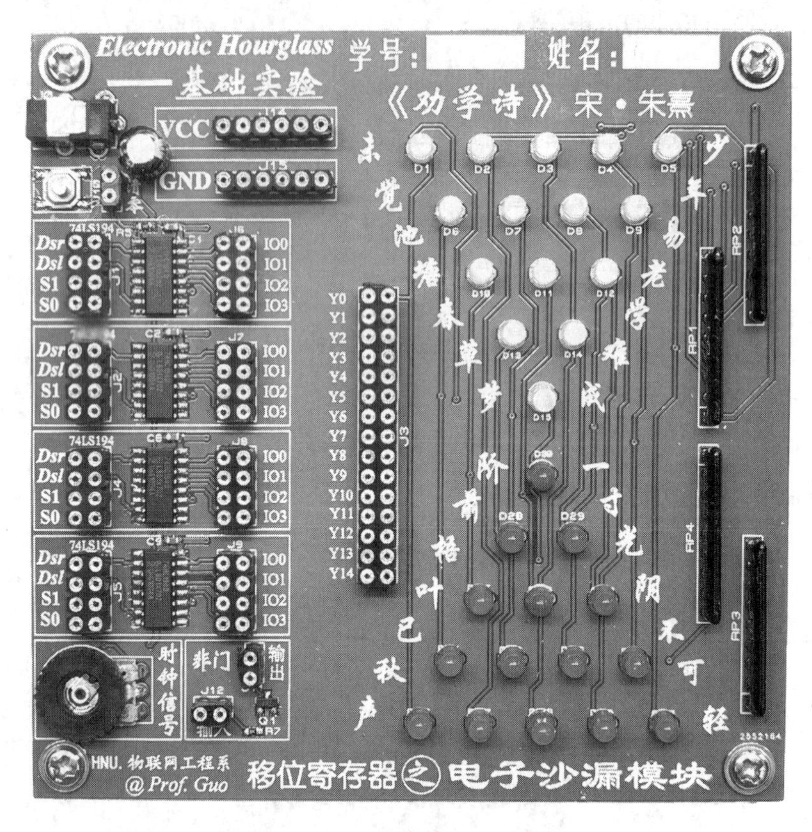


图12.35 电子沙漏模块(30盏LED)

在完成上述实验过程中，可以进一步思考如何使用便携式数字电路硬件实验平台加入数码管计时电路，即使用硬件实验平台上的74LS161(或CD4029)芯片完成8进制计数器或15进制计数器的设计，即图12.34和图12.35执行"沙漏"功能的同时还要同步进行8秒计时和15秒计时。注意要使计数器的计数与沙漏模块中LED的点亮与熄灭同步。

图12.36是进阶实验模块，使用两片74LS299芯片构成移位寄存器单元电路，拨码开关用于控制芯片的使能和模式控制，"*MR*"为清零端口，"*Dsr*"和"*Dsl*"分别为串行右移和串行左移数据输入端口、"IO0"～"IO7"为该芯片的并行输出端口，"Q0"和"Q7"分别为串行左移和串行右移输出端口。74LS299是八位双向移位寄存器芯片，可查阅该芯片的器件手册来熟悉74LS299芯片的逻辑功能。进阶实验的主要任务是完成EDA仿真电路的设计，验证逻辑功能的正确性；EDA仿真没问题后再把仿真电路移植到图12.36所示硬件实验模块上，完成硬件电路的搭建。在完成本实验的过程中，重点思考如下问题：

(1) 如何使用74LS299芯片级联构成16位双向移位寄存器？

(2) 串行移位过程中，串行左移和串行右移数据输入端口该如何设置？

(3) 当"沙漏"中黄色LED全部熄灭、红色LED全部点亮后，如何实现自动从头开始沙漏计时？

(4) 增加15秒倒计时功能，初始化时数码管显示15(此时黄色LED全部点亮、红色

LED 全部熄灭)，每掉落一粒“沙子”(即黄色 LED 熄灭、对应位置红色 LED 点亮)，数码管显示的数字减 1。可以使用如下方案来实现倒计时电路：使用 74LS161 芯片和适当的逻辑门来实现减法计数功能；使用 CD4029 芯片来实现减法计数功能；采用时序逻辑电路设计方法，用触发器来设计减法计数器。

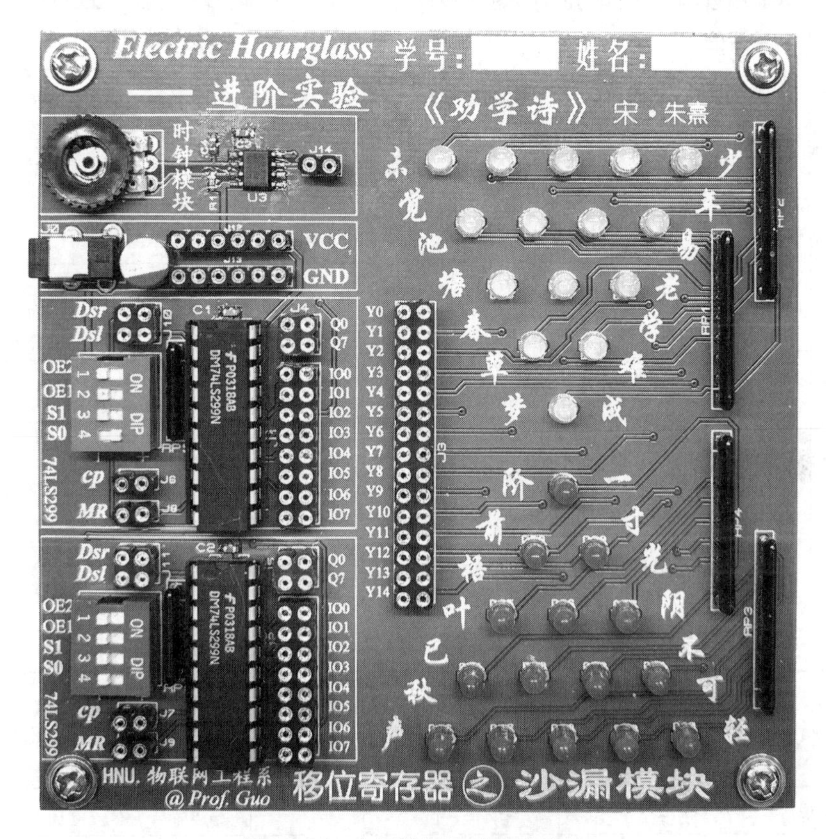


图 12.36　电子沙漏进阶实验模块

## 12.5　实验报告

认真开展本章的相关实验，完成实验报告 1～15。

## 实验报告 1

（　　年　月　日）

| 学生姓名 | | 学　　号 | | 班　　级 | |
|---|---|---|---|---|---|
| 实验目的和原理 | **实验题目：**基于 CD4518 的计数器设计<br>**实验目的：**<br><br>**实验原理：** | | | | |
| 实验分析和结论 | 1. 简要叙述电路原理。<br><br>2. 如何实现时钟下降沿计数？<br><br>3. 如何级联实现一百进制计数？ | | | | |

## 实验报告 2

（　　年　月　日）

| 学生姓名 | | 学　　号 | | 班　　级 | |
|---|---|---|---|---|---|
| 实验目的和原理 | **实验题目：**基于 74LS161 的计数器设计<br>**实验目的：**<br><br>**实验原理：** | | | | |
| 实验分析和结论 | 1. 简要分析置数法和复位法设计十进制计数器的原理。<br><br>2. 如何级联实现一百进制计数？ | | | | |

## 实验报告3

(　　年　月　日)

| 学生姓名 | | 学　　号 | | 班　　级 | |
|---|---|---|---|---|---|
| 实验目的和原理 | **实验题目**:基于CD4029的计数器设计<br>**实验目的**:<br><br>**实验原理**: | | | | |
| 实验分析和结论 | 1. 如何实现模为10的减法计数?<br><br>2. 如何实现两片CD4029的级联? | | | | |

## 实验报告4

(　　年　月　日)

| 学生姓名 | | 学　　号 | | 班　　级 | |
|---|---|---|---|---|---|
| 实验目的和原理 | **实验题目**:基于74LS90的计数器设计<br>**实验目的**:<br><br>**实验原理**: | | | | |
| 实验分析和结论 | 1. 若采用共阳极数码管来显示计数结果,重新设计显示译码电路?<br><br>2. 进行十进制计数的设定中还有没有其他的连接方式? | | | | |

## 实验报告 5

( 年 月 日)

<table>
<tr><td>学生姓名</td><td></td><td>学 号</td><td></td><td>班 级</td><td></td></tr>
<tr><td>实验目的和原理</td><td colspan="5">实验题目:基于 74LS161 的任意进制计数器设计<br>实验目的:<br><br>实验原理:</td></tr>
<tr><td>实验分析和结论</td><td colspan="5">1. 用复位法和置位法设计六进制计数器,给出仿真电路并在硬件平台实现电路的搭建。<br><br>2. 用两个 74LS161 芯片设计数字时钟的六十进制计数器,给出仿真电路并在硬件平台实现电路的搭建。<br><br>3. 用两个 74LS161 芯片设计数字时钟的二十四进制计数器,给出仿真电路并在硬件平台实现电路的搭建。</td></tr>
</table>

## 实验报告 6

( 年 月 日)

<table>
<tr><td>学生姓名</td><td></td><td>学 号</td><td></td><td>班 级</td><td></td></tr>
<tr><td>实验目的和原理</td><td colspan="5">实验题目:基于 CD4518 的任意进制计数器设计<br>实验目的:<br><br>实验原理:</td></tr>
<tr><td>实验分析和结论</td><td colspan="5">1. CD4518 芯片时钟的上升沿触发和下降沿触发是如何设定的?<br><br>2. 设计七进制计数器和二十四进制计数器。给出 Proteus 仿真图,并在硬件实验平台上完成相关硬件电路的搭建。</td></tr>
</table>

## 实验报告 7

（　　年　月　日）

<table>
<tr><td>学生姓名</td><td></td><td>学　　号</td><td></td><td>班　　级</td><td></td></tr>
<tr><td>实验目的和原理</td><td colspan="5">实验题目：基于 CD4029 的可逆计数器设计<br>实验目的：<br><br>实验原理：</td></tr>
<tr><td>实验分析和结论</td><td colspan="5">1. 通过网络搜索 74LS192 的器件手册，阅读该手册，列出该芯片与 CD4029 芯片在清零、置数和计数方面的异同。<br><br>2. 完成基于 CD4029 芯片的 100 进制可逆计数器电路设计，画出电路图，分析电路原理。</td></tr>
</table>

## 实验报告8

（　　年　月　日）

<table>
<tr><td>学生姓名</td><td></td><td>学　号</td><td></td><td>班　级</td><td></td></tr>
<tr><td>实验目的和原理</td><td colspan="5">实验题目:基于74LS194的流水灯设计<br>实验目的:<br><br>实验原理:</td></tr>
<tr><td>实验分析和结论</td><td colspan="5">1. 74LS194向左移位和向右移位时,相关端口该如何设置?<br><br>2. 如何实现这四个LED从右向左依次点亮?画出电路图。<br><br>3. 如何实现八个LED的流水?</td></tr>
</table>

## 实验报告9

（ 年 月 日）

<table>
<tr><td>学生姓名</td><td></td><td>学 号</td><td></td><td>班 级</td><td></td></tr>
<tr><td>实验目的和原理</td><td colspan="5">实验题目：基于CD4518的数字秒表设计<br>实验目的：<br><br>实验原理：</td></tr>
<tr><td>实验分析和结论</td><td colspan="5">1. 对于图12.27中毫秒位到秒位的进位，分析其是上升沿触发还是下降沿触发？<br><br>2. 简要叙述图12.27的电路原理。<br><br>3. 如何实现基于CD4518的二十四进制计数器？画出电路图。</td></tr>
</table>

## 实验报告 10

（　　年　月　日）

<table>
<tr><td>学生姓名</td><td></td><td>学　号</td><td></td><td>班　级</td><td></td></tr>
<tr><td>实验目的和原理</td><td colspan="5">实验题目：具有暂停、清零功能的电子秒表设计<br>实验目的：<br><br>实验原理：</td></tr>
<tr><td>实验分析和结论</td><td colspan="5">1. 简要叙述图 12.28 所示的电路原理。<br><br>2. 用一个按钮以复用的形式同时实现暂停和清零功能来完善数字秒表的功能，画出电路图。</td></tr>
</table>

## 实验报告11

（ 年 月 日）

<table>
<tr><td>学生姓名</td><td></td><td>学　号</td><td></td><td>班　级</td><td></td></tr>
<tr><td>实验目的和原理</td><td colspan="5">实验题目：四盏LED多模式彩灯设计<br>实验目的：<br><br>实验原理：</td></tr>
<tr><td>实验分析和结论</td><td colspan="5">1. 两个D触发器的级联实现了什么功能？<br><br>2. 74LS161芯片实现的是几进制计数？<br><br>3. 分析移位寄存器都经历了哪些模式转换？<br><br>4. 简要叙述电路原理。</td></tr>
</table>

# 实验报告 12

（　　年　月　日）

<table>
<tr><td>学生姓名</td><td></td><td>学　号</td><td></td><td>班　级</td><td></td></tr>
<tr><td>实验目的和原理</td><td colspan="5">实验题目：八盏 LED 多模式彩灯设计<br>实验目的：<br><br>实验原理：</td></tr>
<tr><td>实验分析和结论</td><td colspan="5">结合图 12.29 所示电路的原理，完成八盏 LED 多模式彩灯电路的设计。画出电路图，给出电路原理。</td></tr>
</table>

## 实验报告 13

（　　年　月　日）

<table>
<tr><td>学生姓名</td><td></td><td>学　　号</td><td></td><td>班　　级</td><td></td></tr>
<tr><td>实验目的和原理</td><td colspan="5">实验题目：基于移位寄存器的双向流水灯<br>实验目的：<br><br>实验原理：</td></tr>
<tr><td>实验分析和结论</td><td colspan="5">完成基于 74LS194 的双向流水灯电路设计。画出电路图，给出电路原理。</td></tr>
</table>

## 实验报告 14

（ 年 月 日）

<table>
<tr><td>学生姓名</td><td></td><td>学 号</td><td></td><td>班 级</td><td></td></tr>
<tr><td>实<br>验<br>目<br>的<br>和<br>原<br>理</td><td colspan="5">实验题目：双向流水灯电路设计<br>实验目的：<br><br>实验原理：</td></tr>
<tr><td>实<br>验<br>分<br>析<br>和<br>结<br>论</td><td colspan="5">1. 测试 74LS191 芯片的外围引脚功能。<br><br>2. 图 12.31 中，JK 触发器的连接形式转换成什么类型的触发器？<br><br>3. 触发器的输出连接到 74LS191 芯片的 5 引脚，实现了流水灯的什么功能？<br><br>4. 搭建基于 CD4029、74LS74/CD4027、CD4028 的双向流水灯电路，给出实验仿真结果。</td></tr>
</table>

## 实验报告 15

（　　年　月　日）

<table>
<tr><td>学生姓名</td><td></td><td>学　　号</td><td></td><td>班　　级</td><td></td></tr>
<tr><td>实<br>验<br>目<br>的<br>和<br>原<br>理</td><td colspan="5">实验题目：二十四秒倒计时电路设计<br>实验目的：<br><br>实验原理：</td></tr>
<tr><td>实<br>验<br>分<br>析<br>和<br>结<br>论</td><td colspan="5">1. 简要叙述图 12.32 所示电路的原理。<br><br>2. 设计实现基于 CD4029 芯片的二十四秒倒计时电路，画出电路图。<br><br>3. 如何实现基于 CD4029 芯片的四十秒、六十秒倒计时电路？</td></tr>
</table>

【微信扫码】
实验分析与解答

# 第13章

# 脉冲波形的产生和变换

## 13.1 内容简介

在时序逻辑电路中，时钟信号属于矩形脉冲，用于控制和协调整个电路的工作状态。本节通过一系列实验来介绍脉冲波形的产生和变换的基本原理，掌握555计时芯片的外围引脚和功能，掌握常见波形的产生和变换，理解单稳态触发器、多谐振荡器和施密特触发器的原理。

**理论知识：**

(1) 了解脉冲波形产生和变换的概念；

(2) 理解单稳态触发器、多谐振荡器和施密特触发器的原理；

(3) 掌握555定时器外围引脚功能、电路结构和工作原理；

(4) 掌握基于555定时器的单稳态触发器、多谐振荡器和施密特触发器的设计方法；

(5) 综合应用555芯片进行电路设计。

**专业技能：**

(1) 具备电路设计的能力；

(2) 能够根据电路图搭建实际的硬件电路；

(3) 能够排除电路所存在的故障。

**能力素质：**

(1) 通过本章实验来提高学生动手技能，使学生具备发现问题、分析问题和解决问题的能力；

(2) 通过本章实验来培养学生综合设计及创新能力；

(3) 通过电路的分析和设计培养学生的工程实践能力；

(4) 培养学生实事求是、严肃认真的科学作风和良好的实验习惯；

(5) 通过小组合作实践提高学生的合作意识。

本章实验以 Proteus 仿真为主,硬件电路搭建为辅。本章实验使用实验平台上的 555 计时芯片、LED 显示模块、集成逻辑门芯片、拨码开关模块等。

## 13.2　夯实基础

本节验证常见类型脉冲波形产生和变换电路的功能,包括单稳态触发器、多谐振荡器和施密特触发器。通过本节的一系列实验完成如下**阶段性目标**:

(1) 验证分立元件实现单稳态触发器、多谐振荡器和施密特触发器的原理及电路连接;

(2) 能够分析常见类型的脉冲波形产生和变换电路的功能。

本节的相关实验采用 Proteus 仿真和硬件实验平台上电路的搭建来完成。在 Proteus 软件中,仿真实验所涉及的元器件及其所在的元件库可以参考表 13.1。

**表 13.1　夯实基础实验所需元器件清单**

| 器件名称 | 所在的库 | 说明 |
|---|---|---|
| BATTERY | DEVICE | 电池组 |
| BUTTON | ACTIVE | 按钮开关 |
| RES | DEVICE | 电阻 |
| POT - HG | ACTIVE | 可变电阻 |
| CAP | DEVICE | 电容 |
| LED - RED | ACTIVE | 红色发光二极管 |
| 1N4148 | DIODE | 开关二极管 |
| LOGICSTATE | ACTIVE | 逻辑状态 |
| LOGICPROBE | ACTIVE | 逻辑探针 |
| 555 | ANALOG | 555 定时器 |
| 4011 | CMOS | 二输入与非门 |
| 4026 | CMOS | 十进制计数器 |
| 4069 | CMOS | 非门 |
| 4071 | CMOS | 二输入或门 |
| 4081 | CMOS | 二输入与门 |
| 7SEG - COM - CAT - GRN | DISPLAY | 绿色共阴极数码管 |

### 13.2.1　单稳态触发器

单稳态触发器有一个稳定状态和一个暂稳态。在外加脉冲的作用下,单稳态触发器可以从稳定状态翻转到暂稳态。由于电路中 RC 延时环节的作用,该暂态维持一段时间会自动返回到稳态,暂稳态维持的时间取决于 RC 的参数值,与脉冲的幅度和宽度无关。

本实验主要学习微分型和积分型单稳态触发器的原理。第一个实验是微分型单稳态触发器，按照图13.2所示电路进行连接，按照图13.1所示设置输入信号参数，运行仿真，观察虚拟示波器波形图(图13.3)。

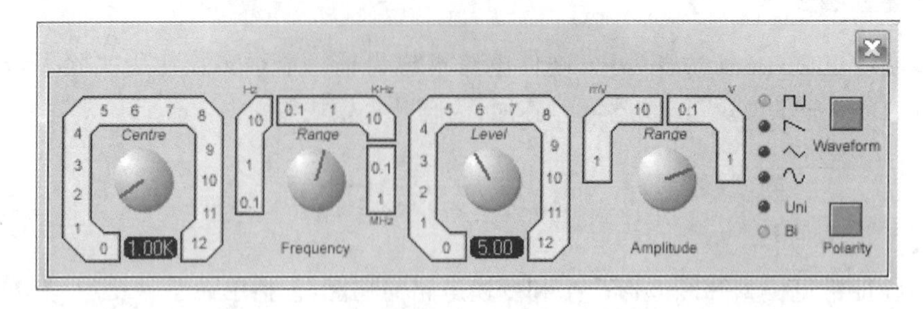


图13.1 微分型单稳态触发器输入信号设置

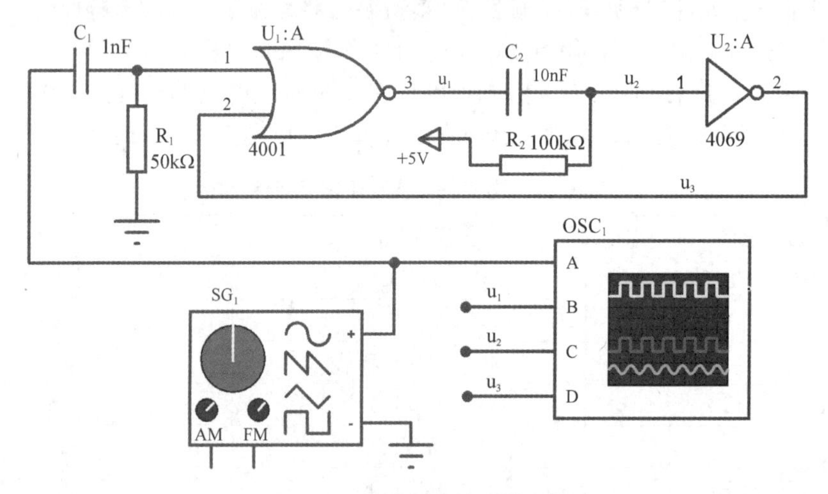


图13.2 微分型单稳态触发器

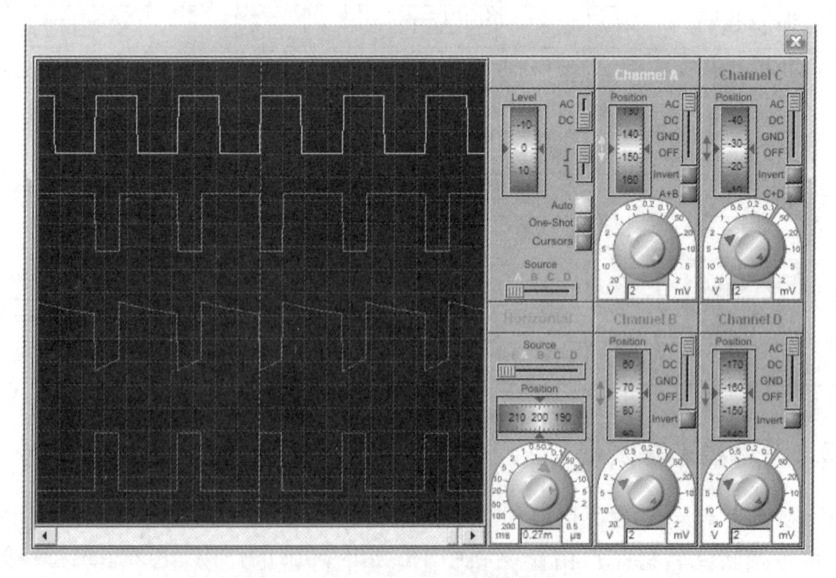


图13.3 微分型单稳态触发器波形图

在硬件实验平台上搭建电路，输入信号就采用时钟信号 1 的时钟源。同时，该时钟源接一个 LED，电路输出(非门的输出端)接另外一个 LED，观察实验结果。注意，原始时钟信号占空比约为 0.5，如图 13.3 所示，经过微分型单稳态触发器进行波形转换后，虽然输出波形仍为矩形波，但是占空比小于 0.5。这一点可以通过电路中两盏 LED 点亮的维持时间进行判断。

第二个实验是积分型单稳态触发器，电路如图 13.4 所示。积分型单稳态触发器具有抗干扰能力强的优点，输入信号源的设定如图 13.5 所示，图 13.6 所示为虚拟示波器的波形图。

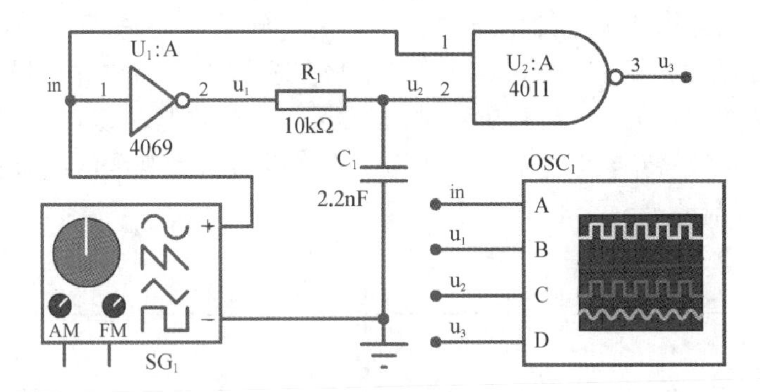


图 13.4　积分型单稳态触发器

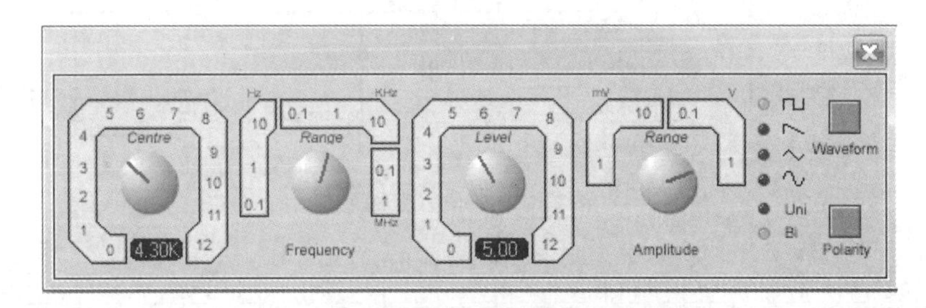


图 13.5　积分型单稳态触发器输入信号设置

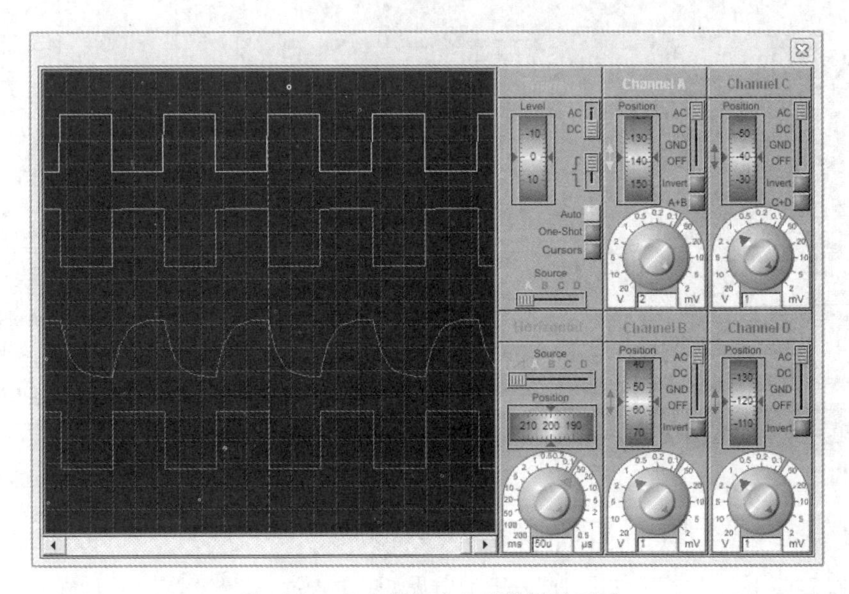


图 13.6　积分型单稳态触发器波形图

### 13.2.2 多谐振荡器

本实验对几种类型的多谐振荡器进行仿真，同时搭建硬件电路。

图 13.7 所示是由非门、电容和电阻构成的对称式多谐振荡器。电路中多了一个按钮开关，目的是给电路一个初始扰动信号，使电路起振。需要注意的是，实际的硬件电路不需要额外加按钮开关，电路会自动进入振荡状态。这是因为，实际的硬件电路中，元器件存在热噪声、接通电源时的冲击或者电源电路中存在的谐波分量等，这些都是初始扰动信号。但是，对于仿真软件，默认所有的元器件、电源等都是理想元件，仿真电路里没有起振所需的初始扰动信号，无法实现振荡。在运行仿真时，需要按一下开关 $BT_1$ 来使电路进入振荡状态。图 13.8 所示是用示波器对电路中的 $U_1 \sim U_4$ 节点的信号进行观测的结果。这里，$U_1 \sim U_4$ 节点分别接入示波器的 A~D 通道。

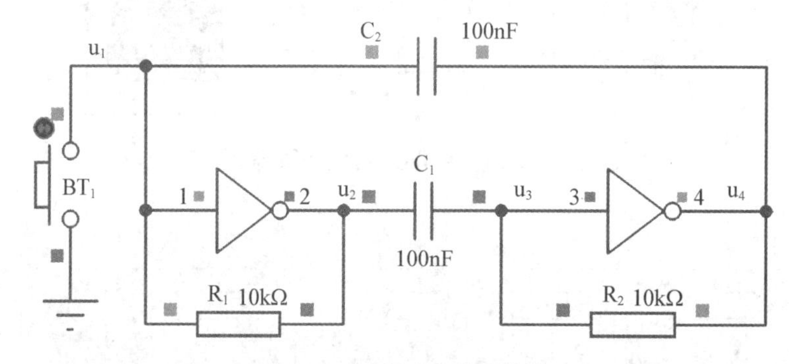


图 13.7 对称式多谐振荡器

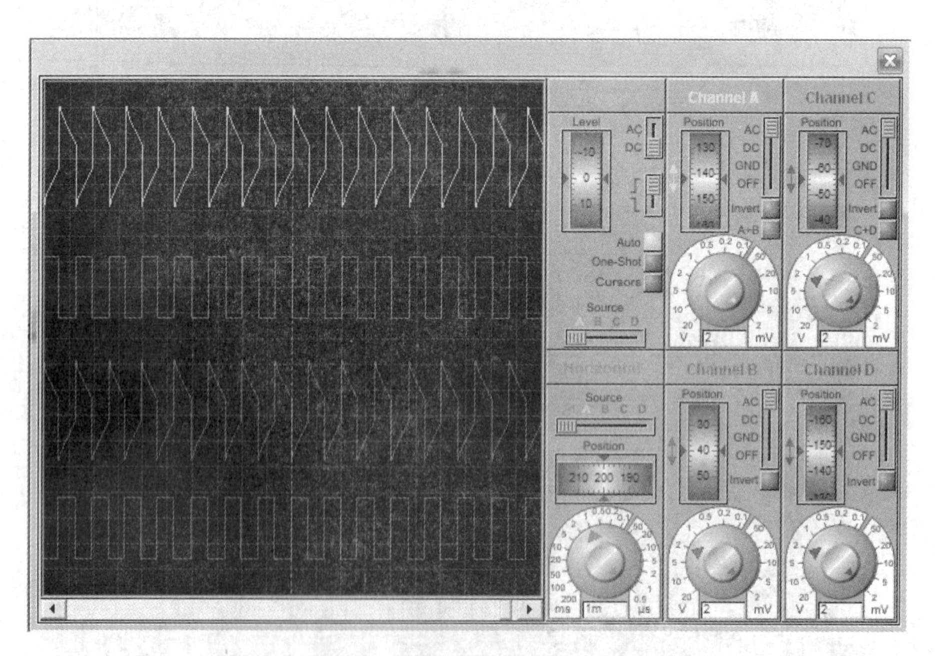


图 13.8 对称式多谐振荡器虚拟示波器观测结果

在硬件实验平台上搭建如图 13.7 所示电路，注意，硬件电路不需要额外的按钮开关来给电路加入初始扰动信号。

图 13.9 所示是非对称式多谐振荡器，按钮开关 $BT_1$ 起到自激扰动的作用。在 Proteus 软件中搭建该电路并完成仿真。图 13.10 所示是 Proteus 仿真结果。

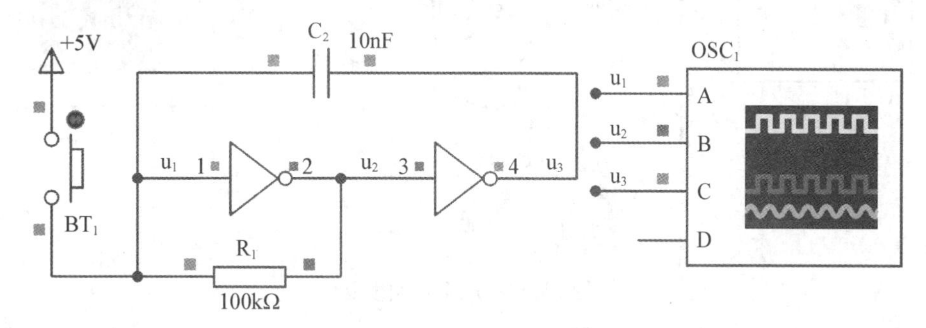


**图 13.9　非对称式多谐振荡器**

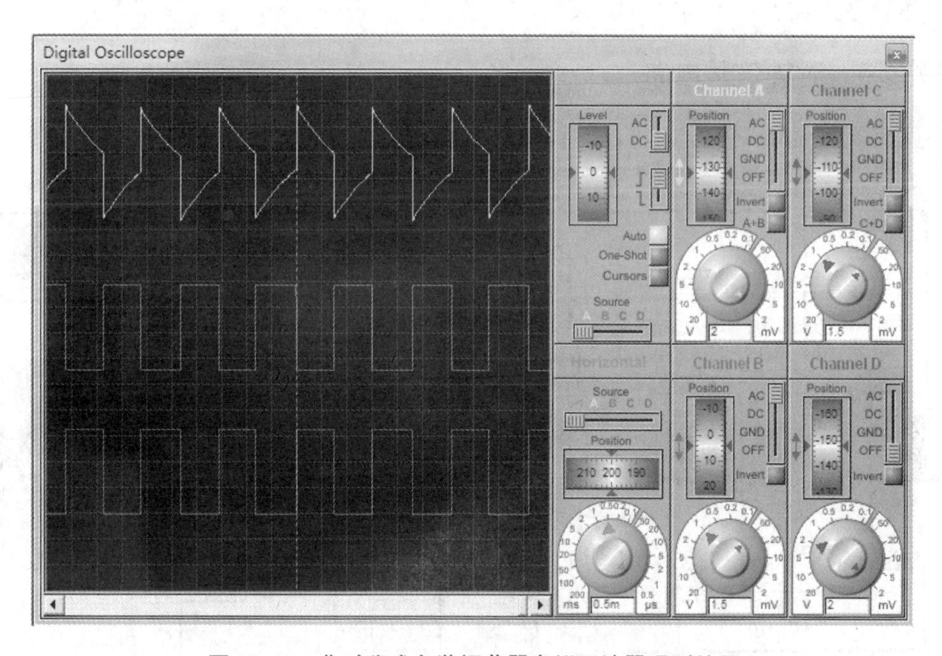


**图 13.10　非对称式多谐振荡器虚拟示波器观测结果**

## 13.2.3　施密特触发器

施密特触发器(Schmidt Trigger)是常用的脉冲波形转换电路，具有两个稳定的状态，输入信号从低电平到高电平以及从高电平到低电平转换过程中，电路状态发生转换的阈值电压是不同的，分别称为正向阈值电压和负向阈值电压。正向阈值电压与负向阈值电压之差称为回差电压。

图 13.11 所示是施密特触发器电路图。在该电路中，与非门“$U_1$：A”和“$U_1$：B”构成一个基本 RS 触发器，二极管 $D_1$ 接入该 RS 触发器的 R 端口，起到电平偏移的作用。在 Proteus 软件中搭建该电路并进行仿真，认真思考该电路的原理。

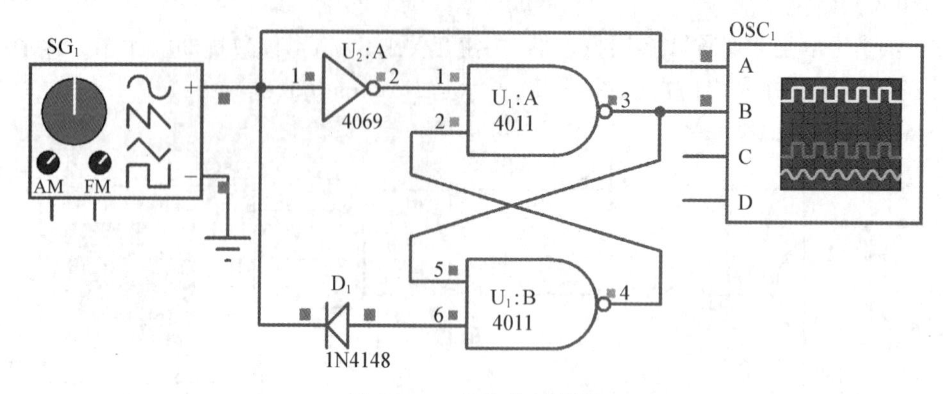


图 13.11　施密特触发器

本实验采用二输入与非门来搭建基本 RS 触发器电路。思考问题：如何搭建基于或非门的施密特触发器？

### 13.2.4　时钟信号电路

本实验实现基于 555 定时器的时钟信号电路，具体电路如图 13.12 所示。

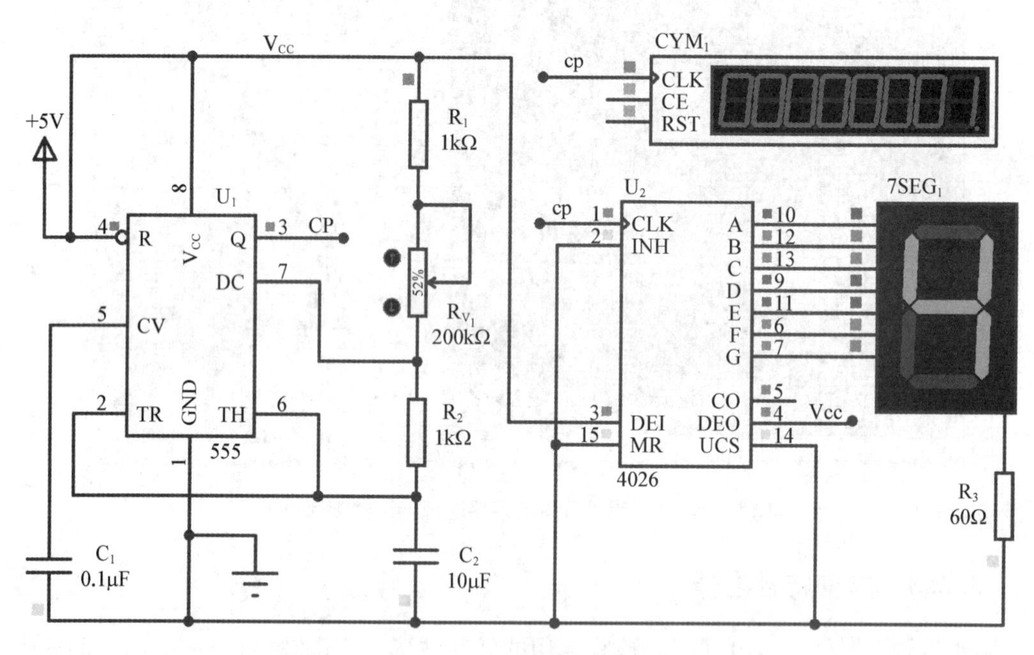


图 13.12　基于 555 定时器的时钟信号发生电路

555 定时器是一种多用途的数字与模拟混合型的中规模集成电路，一般用双极型(TTL)工艺制作的称为 555，用互补金属氧化物(CMOS )工艺制作的称为 7555。555 定时器外加电阻、电容等元件可以构成多谐振荡器，单稳态电路，施密特触发器等。555 定时器的定时功能被广泛应用于仪器仪表、家用电器、电子测量及自动控制等方面。

555 定时器的工作电压范围宽，可在 4.5～16 V 工作，输出驱动电流约为 200 mA，因而其输出可与 TTL、CMOS 或者模拟电路的电平兼容。

硬件实验平台上的时钟信号电路是基于图 13.12 所示实现的，可以取下 555 芯片放在锁紧座上，按照图 13.12 所示电路进行外围元件的连接，3 引脚接 LED，观察输出时钟信号。在 Proteus 软件中，完成图 13.12 所示的仿真，填写实验报告 1。思考问题：输出时钟信号的频率与哪些元件参数有关？具体计算公式是什么？

## 13.3　跟踪训练

前一节学习了常见类型的脉冲波形产生和变换电路，本节实验要进一步掌握多谐振荡器、单稳态触发器和施密特触发器的原理，完成基于 555 定时器的双闪灯电路设计、单稳态触发器设计、多谐振荡器设计和施密特触发器设计。通过本节一系列实验完成如下**阶段性目标**：

(1) 掌握 555 定时器芯片的使用；

(2) 能够设计基于 555 定时器的多谐振荡器、单稳态触发器和施密特触发器电路。

本节的相关实验采用 Proteus 仿真和硬件实验平台上电路的搭建来完成。在 Proteus 软件仿真中，仿真实验所涉及的元器件及其所在的元件库可以参考上一节的表 13.1。

### 13.3.1　双闪灯

在第 11 章，我们搭建了基于触发器的双闪灯。本节我们实现基于 555 定时器的双闪灯电路，如图 13.13 所示。该电路本质上是一个时钟信号电路，不同的是额外实现了输出时钟信号占空比可调功能，是通过调节电位器来实现的。图 13.13 中二极管 $D_3$ 和 $D_4$ 采用开关二极管 1N4148。用 Proteus 完成电路仿真，然后在硬件实验平台上完成硬件电路的搭建，具体步骤如下：

(1) 在时钟信号模块上取下 555 定时器放入锁紧座。

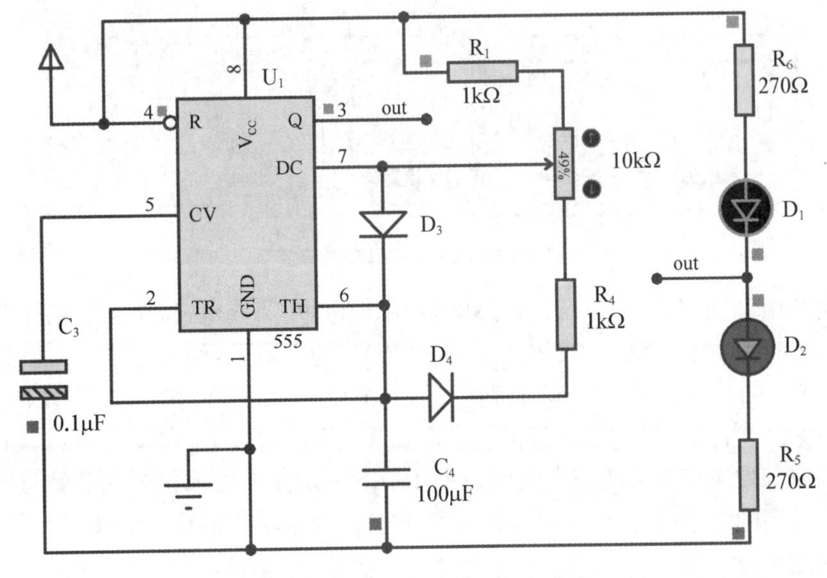


图 13.13　基于 555 的双闪灯电路

(2) 按照图 13.13 所示电路进行外围电路的连接，其中电位器使用蓝白卧式电位器。

(3) 使用备用的 LED,注意连接时 $R_5$ 和 $R_6$ 这两个电阻的阻值选择 4.7 kΩ。

(4) 通过调节电位器观察两盏 LED 的轮流导通时间。

(5) 完成实验报告 2。

### 13.3.2 基于 555 定时器的单稳态触发器

如图 13.14 所示,该电路为基于 555 定时器的单稳态触发器。

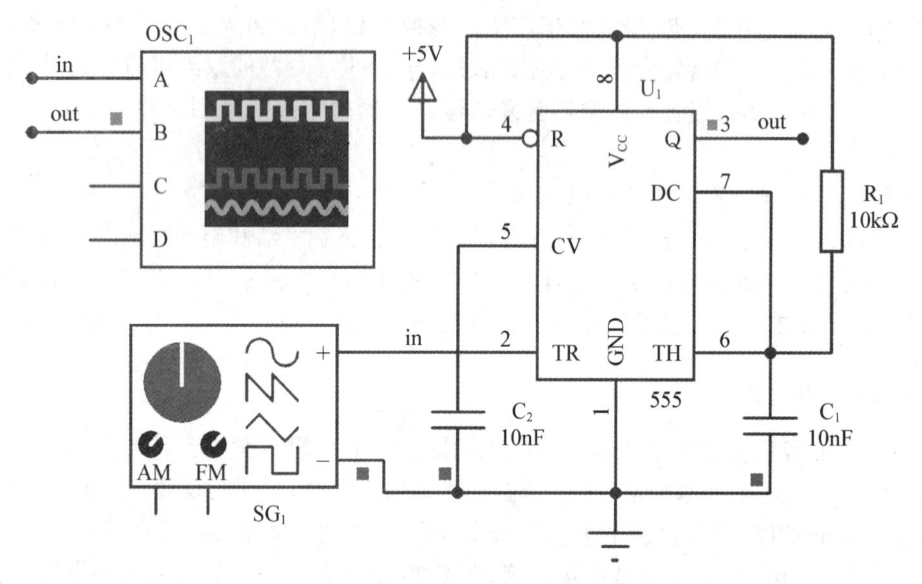


图 13.14 基于 555 定时器的单稳态触发器

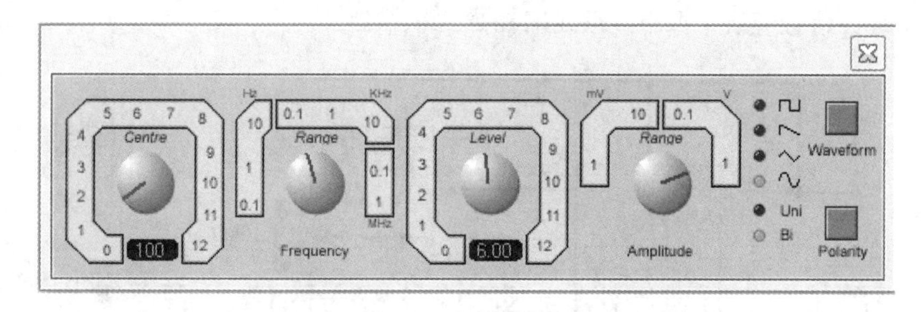


图 13.15 输入信号参数设定

在本实验中,当电源接通后,$V_{CC}$通过电阻 $R_1$ 向电容 $C_1$ 充电,待电容上电压 $V_C$ 上升到 2/3 $V_{CC}$时,555 定时器内部的触发器置 0,即输出 $V_o$ 为低电平,同时电容 $C_1$ 通过内部的三极管放电。当 555 定时器的 2 引脚所接输入信号电压 $V_i<1/3V_{CC}$时,RS 触发器置 1,即输出 $V_o$ 为高电平,同时,内部的三极管截止。电源 $V_{CC}$再次通过 $R_1$ 向 $C_1$ 充电。输出电压维持高电平的时间取决于 RC 的充电时间。图 13.15 所示是对输入信号的参数进行设定,在该界面选择不同的波形(矩形波、三角波、正弦波等),观察输出波形。图 13.16 所示是示波器观测到的波形图。

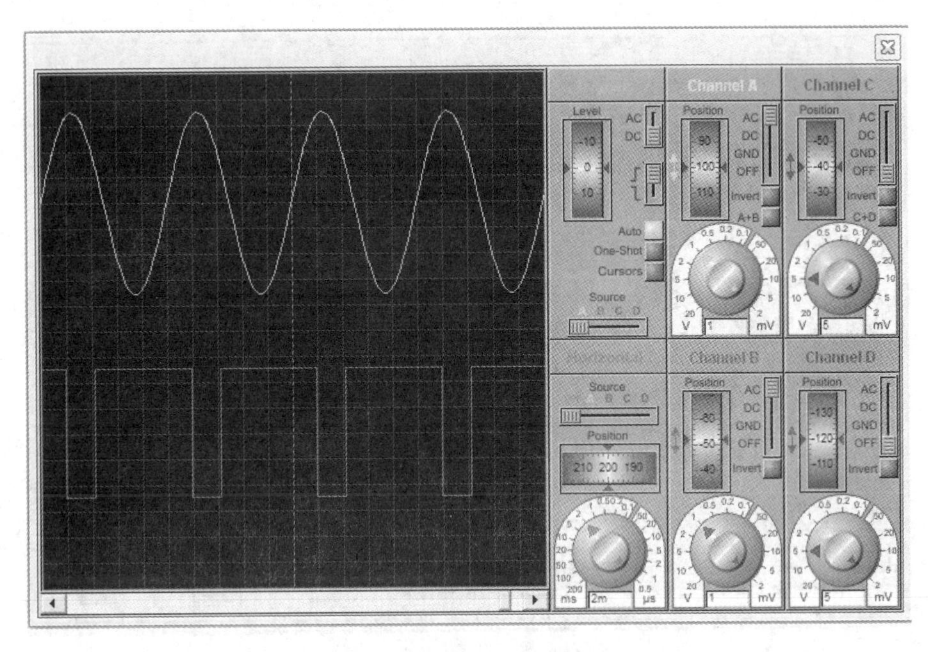


图 13.16　虚拟示波器波形图

分析上述电路原理，在 Proteus 软件中完成电路仿真并填写实验报告 3。

### 13.3.3　基于 555 定时器的多谐振荡器

本实验采用 555 定时器实现多谐振荡器，具体电路如图 13.17 所示。注意在 Proteus 软件仿真时，电容 $C_2$ 的初始电平设置为零，即用 Label 标记“ic=0”。

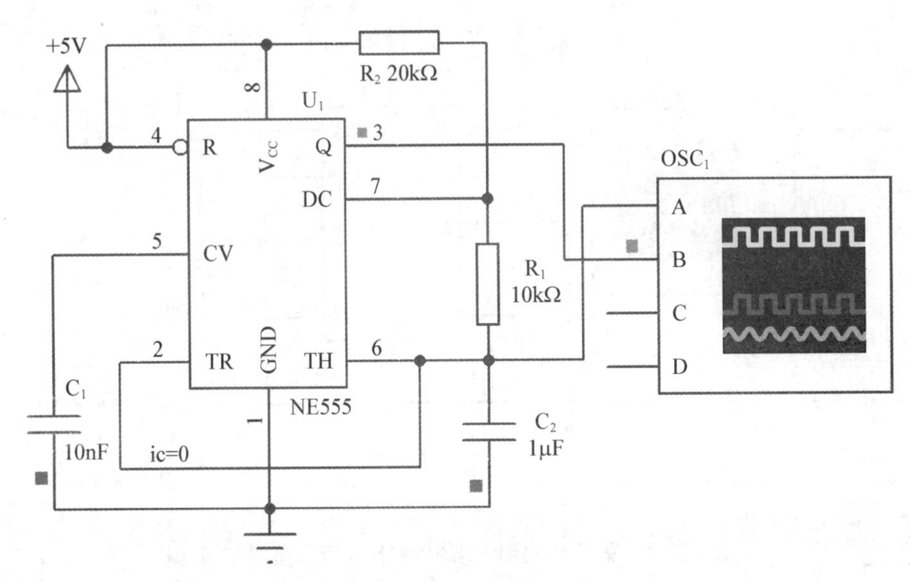


图 13.17　基于 555 定时器的多谐振荡器

图 13.18 所示为仿真结果。结合教材，认真分析电路原理，在 Proteus 软件中完成电路仿真并填写实验报告 4。

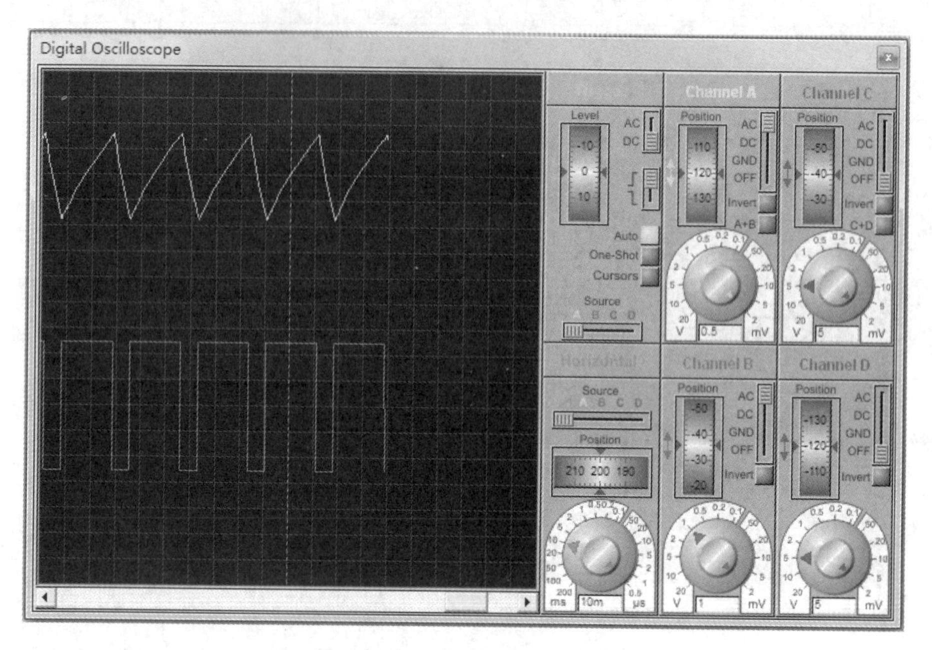


图 13.18 虚拟示波器观测结果

### 13.3.4 占空比可调多谐振荡器

本实验采用 555 定时器实现占空比可调的多谐振荡器,具体电路如图 13.19 所示。注意在仿真时,电容 $C_2$ 的初始电平设置为零,即用 Label 标记“ic=0”。

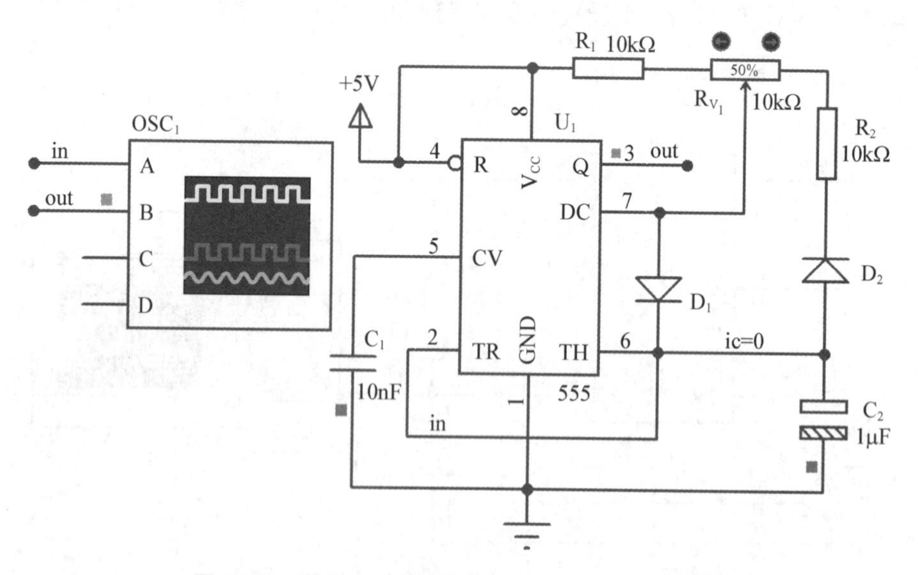


图 13.19 基于 555 定时器的占空比可调多谐振荡器

通过本实验,进一步掌握占空比的概念,掌握多谐振荡器的原理,测试使用 555 定时器构成的多谐振荡器的电路组成及其工作原理。在实验平台上搭建上述电路。注意,电路中,对电容 $C_2$ 的充放电是通过二极管 $D_1$ 和 $D_2$ 进行隔离。当电位器固定不变时,充电时间参数则与 $R_1$ 有关;放电时间参数则与 $R_2$ 有关。整个电路的振荡周期约为 $0.7(R_1+R_2)C_2$。

在 Proteus 软件中完成电路仿真。图 13.20 所示为 Proteus 仿真结果。

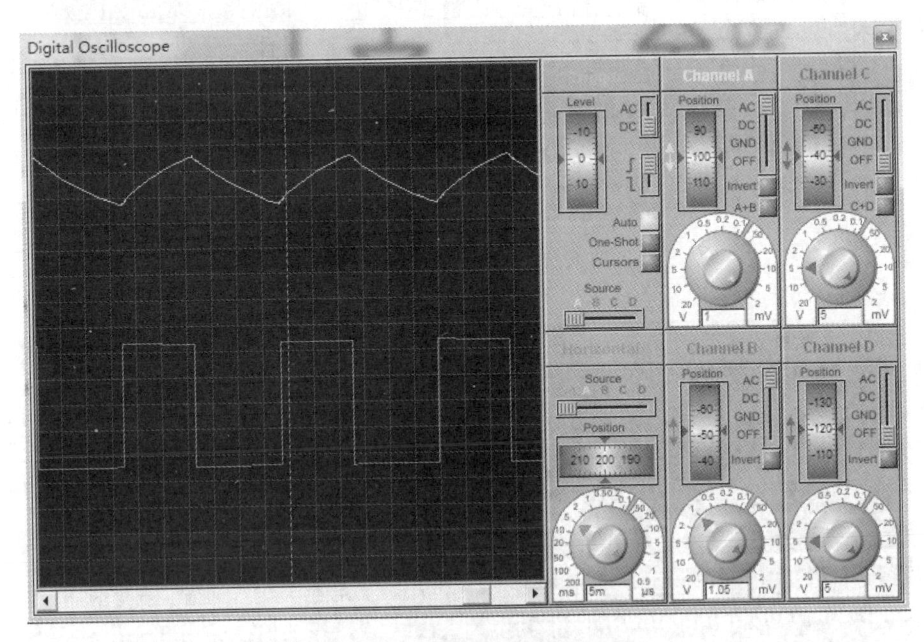


图 13.20　虚拟示波器观测结果

## 13.3.5　基于 555 定时器的施密特触发器

本实验采用 555 定时器实现施密特触发器，具体电路如图 13.21 所示。

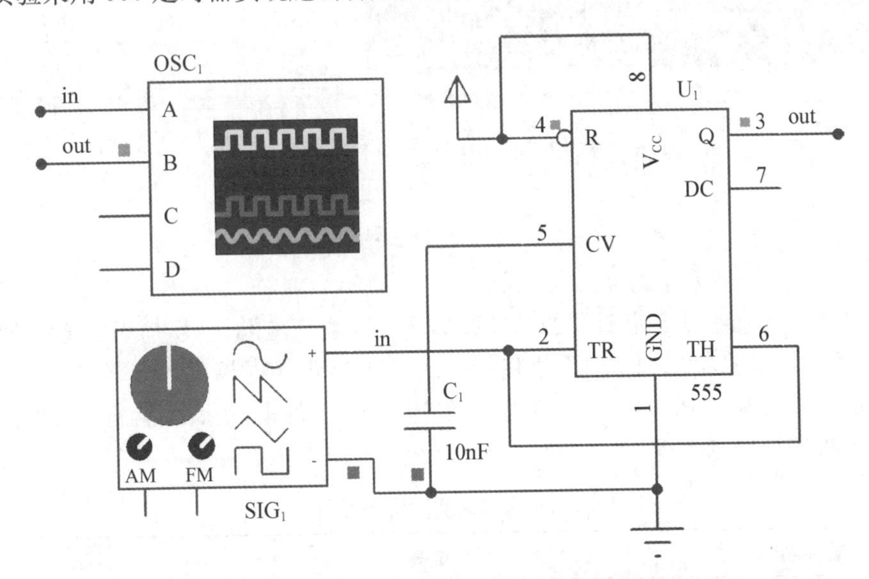


图 13.21　基于 555 定时器的施密特触发器

在 Proteus 软件中搭建如图 13.21 所示电路并运行仿真。在图 13.22 所示界面中进行输入信号的参数设定。在图 13.22 所示界面，改变输入信号的类型，观测输出结果。图 13.23 所示为仿真结果。结合教材，认真分析电路原理并在 Proteus 软件中完成电路仿真。

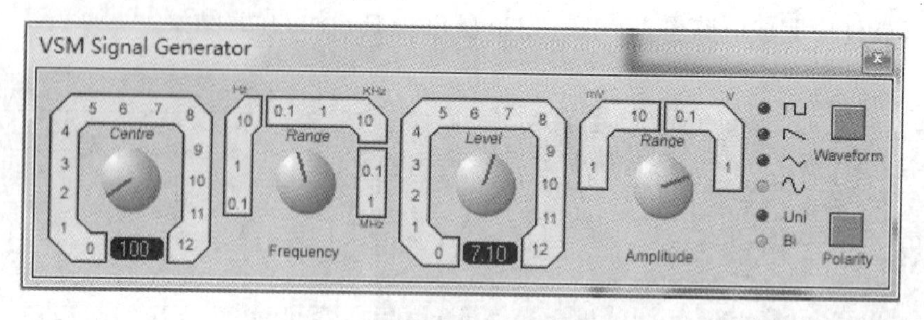


图 13.22　输入信号参数设定

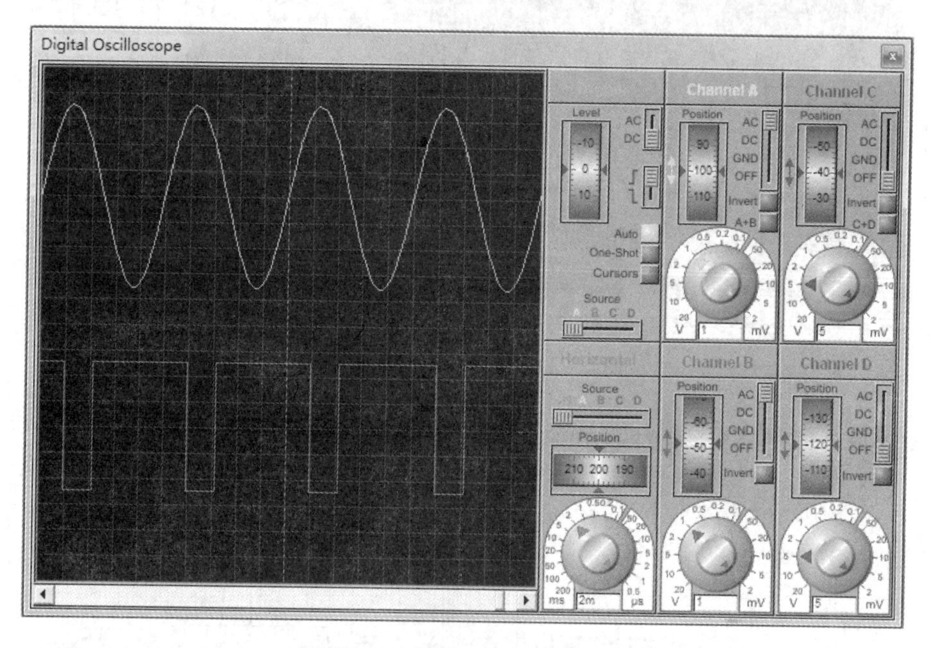


图 13.23　虚拟示波器观测结果

## 13.4　拓展提高

上一节学习了基于 555 定时器的脉冲波形产生和变换电路设计，本节设置了四个趣味实验，通过本节实验来实现如下**阶段性目标**：灵活应用 555 定时器设计电路。

本节的相关实验以 Proteus 仿真为主。在 Proteus 软件中，仿真实验所涉及的元器件及其所在的元件库可以参考表 13.2。

表 13.2　拓展提高实验所需元器件清单

| 器件名称 | 所在的库 | 说明 |
| --- | --- | --- |
| BATTERY | DEVICE | 电池组 |
| BUTTON | ACTIVE | 按钮开关 |
| RES | DEVICE | 电阻 |
| POT - HG | ACTIVE | 可变电阻 |

续表

| 器件名称 | 所在的库 | 说明 |
|---|---|---|
| TOUCH_LDR | ACTIVE | 光敏电阻 |
| CAP | DEVICE | 电容 |
| CAP-ELEC | DEVICE | 电解电容 |
| NPN | DEVICE | 三极管 |
| LED-GREEN | ACTIVE | 绿色发光二极管 |
| LAMP | ACTIVE | 电灯泡 |
| 1N4001 | DIODE | 整流二极管 |
| 1N4148 | DIODE | 开关二极管 |
| LOGICSTATE | ACTIVE | 逻辑状态 |
| LOGICPROBE | ACTIVE | 逻辑探针 |
| 555 | ANALOG | 555 定时器 |
| 4528 | CMOS | 单稳态触发器 |
| 4069 | CMOS | 非门 |
| RELAY | ACTIVE | 继电器 |

### 13.4.1　CD4528 应用

本实验利用 CD4528 实现时间延迟(定时)器,可用于演讲比赛或赛场中的倒计时场合。实验电路如图 13.24 所示。关于 CD4528 芯片,可在网络上搜索该芯片的器件手册,测试其功能。

电路原理:接通电源后,如图 13.24 所示两个单稳态触发器均处于稳定状态,输出端 Q 均为低电平,两个 LED 均熄灭。当按下按钮时,左边的单稳态触发器由稳态转换为暂稳态,Q 端口输出高电平,绿色的 LED 被点亮,表示比赛或演讲开始。经过一段时间后,单稳态触发器会由暂稳态自动返回到稳态,此时 Q 端口输出低电平,绿色的 LED 熄灭。而此时,右侧的单稳态触发器受触发而发生状态的翻转,红色的 LED 被点亮,表明倒计时结束。

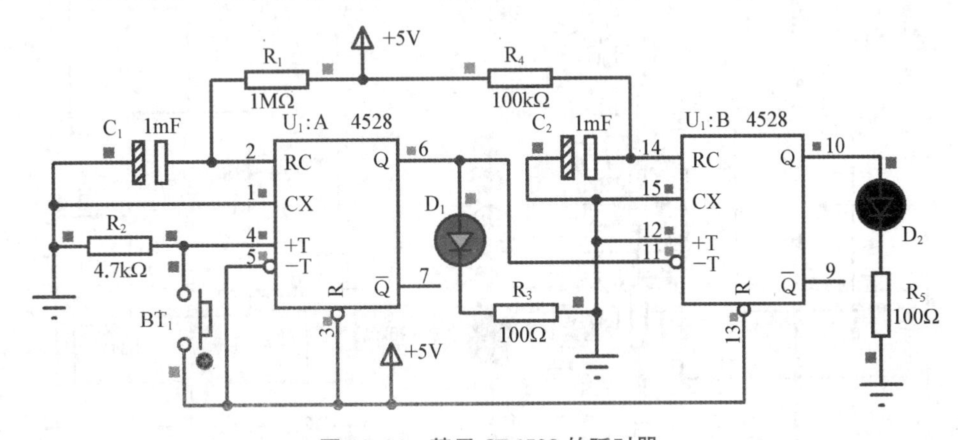

图 13.24　基于 CD4528 的延时器

实际的硬件电路中,延迟时间是由电阻 $R_1$ 和电容 $C_1$ 决定。而在 Proteus 软件仿真过程中,需要对延迟时间进行设定,如图 13.25 所示。

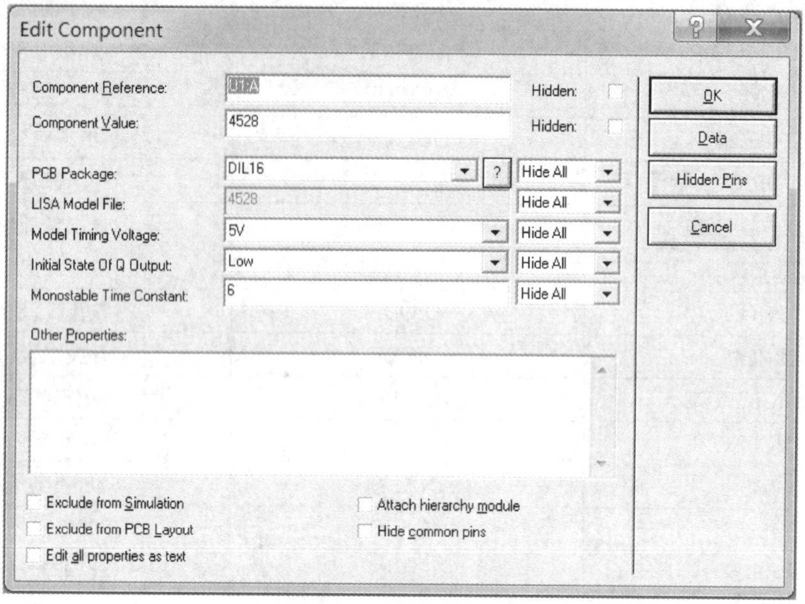

**图 13.25 CD4528 参数设置**

认真分析电路原理,搭建仿真电路并思考如下问题:

(1) 如何用一个单稳态触发器来实现上图所示时间延迟功能?

(2) 按照该芯片的真值表,如何用下降沿触发来实现上述电路功能?

(3) 如何实现倒计时结束后有声音提醒?

(4) 完成实验报告 5。

## 13.4.2 变色灯

本实验使用两个 555 定时器实现了简易变色灯电路,如图 13.26 所示。

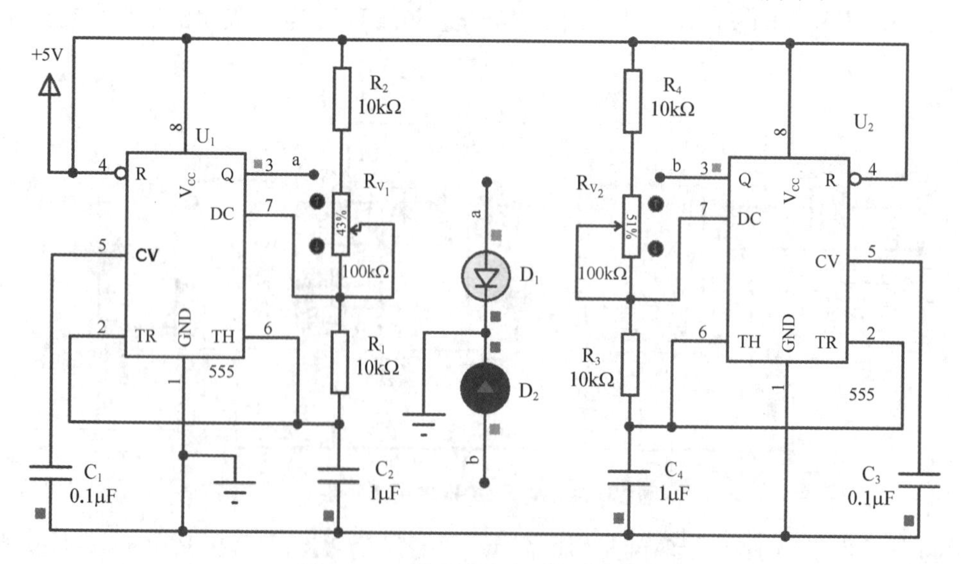


**图 13.26 基于 555 定时器的变色灯**

适当改变可变电阻使输出时钟信号频率有所不同，输出端分别接共阴极LED，红黄双色LED交替点亮、熄灭会产生颜色渐变的效果。在硬件实验平台搭建电路，注意直接将两路时钟信号模块的时钟信号接入共阴极数码管，调整时钟信号模块1的电位器来观察颜色渐变效果。

### 13.4.3 自动路灯控制系统

本实验实现了基于555定时器的路灯控制电路，如图13.27所示。认真分析电路原理，在Proteus软件中完成仿真并在硬件实验平台上搭建电路，具体步骤如下：

(1) 将555定时器放入锁紧座并固定。

(2) 选择光敏电阻模块，连同电位器一起接入到555定时器的2引脚。

(3) 555定时器的3引脚接入三极管开关模块。

(4) 三极管开关模块输出端接LED。

(5) 用物品遮住光敏电阻，适当调整电位器使LED发光，去掉遮挡物后LED熄灭。

(6) 完成实验报告6。

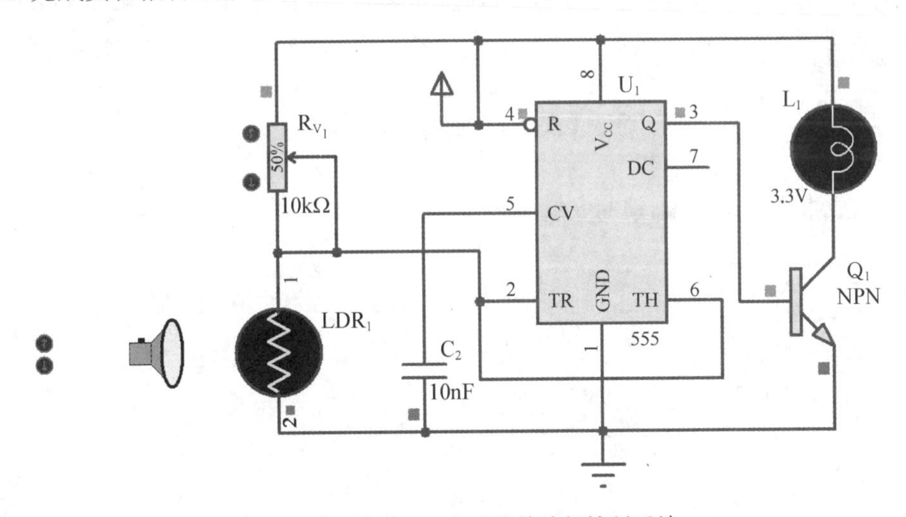


图13.27 基于555定时器的路灯控制系统

### 13.4.4 曝光定时器

本实验给出一款基于555芯片的曝光定时器，555芯片构成了一个单稳态触发器，如图13.28所示。当按钮闭合时，给555定时器一个触发，电路进入暂稳态，3引脚输出高电平，继电器线圈中有电流流过，继电器内部开关向左侧闭合，曝光灯被点亮，开始曝光。此时，555定时器7引脚所连接的内部放电管处于截止状态。(结合555定时器内部电路原理图思考这是为什么。)

电源通过电阻$R_1$为电容$C_1$进行充电，此时为曝光定时开始。当电容$C_1$上的电压上升至电源电压的2/3时，555定时器7引脚所连接的内部放电管饱和导通，电容$C_1$通过放电管进行放电。3引脚输出变为低电平，继电器释放，曝光灯熄灭，计时结束。曝光时间为：$1.1\times R_1\times C_1$。

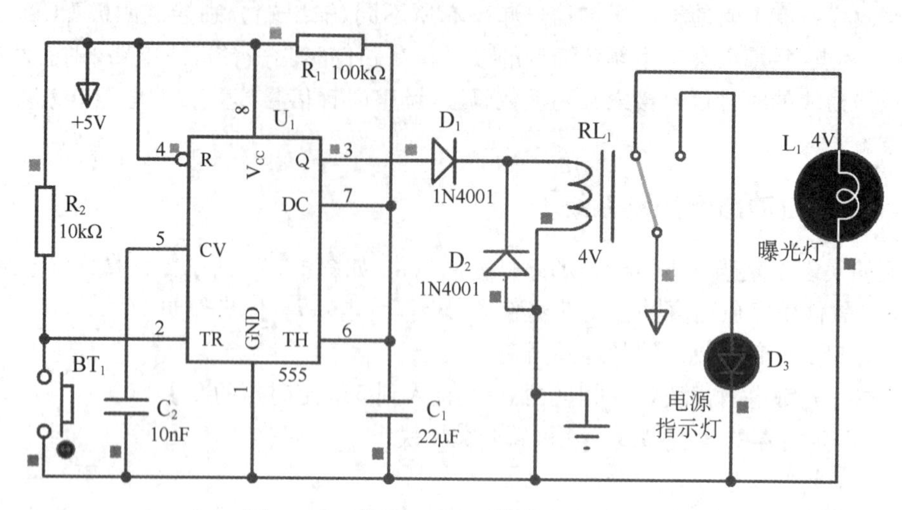


图 13.28 基于 555 定时器的曝光定时器

结合 555 定时器内部电路,认真分析曝光定时器原理,思考如何设计基于 555 定时器的楼道触摸感应灯?完成实验报告 7。

## 13.5 实验报告

认真完成本章相关实验,填写实验报告 1~7。

## 实验报告 1

（　　年　月　日）

| 学　　年 | | 选课课号 | | 课程名称 | |
| --- | --- | --- | --- | --- | --- |
| 学生姓名 | | 学　　号 | | 班　　级 | |
| 实验目的和原理 | **实验题目**:基于 555 定时器的时钟信号电路<br>**实验目的**:<br><br>**实验原理**: | | | | |
| 实验分析和结论 | 1. 输出时钟信号的频率与哪些元件参数有关？具体计算公式是什么？<br><br>2. 555 定时器内部由哪些核心部件构成？<br><br>3. 测试芯片 CD4026 的引脚功能,解释该芯片 14 引脚和 15 引脚的功能。 | | | | |

# 实验报告 2

（　　年　月　日）

<table>
<tr><td>学　　年</td><td></td><td>选课课号</td><td></td><td>课程名称</td><td></td></tr>
<tr><td>学生姓名</td><td></td><td>学　　号</td><td></td><td>班　　级</td><td></td></tr>
<tr><td>实验目的和原理</td><td colspan="5">实验题目:基于 555 定时器的双闪灯电路<br>实验目的:<br><br>实验原理:</td></tr>
<tr><td>实验分析和结论</td><td colspan="5">1. 简要叙述电路原理。<br><br>2. 如何控制 LED 的闪烁的频率?</td></tr>
</table>

## 实验报告 3

（　　年　月　日）

<table>
<tr><td>学　　年</td><td></td><td>选课课号</td><td></td><td>课程名称</td><td></td></tr>
<tr><td>学生姓名</td><td></td><td>学　　号</td><td></td><td>班　　级</td><td></td></tr>
<tr><td>实<br>验<br>目<br>的<br>和<br>原<br>理</td><td colspan="5">实验题目：基于 555 定时器的单稳态触发器<br>实验目的：<br><br>实验原理：</td></tr>
<tr><td>实<br>验<br>分<br>析<br>和<br>结<br>论</td><td colspan="5">1. 简要叙述电路的原理。<br><br><br>2. 图 13.14 中，电容 $C_1$ 和 $C_2$ 的作用是什么？</td></tr>
</table>

## 实验报告 4

（　　年　月　日）

| 学　　年 | | 选课课号 | | 课程名称 | |
|---|---|---|---|---|---|
| 学生姓名 | | 学　　号 | | 班　　级 | |
| 实验目的和原理 | **实验题目**:基于 555 定时器的多谐振荡器<br>**实验目的**:<br>**实验原理**: | | | | |
| 实验分析和结论 | 1. 简要叙述电路原理。<br>2. 如何控制输出波形的频率? | | | | |

## 实验报告 5

（　　年　月　日）

| 学　　年 | | 选课课号 | | 课程名称 | |
|---|---|---|---|---|---|
| 学生姓名 | | 学　　号 | | 班　　级 | |

<table>
<tr><td>实<br>验<br>目<br>的<br>和<br>原<br>理</td><td>实验题目：基于 CD4528 的延时器<br>实验目的：<br><br>实验原理：</td></tr>
<tr><td>实<br>验<br>分<br>析<br>和<br>结<br>论</td><td>1. 如何用一个单稳态触发器来实现上图所示时间延迟功能？<br><br>2. 按照该芯片的真值表，如何用下降沿来实现上述电路功能？<br><br>3. 如何实现倒计时结束后有声音提醒？</td></tr>
</table>

## 实验报告 6

（　　年　月　日）

<table>
<tr><td>学　　年</td><td></td><td>选课课号</td><td></td><td>课程名称</td><td></td></tr>
<tr><td>学生姓名</td><td></td><td>学　　号</td><td></td><td>班　　级</td><td></td></tr>
<tr><td>实验目的和原理</td><td colspan="5">实验题目：基于 555 定时器的路灯控制系统<br>实验目的：<br><br>实验原理：</td></tr>
<tr><td>实验分析和结论</td><td colspan="5">1. 简要叙述电路原理。<br><br>2. 如何用 PNP 型三极管来驱动灯泡 $L_1$？设计该电路。</td></tr>
</table>

## 实验报告 7

（　　年　月　日）

| 学　年 | | 选课课号 | | 课程名称 | |
|---|---|---|---|---|---|
| 学生姓名 | | 学　号 | | 班　级 | |

<table>
<tr><td>实验目的和原理</td><td>实验题目：曝光定时器<br>实验目的：<br><br>实验原理：</td></tr>
<tr><td>实验分析和结论</td><td>1. 简要叙述电路原理。<br><br>2. 在实际的硬件电路中，555 定时器 3 端口输出电压能驱动继电器吗？如果不能，该如何更改电路？画出电路图。<br><br>【微信扫码】<br>实验分析与解答</td></tr>
</table>

# 第14章

# 模-数和数-模转换

## 14.1 内容简介

数-模和模-数转换是模拟电路和数字电路信号传递的桥梁，在现代电子系统中起到重要的作用。本章进行数-模和模-数转换的相关实验，通过本章实验使学生理解数-模和模-数转换的基本原理，测试数-模和模-数转换芯片的外围引脚和功能，能够进行简单的数-模和模-数转换电路的设计。

**理论知识：**

(1) 了解数字控制系统；

(2) 理解数-模和模-数转换的基本原理；

(3) 掌握倒T型电阻网络DAC的电路结构及原理；

(4) 掌握并联比较型ADC的电路结构及原理。

**专业技能：**

(1) 具备电路分析与设计的能力；

(2) 能够应用仿真软件进行电路设计。

**能力素质：**

(1) 通过本章实验来提高学生动手技能，使学生具备发现问题、分析问题和解决问题的能力；

(2) 培养学生查阅芯片手册的能力；

(3) 通过对电路的分析和设计培养学生的工程实践能力；

(4) 培养学生实事求是、严肃认真的科学作风和良好的实验习惯。

本章实验以Proteus仿真为主。

# 14.2　夯实基础

本节进行模-数和数-模转换试验电路的搭建，通过本节的一系列实验来完成如下**阶段性目标**：通过实验理解数-模和模-数转换的基本原理，能够使用 EDA 软件来搭建电路，并进行功能性的验证。

本节的相关实验采用 Proteus 仿真来完成。在 Proteus 软件中，仿真实验所涉及的元器件及其所在的元件库可以参考表 14.1。

**表 14.1　夯实基础实验所需元器件清单**

| 器件名称 | 所在的库 | 说明 |
| --- | --- | --- |
| BATTERY | DEVICE | 电池组 |
| BUTTON | ACTIVE | 按钮开关 |
| RES | DEVICE | 电阻 |
| POT - HG | ACTIVE | 可变电阻 |
| CAP | DEVICE | 电容 |
| LED - RED | ACTIVE | 红色发光二极管 |
| LOGICSTATE | ACTIVE | 逻辑状态 |
| LOGICPROBE | ACTIVE | 逻辑探针 |
| 4069 | CMOS | 非门 |
| 4071 | CMOS | 二输入或门 |
| 4081 | CMOS | 二输入与门 |
| OPAMP | DEVICE | 集成运放 |
| VSOURCE | ASIMMDLS | 理想电压源 |
| 7SEG - COM - CAT - GRN | DISPLAY | 共阴极数码管 |
| 7SEG - COM - AN - GRN | DISPLAY | 共阳极数码管 |

## 14.2.1　倒 T 型电阻网络 DAC

本实验在 Proteus 软件中实现倒 T 型电阻网络 DAC 的仿真，具体电路如图 14.1 所示。通过本实验重点理解数-模转换的基本原理。

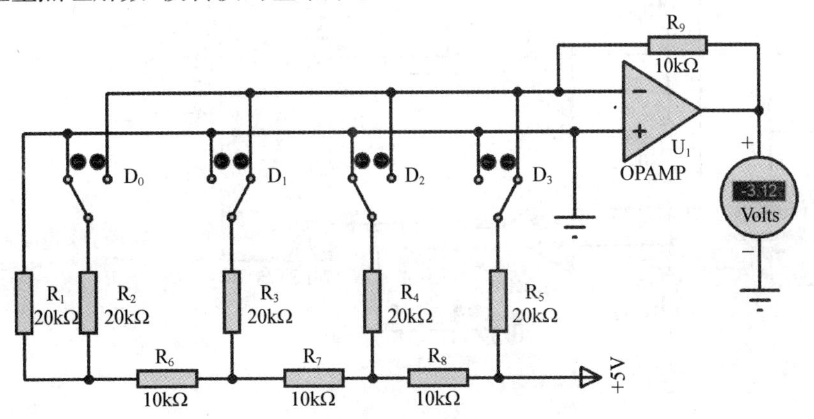


**图 14.1　倒 T 型电阻网络 DAC 电路图**

通过仿真，回答如下问题：

(1) 根据电路分析输出电压计算公式。

(2) 如何使 DA 输出电压为正值？

(3) 改变电阻阻值，例如两种阻值设定为 10 kΩ 和 5 kΩ，输出电压有变化吗？

(4) 根据仿真结果填写表 14.2，同时结合上一步骤的计算表达式，看是否有误差？注意，开关与左侧相连接代表输入 0，与右侧相连代接表输入 1；$D_0$ 表示低位，$D_1$ 表示高位。

表 14.2 数-模转换结果

| $D_3$ | $D_2$ | $D_1$ | $D_0$ | 输出(V) |
|---|---|---|---|---|
| 0 | 0 | 0 | 0 | |
| 0 | 0 | 0 | 1 | |
| 0 | 0 | 1 | 0 | |
| 0 | 1 | 1 | 1 | |
| 1 | 0 | 1 | 0 | |
| 1 | 1 | 1 | 1 | |

(5) 完成八位倒 T 型电阻网络 DAC 电路的设计，并完成实验报告 1。

### 14.2.2 并联比较型 ADC

本实验在 Proteus 软件中实现并联比较型 ADC 的仿真，具体电路如图 14.2 所示。通过本实验重点理解模-数转换的基本原理。

图 14.2 所示是两位 ADC 的电路图，实际应用中模-数转换器是没有两位的，通常至少

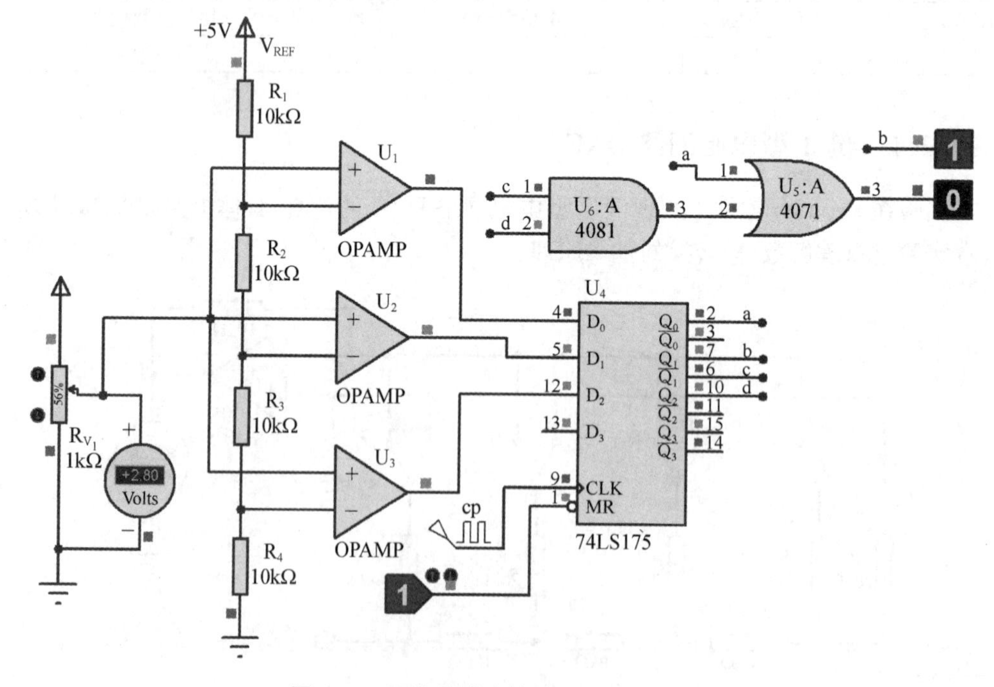


图 14.2 两位并联比较型 ADC 电路原理

是八位的。本实验采用图 14.2 所示的电路主要目的是用最简单的电路来呈现并联比较型 ADC 的基本原理。以下是该电路的具体设计过程。

并联比较型 ADC 电路通常是由电压比较器、寄存器和代码转换电路三部分组成。假设电路的参考电压为 $V_{REF}$，该 ADC 将输入为 $0\sim V_{REF}$间的模拟电压量化输出为两位二进制代码 $d_1d_0$。

4 个阻值相同的电阻串联将基准电压 $V_{REF}$分成 $1/4\sim 3/4V_{REF}$三个参考电压，对应参考电压分别接的三个电压比较器的反相输入端。待转换的输入电压同时接到三个电压比较器的同相输入端，与参考电压比较。电压比较的结果输入寄存器(D 触发器)中保存。接下来进行编码，具体见表 14.3。

**表 14.3　并联比较型 DAC 编码表**

| 输入电压 $u_i$ | 电压比较结果 | | | 编码输出 | |
|---|---|---|---|---|---|
| | $C$ | $B$ | $A$ | $Y_1$ | $Y_0$ |
| $0\leqslant u_i<1/4V_{REF}$ | 0 | 0 | 0 | 0 | 0 |
| $1/4V_{REF}\leqslant u_i<1/2V_{REF}$ | 0 | 0 | 1 | 0 | 1 |
| $1/2V_{REF}\leqslant u_i<3/4V_{REF}$ | 0 | 1 | 1 | 1 | 0 |
| $3/4V_{REF}\leqslant u_i<V_{REF}$ | 1 | 1 | 1 | 1 | 1 |

接下来对电压比较的结果进行编码，也就是设计一款三线-二线编码器。对于 $Y_1$，用卡诺图进行化简，如图 14.3 所示。

| $C$ \ $BA$ | 00 | 01 | 11 | 10 |
|---|---|---|---|---|
| 0 | 0 | 1 | 0 | × |
| 1 | × | × | 1 | × |

**图 14.3　编码输出 Y0 的卡诺图**

由图 14.3 很容易得到如下逻辑表达式：$Y_0=A\overline{B}+C$。由表 14.3 很容易得到 $Y_1=B$。这样，用一个与门和一个或门便可实现编码电路。认真分析上述电路原理，设计三位并联比较型 ADC 电路，完成实验报告 2。

## 14.3　跟踪训练

本小节的**阶段性目标**：了解 ICL7107 芯片，通过仿真实验掌握基于 ICL7107 数字电压表的基本原理。

ICL7107 是三位半双积分型 A/D 转换器，包含七段译码器、显示驱动器、参考源和时钟系统；它的最大显示值为±1 999，最小分辨率为 100 μV；若驱动数码管，应采用共阳极类型的 LED 数码管；采用±5 V 双电源供电。关于该芯片的详细参数及典型应用可以上网查阅其芯片手册。

图 14.4 所示是基于 ICL7107 的数字电压表原理图，图中电压源 $V_2$ 经电位器 $R_{V_2}$ 分压后作为被测量电压(电压表显示输出电压)。四个数码管显示经 ICL7107 芯片模-数转换后的电压值，红色数码管显示整数部分，三个绿色数码管显示小数部分。用 Proteus 对该电路进行仿真。

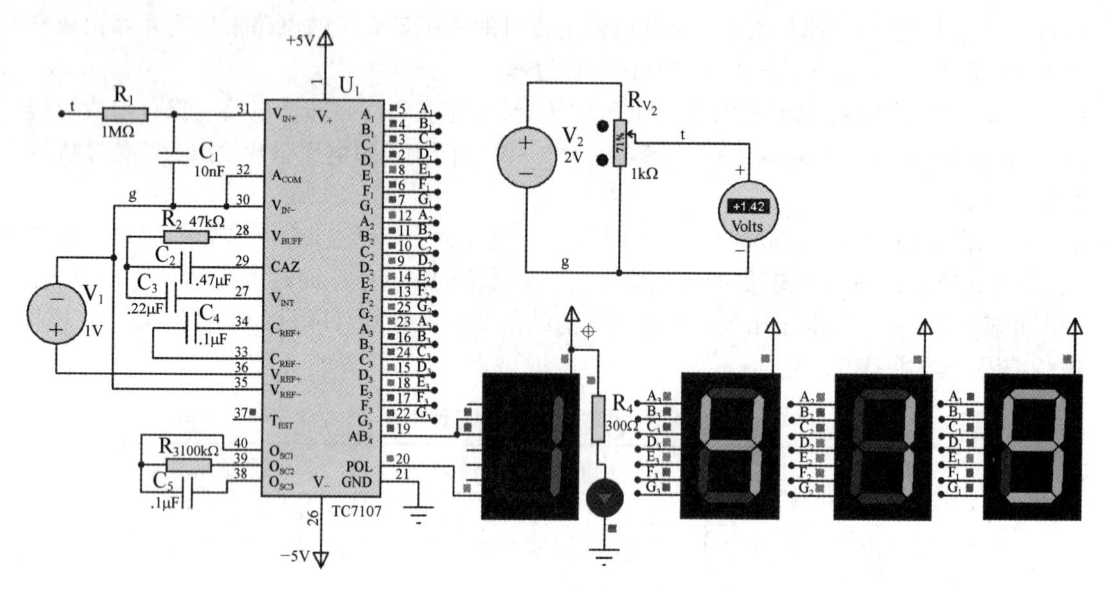


图 14.4　基于 ICL7107 的数字电压表电路图

认真分析上述电路，查阅 ICL7107 芯片的 datasheet，根据芯片手册上提供的信息思考如何用单电源供电来实现电压表的功能，完成实验报告 3。

## 14.4　实验报告

认真完成本章相关实验，填写实验报告 1～3。

## 实验报告 1　　　　　　　　（　　年　月　日）

<table>
<tr><td>学　年</td><td></td><td>选课课号</td><td></td><td>课程名称</td><td></td></tr>
<tr><td>学生姓名</td><td></td><td>学　号</td><td></td><td>班　级</td><td></td></tr>
<tr><td>实验目的和原理</td><td colspan="5">实验题目：八位倒 T 型电阻网络 DAC 电路设计<br>实验目的：<br><br>实验原理：</td></tr>
<tr><td>实验分析和结论</td><td colspan="5">1. 给出实验电路并简要说明电路原理。<br><br>2. 根据电路分析输出电压计算公式。<br><br>3. DAC 输出的精度与哪些参数有关？</td></tr>
</table>

## 实验报告 2

（　　年　月　日）

| 学　　年 | | 选课课号 | | 课程名称 | |
| --- | --- | --- | --- | --- | --- |
| 学生姓名 | | 学　　号 | | 班　　级 | |
| 实验目的和原理 | **实验题目**：三位并联比较型 ADC 电路设计<br>**实验目的**：<br><br>**实验原理**： | | | | |
| 实验分析和结论 | 1. 给出实验电路并简要说明电路原理。<br><br>2. 按照 14.2.2 节中两位 ADC 的设计思路，给出三位 ADC 电路设计的详细步骤。 | | | | |

## 实验报告3

（　　年　月　日）

| 学　　年 | | 选课课号 | | 课程名称 | |
|---|---|---|---|---|---|
| 学生姓名 | | 学　　号 | | 班　　级 | |
| 实验目的和原理 | **实验题目：**单电源供电数字电压表设计<br>**实验目的：**<br><br>**实验原理：** | | | | |
| 实验分析和结论 | 1. 如何用单电源供电的方式来实现电压表的功能？<br><br>2. 图14.4中使用的是共阳极数码管，若用共阴极数码管来显示，那么这个电路应如何更改？ | | | | |

【微信扫码】
实验分析与解答

# 第15章 数字电路综合实验

本章给出了一些趣味性十足的综合性实验，目的是提高学生的综合分析、设计能力。通过本章实验，可提高学生对基本实验技能的运用，使学生掌握有关电路参数及电子电路的内在规律，掌握数字电路的知识并能灵活应用。

## 15.1 具有显示功能的四位二进制加法器

### 一、实验目的

1. 掌握集成逻辑门、加法器、显示译码器等电子电路的综合应用；
2. 测试具有显示功能的四位二进制加法器的电路架构；
3. 掌握简单组合逻辑电路系统的设计、调试及故障排除方法。

### 二、实验原理及设计思路分析

本实验是对10.2.1、10.3.5和10.4.2节实验的一个大综合，是以加法电路为载体，将加数（四位二进制数）、被加数（四位二进制数）以及求和结果（五位二进制数）各用两位数码管来显示。整个系统架构如图15.1所示。

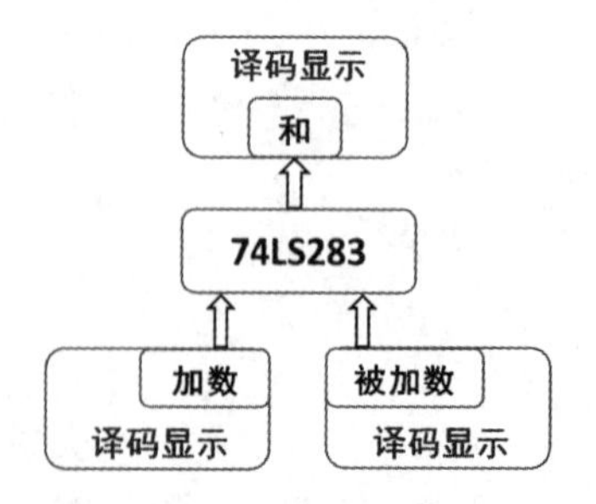


图15.1 具有显示功能的加法器系统架构

设计思路：首先，设计四位二进制数的显示电路，这部分内容前面已经完成。接下来，设计五位二进制数的译码显示电路，也就是如何用两位数码管来显示0、1、2、……、30这几个数。可以使用二进制数－BCD 编码转换芯片 74LS185，但是 Proteus 没有该芯片的仿真模型。可以使用组合逻辑电路的设计方法来实现。最后，将加数、被加数以及求和结果三路数据分别接到 74LS283 芯片和显示译码器上，最终完成电路设计。

图 15.2 所示是用面包板搭建的显示加法器硬件电路。拨码开关上面的 LED 为输入电平指示，点亮表示高电平、熄灭表示低电平。同时，加数和被加数分别由左边的两组数码管显示，求和结果由右侧的一组数码管显示。二进制数- BCD 编码使用的是 74LS185 芯片。四位二进制数的显示电路采用“＋6”操作来实现。

**图 15.2　具有显示功能的加法器硬件电路**

使用 Proteus 软件完成该电路的设计并给出仿真结果，填写综合实验报告 1。

## 综合实验报告 1

（　　年　月　日）

| 学生姓名 | | 学　　号 | | 班　　级 | |
|---|---|---|---|---|---|
| 实验目的和原理 | **实验题目**：具有显示功能的四位二进制加法器<br>**实验目的**：<br><br>**实验原理**： | | | | |
| 实验分析和结论 | 1. 给出电路的设计思路及具体设计步骤。<br><br>2. 画出 Proteus 实验电路。 | | | | |

# 15.2　双向双色流水灯

## 一、实验目的

1. 掌握集成逻辑门、译码器、触发器、计数器等电子电路的综合应用；
2. 理解双向双色流水灯的电路架构；
3. 掌握简单时序逻辑电路系统的设计、调试及故障排除方法。

## 二、实验原理及设计思路分析

本实验是12.4.4节中双向流水灯电路的一个“升级”，该电路仍然是以流水灯电路为载体，但是要求当LED从左向右“流水”时，是红色LED依次点亮；当LED从右向左“流水”时，是蓝色LED依次点亮。

根据电路所具备的功能，此电路应包含可逆计数器(用于加法和减法计数)、触发器(用于控制可逆计数器是进行加法计数还是减法计数)、译码器(驱动LED)、以及模拟电子开关。模拟电子开关用CD4053芯片，自学该芯片的datasheet，掌握芯片的使用方法。模拟电子开关是连接译码输出与共阴极数码管的桥梁，思考一下具体该如何连接。

图15.3所示是一款双色流水灯硬件电路。

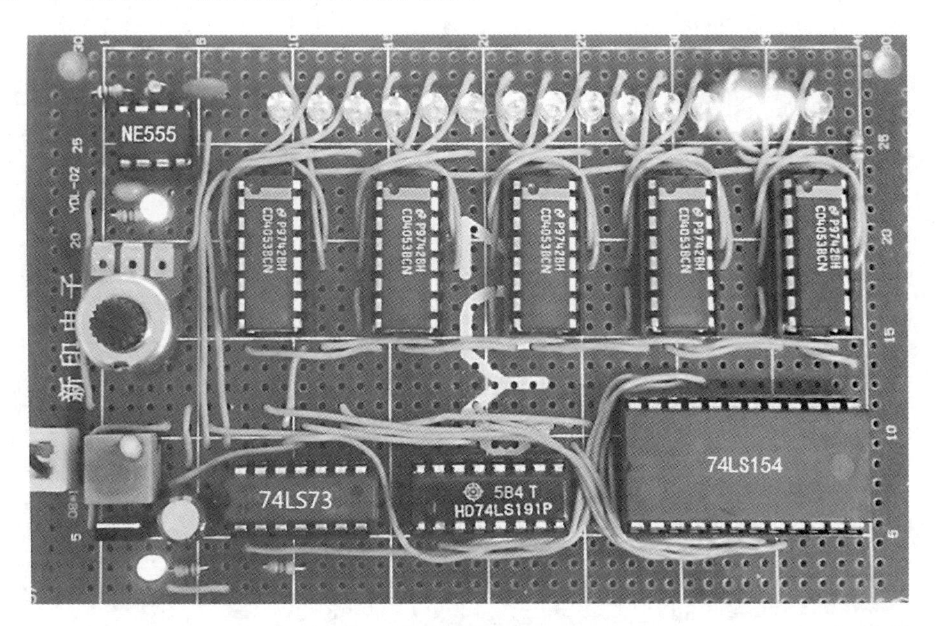


图15.3　双色双向流水灯电路

在Proteus中完成该电路的仿真设计。在实验平台上，选取可逆计数器模块(CD4029)、触发器模块(74LS74)、模拟电子开关模块(CD4053)、译码器模块(CD4028)和双色LED模块来搭建电路。完成综合实验报告2。

## 综合实验报告 2

（　　年　月　日）

<table>
<tr><td>学生姓名</td><td></td><td>学　　号</td><td></td><td>班　　级</td><td></td></tr>
<tr><td>实<br>验<br>目<br>的<br>和<br>原<br>理</td><td colspan="5">实验题目：双向双色流水灯设计<br>实验目的：<br><br>实验原理：</td></tr>
<tr><td>实<br>验<br>分<br>析<br>和<br>结<br>论</td><td colspan="5">1. 写出具体的实验步骤。<br><br>2. 画出实验电路图。</td></tr>
</table>

# 15.3 数字时钟

## 一、实验目的

1. 掌握集成逻辑门、译码器、触发器、计数器等电子电路的综合应用；
2. 理解数字电子钟的电路架构；
3. 掌握简单时序逻辑电路系统的设计、调试及故障排除方法。

## 二、实验原理及设计思路分析

本实验搭建数字电子钟电路，该电路的架构如图15.4所示。主要由时钟信号单元、计数单元、显示译码单元构成。

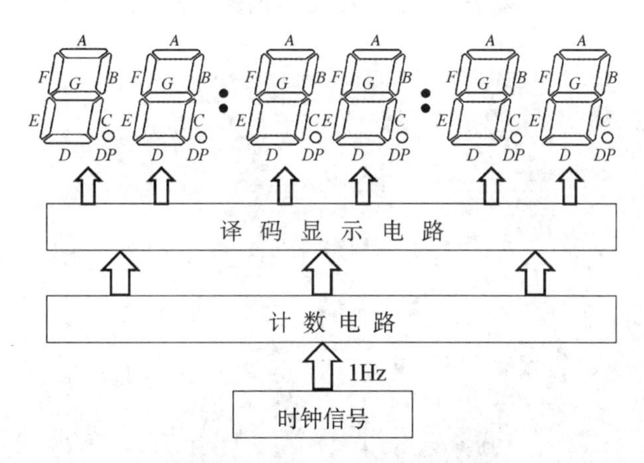


图15.4 数字电子钟系统框图

时钟信号单元有两种实现方案，一种是用555定时器来生成1Hz信号，结构简单，但频率精度低；另一种是使用32 768 Hz晶振，然后经过CD4060芯片进行14级分频得到2 Hz信号，再经过74LS74芯片分频便得到标准的1 Hz时钟信号。这部分电路的设计涉及触发器、脉冲波形的产生与变换以及分频计数等相关知识。

计数电路单元主要是二十四进制和六十进制计数器的设计，这是典型的时序逻辑电路的内容。计数器采用74LS161芯片，通过适当的基础逻辑门电路，应用复位法和置位法来实现任意进制计数器的设计。计数器单元的设计灵活度大，实现的方案比较多，可以用芯片74LS161、CD4518或者CD4029。

显示译码单元主要是由显示译码器来驱动数码管来实现，这部分内容是典型的组合逻辑电路分析设计的内容。采用CD4543芯片来驱动共阴极数码管。

这里，数字钟还要有校时电路，能够对小时位、分位和秒位进行校时，思考一下如何设计校时电路，还要加入整点报时功能。

图15.5～15.7所示是不同架构的数字电子钟。图15.5所示是采用CD4026芯片为核心元件实现的数字钟；图15.6所示是以74LS161芯片作为计数单元的数字钟。当然，也可以采用数字硬件平台上的CD4518芯片，如图15.7所示。

完成本单元设计并填写综合实验报告 3。

图 15.5　基于 CD4026 的数字电子钟

图 15.6　基于 74LS161 的数字电子钟

图 15.7　基于 CD4518 的数字电子钟

## 综合实验报告 3

（ 年 月 日）

<table>
<tr><td>学生姓名</td><td></td><td>学 号</td><td></td><td>班 级</td><td></td></tr>
<tr><td>实验目的和原理</td><td colspan="5">实验题目：数字电子钟电路<br>实验目的：<br><br>实验原理：</td></tr>
<tr><td>实验分析和结论</td><td colspan="5">1. 选定计数器芯片的型号，写出具体的设计思路。<br><br>2. 画出二十四进制计数器的电路图。<br><br>3. 如何增加整点报时功能？画出具体的电路图。</td></tr>
</table>

# 15.4 爆闪灯

## 一、实验目的

1. 掌握555定时器、计数器、三极管开关电路等电子电路的综合应用;
2. 理解爆闪灯的电路原理;
3. 掌握模拟和数字混合电路系统的设计、调试及故障排除方法。

## 二、实验原理及设计思路分析

本实验搭建基于CD4017的数字爆闪灯电路,该电路的架构如图15.8所示。主要由时钟信号单元、计数分配电路单元、LED点阵显示单元构成。

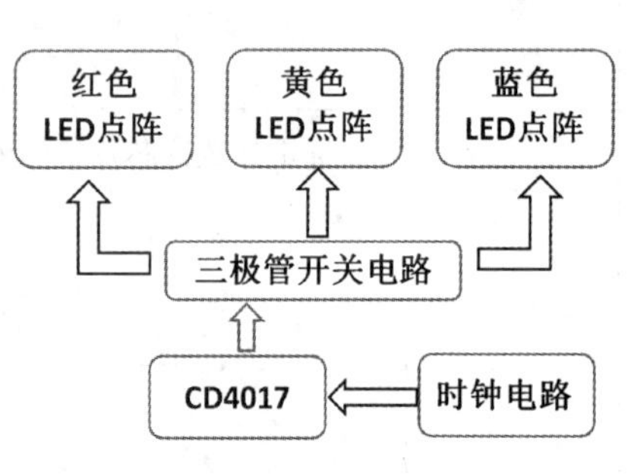


图15.8 爆闪灯电路框图

时钟电路是由555定时器产生,可以采用实验平台的时钟电路。时钟信号接入到CD4017芯片,计数器的第1、3、5三个脉冲到来时,芯片输出端$Q_0$、$Q_2$、$Q_4$依次输出高电平,要求蓝色LED闪亮3次;第2、3、6三个脉冲到来时,芯片输出端$Q_1$、$Q_3$、$Q_5$依次输出高电平,红色LED闪亮3次,当第7、8、9三个脉冲到来时黄色LED闪亮,蓝色、红色和黄色LED依次循环交替闪亮。图15.9所示是在面包板上搭建的该电路。完成爆闪灯电路的设计,填写综合实验报告4。

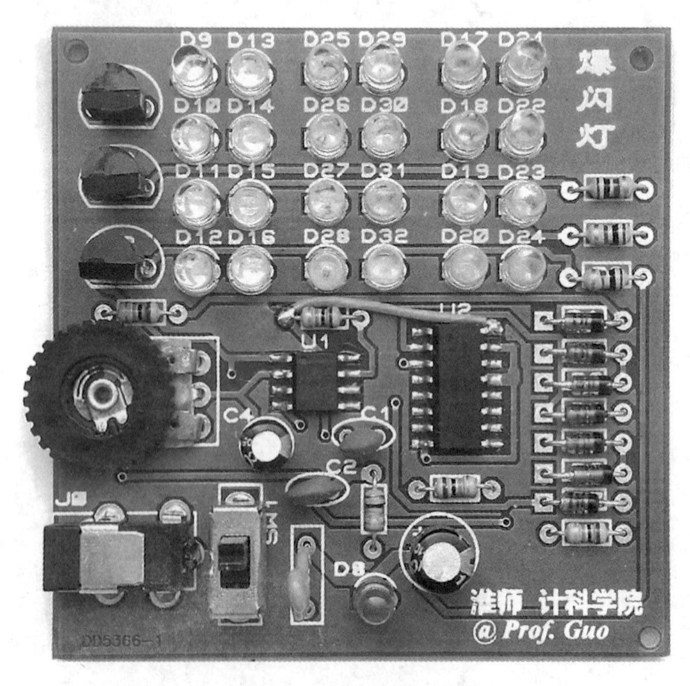


图15.9 爆闪灯硬件电路

## 综合实验报告4

（　　年　月　日）

<table>
<tr><td>学生姓名</td><td></td><td>学　　号</td><td></td><td>班　　级</td><td></td></tr>
<tr><td>实验目的和原理</td><td colspan="5">实验题目:爆闪灯电路设计<br>实验目的:<br><br>实验原理:</td></tr>
<tr><td>实验分析和结论</td><td colspan="5">1. 查阅CD4017芯片的器件手册,简要叙述该芯片的功能。<br><br>2. 爆闪灯电路中,哪部分电路属于模拟电路,哪部分电路属于数字电路,这两部分电路是如何连接的?<br><br>3. 完成Proteus仿真电路的设计。</td></tr>
</table>

# 15.5 数字交通灯

## 一、实验目的

1. 掌握计数器、触发器、译码器的综合应用；
2. 理解数字交通灯电路的原理。

## 二、实验原理及设计思路分析

如图 15.10 所示，该电路由计时模块、时钟模块、主控模块、信号灯驱动模块构成。

主控模块由两个 D 触发器组成，控制器是交通灯的核心，控制各个状态之间的转换和交通信号灯的转换。信号灯驱动电路由门电路组成，根据状态 $Q_1Q_0$ 的不同输出值，而控制不同信号灯的亮灭。定时器显示模块电路由两个 CD4029 计数器构成减计数器，计数输出接入 CD4543 驱动数码管显示。时钟脉冲信号发生器主要由 555 定时器构成。图 15.11 所示是数字交通灯的硬件电路。设计该电路，并完成综合实验报告 5。

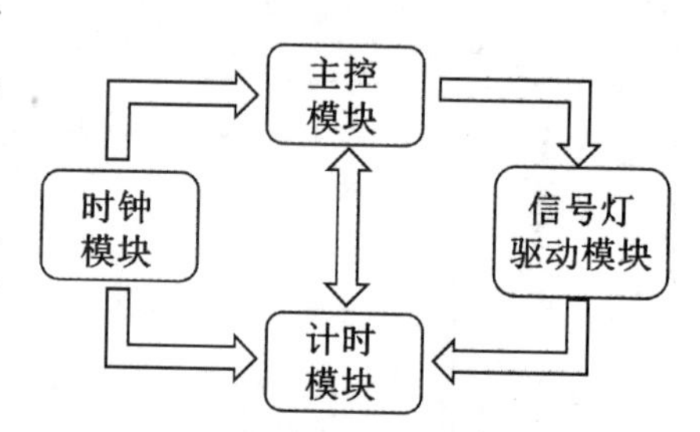


图 15.10 数字交通灯系统框图

图 15.11 数字交通灯硬件电路

## 综合实验报告5

（ 年 月 日）

<table>
<tr><td>学生姓名</td><td></td><td>学　　号</td><td></td><td>班　　级</td><td></td></tr>
<tr><td>实验目的和原理</td><td colspan="5">实验题目：数字交通灯设计<br>实验目的：<br><br>实验原理：</td></tr>
<tr><td>实验分析和结论</td><td colspan="5">1. 写出数字交通灯系统的具体设计思路。<br><br>2. 在图15.10系统框图中加入倒计时结束（即黄灯闪烁）时的声音提醒功能。<br><br>3. 完成Proteus仿真并画出电路图。</td></tr>
</table>

# 15.6 数字电梯系统

## 一、实验目的

1. 本实验完成数字电梯系统(楼层为 0～9)的设计;
2. 掌握计数器、编码器和数值比较器的综合应用。

## 二、实验原理及设计思路分析

图 15.12 所示是数字电梯的系统框图。该系统主要由计数模块、比较模块、按键编码模块和时钟模块构成。

计数模块主要是对当前楼层进行计数,由 CD4029 芯片完成加法计数(上楼)和减法计数(下楼),计数输出接 CD4543 芯片来驱动数码管。楼层按键需要编码模块来实现,这是典型的组合逻辑电路,也就是设计十线-四线编码器。比较模块是一个四位的数值比较器,所用芯片为 74LS85,该芯片对当前楼层数和按键编码的结果进行比较,比较的结果来决定计数器是进行加法计数还是进行减法计数。整个电路的时钟是由 555 定时器来实现。

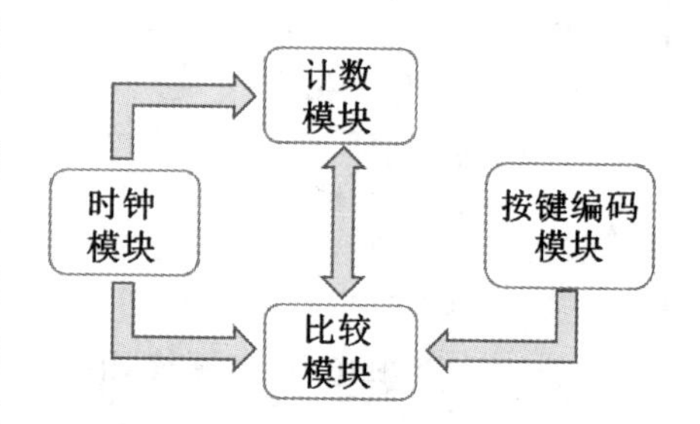


图 15.12 数字电梯系统框图

图 15.13 所示为该系统的硬件电路板。设计该电路,完成综合实验报告 6。

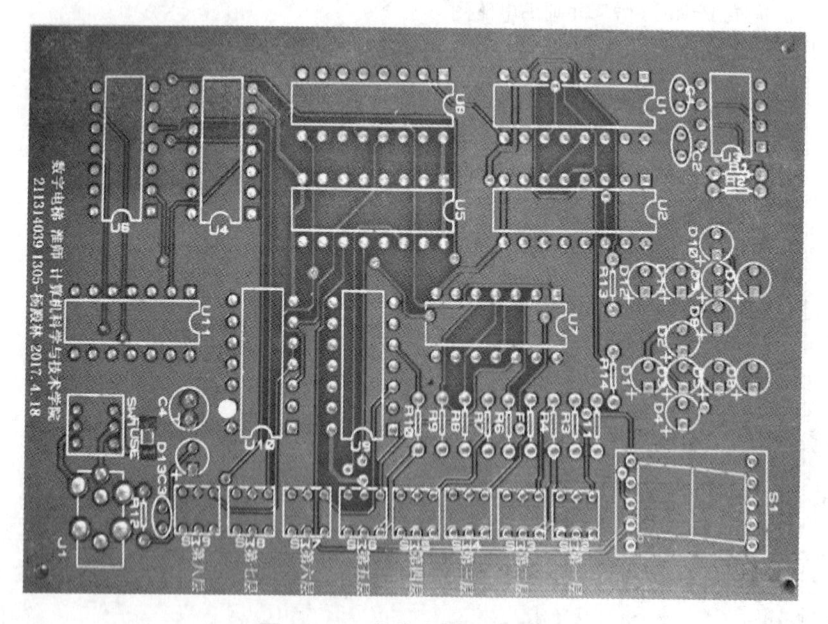


图 15.13 数字电梯系统 PCB

## 综合实验报告 6　　　　（　年　月　日）

<table>
<tr><td>学生姓名</td><td></td><td>学　　号</td><td></td><td>班　　级</td><td></td></tr>
<tr><td>实验目的和原理</td><td colspan="5">实验题目：数字电梯系统设计<br>实验目的：<br><br>实验原理：</td></tr>
<tr><td>实验分析和结论</td><td colspan="5">1. 画出图 15.12 框图所对应的电路图，完成 Proteus 仿真。<br><br>2. 若实现楼层为 0～15 的电梯系统设计，该如何更改上述电路，写出具体实验步骤。</td></tr>
</table>

# 15.7 汽车尾灯控制电路

## 一、实验目的

1. 本实验完成汽车尾灯控制电路的设计；
2. 掌握移位寄存器、编码器、计数器和触发器的综合应用。

## 二、实验原理及设计思路分析

汽车尾灯由四盏 LED 构成，并用三个开关作为转弯信号源：一个开关用于指示左转弯，一个开关用于指示右转弯，还有一个开关用于刹车指示。具体要求如下：汽车左转时，左边三个灯循环点亮；汽车右转时，右边三个灯循环点亮；当汽车刹车时，所有灯同时闪烁。

图 15.14 所示是该系统框图。该系统主要由序列发生模块：产生“1000”序列，用于 LED 从左向右或从右向左依次点亮；分频模块：将时钟信号进行二分频，作为刹车时 LED 闪烁的信号源；开关：单刀三掷开关。使用双向移位寄存器、计数器、译码器来设计电路。

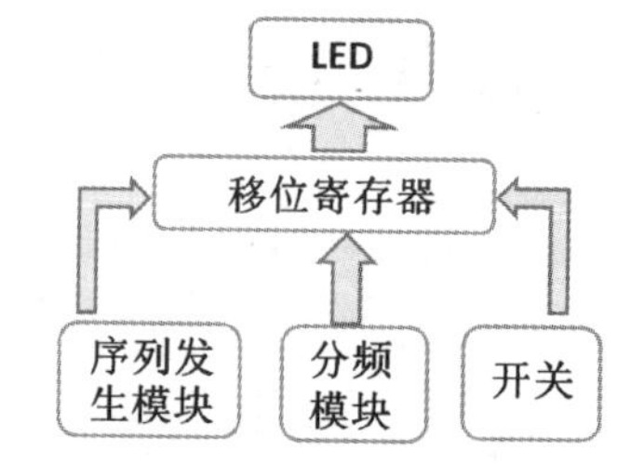


图 15.14 汽车尾灯控制系统框图

图 15.15 所示为该系统的硬件电路。在 Proteus 软件中设计该电路，完成综合实验报告 7。

图 15.15 汽车尾灯控制电路

## 综合实验报告 7

（　　年　月　日）

<table>
<tr><td>学生姓名</td><td></td><td>学　　号</td><td></td><td>班　　级</td><td></td></tr>
<tr><td>实<br>验<br>目<br>的<br>和<br>原<br>理</td><td colspan="5">实验题目：汽车尾灯控制电路设计<br>实验目的：<br><br>实验原理：</td></tr>
<tr><td>实<br>验<br>分<br>析<br>和<br>结<br>论</td><td colspan="5">1. 画出序列发生模块的电路图。<br><br>2. 若该汽车尾灯电路是由八盏 LED 构成，改电路如何设计？给出具体的设计思路。</td></tr>
</table>

# 15.8 数字拔河游戏机

## 一、实验目的

1. 本实验完成数字拔河游戏机电路的设计；
2. 掌握计数器、译码器的综合应用。

## 二、实验原理及设计思路分析

本实验完成拔河游戏机趣味电路的设计，图 15.16 所示是该系统框图。该系统主要由可逆计数模块、译码模块、时钟模块和数码管显示模块构成。

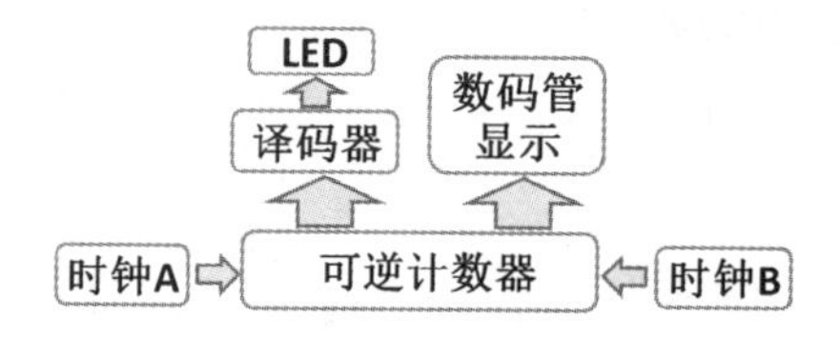


图 15.16 数字拔河机电路系统框图

可逆计数器采用 74LS193 芯片，该芯片是四位二进制可逆计数器，加法计数和减法计数时钟端口是分开的。两位选手通过按动轻触按键来产生时钟信号并接入到可逆计数器。计数的结果通过 74LS154 芯片进行译码并驱动十六盏 LED。每位选手拥有八盏 LED，谁先使终点位置的 LED 点亮谁就获胜，同时数码管进行一次计数。当某一方先使终点位置的 LED 点亮时，计数器输出结果会被锁定，便于判断胜负。因此，对于选手来说，按得越快，获胜的可能越大。图 15.17 所示为该系统的硬件电路。设计该电路，完成综合实验报告 8。

图 15.17 数字拔河游戏机硬件电路

## 综合实验报告 8

（　　年　月　日）

| 学生姓名 | | 学　　号 | | 班　　级 | |
|---|---|---|---|---|---|
| 实验目的和原理 | **实验题目**：数字拔河游戏机设计<br>**实验目的**：<br><br>**实验原理**： | | | | |
| 实验分析和结论 | 1. 查阅 74LS193 芯片的器件手册，测试该芯片，说明该芯片的主要性能指标。<br><br>2. 简要叙述时钟信号发生电路的具体设计思路。画出电路图。<br><br>3. 电路中增加获胜选手的声音提醒功能，简要叙述设计思路。 | | | | |

【微信扫码】
实验分析与解答

# 附　录

## 附录 1　硬件实验平台简介

本实验平台总结了多年的教学实践经验基础上开发设计而成。图 1 所示是该平台的 PCB。该平台由 LED 显示模块、LED 点阵模块、四位数码管显示模块、模拟电子开关模块、基础及复合逻辑门模块、显示译码模块、可逆计数器模块、二进制计数器模块、十进制计数器模块、时钟信号模块、三极管多级放大电路模块、开关模块、电位器模块、拨码开关模块、轻触按键模块、D 触发器模块、JK 触发器模块、电阻模块、电容模块、二极管模块、三极管开关模块、蜂鸣器模块、红外接收模块、话筒模块、光敏电阻模块以及面包板模块构成。

图 1　电子技术基础硬件实验平台

该实验平台系统主要参数如下：

(1) 电路板尺寸:22×15 cm,携带方便,方便课堂教学互动。

(2) 采用 USB 接口供电,实验课上可以用电脑的 USB 接口供电,也可以用移动电源供电,配有 USB 电源线,电源电压 5 V,静态电流小于 20 mA。

(3) 时钟信号源:有两组,一组为标准的 1Hz 时钟信号;一组信号为时钟频率输出可调。

(4) 提供一组 4 位 BCD 码 LED 显示模块,显示译码芯片为 CD4543 和 CD4511。

(5) 面包板区域由三组 20 PIN 的锁紧座和圆孔排母构成。

(6) 其他信息详见硬件实验平台。

实验清单如下:

(1) 搭建分立元件与门、或门、非门、与非门、或非门;

(2) 验证集成逻辑门电路功能(与、或、非、与非、或非);

(3) 抢答器 A:使用基础逻辑门电路实现;

(4) 节能灯电路:由 CD4011+话筒模块+光敏电阻模块实现;

(5) 电平指示电路:由二极管、集成逻辑门和 LED 显示模块实现;

(6) 触摸延迟电路:由非门、开关二极管和三极管开关电路实现;

(7) 加法电路:使用 74LS283 芯片实现四位二进制数的加法运算;

(8) 编码器电路:使用 74LS148 芯片进行编码;

(9) 奇偶校验器:用集成逻辑门实现三变量奇偶校验器;

(10) 编码器设计:使用集成逻辑门实现四线-二线编码器设计;

(11) 译码器:用集成逻辑门实现二线-四线译码器;

(12) 显示编、译码电路:使用编码器、译码器、拨码开关、数码管模块实现;

(13) 减法电路:由非门、74LS283 芯片实现;

(14) 表决器 A:由集成逻辑门实现三变量表决器;

(15) 四位二进制数显示电路:由加法器、逻辑门、显示译码单元实现;

(16) 数值比较器:使用集成逻辑门实现一位数值比较电路的设计;

(17) 抢答器 B:由 CD4511、数码管、二极管等实现;

(18) 表决器 B: 由 74LS138、数码管、蜂鸣器等实现;

(19) 流水灯 A:使用 CD4017 芯片和 LED 显示模块实现流水灯;

(20) 声控流水灯:使用 CD4017 芯片、LED 显示模块和话筒模块实现;

(21) 流水灯 B:使用译码器和不同类型的计数器实现;

(22) 流水灯 C:由触发器实现流水功能;

(23) 基本 RS 触发器:使用 CD4011 实现;

(24) 抢答器 C:使用触发器和与非门电路实现;

(25) 按键消抖电路:使用 CD4011 实现;

(26) 双闪灯:使用触发器实现;

(27) 声控双闪灯:使用话筒模块和触发器实现;

(28) 电子蜡烛:使用红外接收模块、话筒模块、触发器构成;

(29) 双向流水灯:使用译码器、CD4029、触发器实现;

(30) 爆闪灯:由 CD4017、三极管开关模块和点阵构成;

(31) 计数器:验证实验平台上的计数器功能;

(32) 多模式双闪灯:由 D(JK)触发器实现;

(33) 任意进制计数器:由 74LS161、集成逻辑门实现;

(34) 数码管显示译码:由 CD4511、CD4543 实现;

(35) 正反计时电路:由 CD4029 实现;

(36) 电子秒表:由计数器及数码管模块实现;

(37) 数字时钟:使用不同的计数器实现(74LS161、CD4518、CD4029);

(38) 24 秒倒计时:使用 CD4029、逻辑门、显示译码模块实现;

(39) 多模式彩灯:使用 74LS194、74LS161、74LS74、74LS00 等芯片实现;

(40) 双向双色流水灯:使用双色 LED 模块、CD4053、CD4029、CD4028 实现;

(41) 单稳态触发器:使用 555 定时器实现;

(42) 多谐振荡器:使用 555 定时器实现;

(43) 施密特触发器:使用 555 定时器实现;

(44) 变色灯:两片 555 计时芯片、双色 LED 实现;

(45) 延迟电路:由 CD4528 实现;

(46) 路灯控制系统:使用光敏电阻模块、555 计时芯片、开关模块实现;

(47) 曝光定时器:使用 555 计时芯片、继电器、LED 实现;

(48) 显示功能加法器:使用 74LS283、集成逻辑门电路、显示译码器、数码管、拨码开关等实现;

(49) 数字交通灯:使用可逆计数器、显示译码模块、数值比较器、触发器、集成逻辑门实现;

(50) 电梯显示电路:使用编码器、译码器、可逆计数器、数值比较器、触发器来搭建电梯显示控制电路;

(51) 汽车尾灯控制电路:使用计数器、移位寄存器、触发器来实现;

(52) 电子拔河游戏机电路:使用计数器、译码器、集成逻辑门实现。

# 附录 2 硬件实验平台元器件清单

表 1 实验开发平台所用元器件的详细信息

| 名称 | 版图标号 | 参数 | 数量 | 备注 |
|---|---|---|---|---|
| 1/8W 电阻 | $R_1 \sim R_5$, $R_{27}$, $R_{28}$, $R_{51\sim52}$, $R_{47\sim49}$ | 1 kΩ | 12 | |
| 1/8W 电阻 | $R_6 \sim R_8$, $R_{17}$, $R_{18}$, $R_{29} \sim R_{34}$ | 4.7 kΩ | 11 | |
| 1/8W 电阻 | $R_{10}$, $R_{14}$, $R_{20}$, $R_{22}$, $R_{35}$, $R_{36}$, $R_{43} \sim R_{46}$, $R_{53}$ | 10 kΩ | 11 | |
| 1/8W 电阻 | $R_9$, $R_{11} \sim R_{13}$, $R_{15}$, $R_{37}$, $R_{38}$ | 20 kΩ | 7 | |
| 1/8W 电阻 | $R_{16}$, $R_{21}$ | 56 kΩ | 2 | |
| 1/8W 电阻 | $R_{39}$, $R_{40}$, $R_{50}$ | 100 kΩ | 3 | |
| 1/8W 电阻 | $R_{41}$ | 200 kΩ | 1 | |
| 1/8W 电阻 | $R_{19}$, $R_{42}$ | 1 MΩ | 2 | |
| 保险丝 | FUSE | 0.1 A | 1 | 自恢复保险丝 |
| 电位器 | $R_{V_1}$ | 100 kΩ | 1 | 拨盘式;时钟信号 |
| 电位器 | $R_{V_2}$ | 100 kΩ | 1 | 蓝白卧式 |
| 光敏电阻 | $LDR_1$ | 5 539 | 1 | |
| 排阻 | $R_{P_1}$, $R_{P_2}$, $R_{P_4}$ | 5 PIN,4.7 kΩ | 3 | |
| 排阻 | $R_{P5}$ | 9 PIN,4.7 kΩ | 1 | |
| 排阻 | $R_{P3}$ | 9 PIN,10 kΩ | 1 | |
| 瓷片电容 | $C_2$, $C_8$ | 103 | 2 | |
| 瓷片电容 | $C_1$, $C_5$ | 104 | 2 | |
| 电解电容 | $C_9$ | 2.2 μF | 1 | |
| 电解电容 | $C_{11}$ | 47 μF | 1 | |
| 电解电容 | $C_4$ | 4.7 μF | 1 | |
| 电解电容 | $C_6$, $C_7$, $C_{10}$ | 10 μF | 3 | |
| 电解电容 | $C_{12}$ | 100 μF | 1 | |
| 电解电容 | $C_3$ | 220 μF | 1 | |

续表

| 名称 | 版图标号 | 参数 | 数量 | 备注 |
|---|---|---|---|---|
| 二极管 | $D_{14}$～$D_{21}$ | 1N4148 | 10 | 开关二极管;2个备用 |
| LED | $D_1$～$D_2$;$D_{31}$～$D_{38}$ | 黄色 3 mm | 11 | 白发黄光;1个备用 |
| LED | $D_3$ | 红色 3 mm | 1 | 红发红光 |
| LED | $D_4$,$D_5$ | 黄色 3 mm | 2 | 黄发黄光 |
| LED | $D_6$～$D_{13}$ | 绿色 3 mm | 9 | 白发绿光;1个备用 |
| LED | $D_{22}$ | 七彩 5 mm | 1 | 七彩发光二极管 |
| LED | $D_{23}$～$D_{30}$ | 红色 3 mm | 10 | 白发红光;1个备用 |
| LED | $D_{39}$～$D_{46}$ | 蓝色 3 mm | 9 | 白发蓝光;1个备用 |
| LED | $B_1$～$B_8$ | 红蓝双色 3 mm | 9 | 1个备用;共阴极 |
| 数码管 | 7SEG1～7SEG4 | 0.39寸,红色 | 4 | 共阴极 |
| 三极管 | $Q_3$～$Q_6$ | S8050 | 4 | |
| 三极管 | $Q_1$,$Q_2$ | S9014 | 2 | |
| 三极管 | $Q_7$,$Q_8$ | S9013 | 2 | |
| 蜂鸣器 | BUZ1 | 0905,3 V | 1 | 小体积、超薄 |
| 话筒 | MIC | 6027 | 1 | |
| 红外接收 | IR1 | 3 mm,940 nm | 1 | |
| 轻触按键 | $BUT_1$～$BUT_6$ | 3×6×5 mm | 6 | |
| USB电源线 | | USB转DC2.5×0.7 mm | 1 | 额定电流 2 A |
| DC电源插座 | J0 | DC～011A 直插 | 1 | |
| 拨码开关 | $DSW_2$ | DIP4 | 1 | 四位拨码开关 |
| 拨码开关 | $DSW_1$ | DIP8 | 1 | 八位拨码开关 |
| 开关 | $SW_2$,$SW_3$ | 单刀双掷 | 2 | |
| 自锁开关 | $SW_1$ | 5.8 mm | 1 | 电源开关 |
| 排母 | | 双排 | 8 | 内孔镀金 |
| 排母 | | 单排 | 3 | 内孔镀金 |
| 锁紧座 | $SJZ_1$～$SJZ_3$ | 20 PIN 窄体 | 3 | |
| 芯片 | $U_1$,$U_2$,$U_4$ | CD4543 | 3 | 显示译码器 |
| 芯片 | $U_3$ | CD4511 | 1 | 显示译码器 |
| 芯片 | $U_5$,$U_6$ | 74LS161 | 2 | 四位二进制计数器 |
| 芯片 | $U_7$,$U_8$ | CD4518 | 2 | 双BCD计数器 |
| 芯片 | $U_9$,$U_{10}$ | CD4029 | 2 | 可逆计数器 |
| 芯片 | $U_{13}$ | CD4017 | 2 | 十进制计数器;1个备用 |

续表

| 名称 | 版图标号 | 参数 | 数量 | 备注 |
| --- | --- | --- | --- | --- |
| 芯片 | $U_{21}$ | 74LS74 | 1 | D触发器 |
| 芯片 | $U_{23}$ | CD4027 | 1 | JK触发器 |
| 芯片 | $U_{16}$ | CD4011 | 2 | 二输入与非门 |
| 芯片 | $U_{17}$ | CD4001 | 1 | 二输入或非门 |
| 芯片 | $U_{18}$ | CD4069 | 1 | 非门 |
| 芯片 | $U_{14}$ | CD4081 | 1 | 二输入与门 |
| 芯片 | | CD4073 | 1 | 三输入与门;备用 |
| 芯片 | $U_{15}$ | CD4071 | 1 | 二输入或门 |
| 芯片 | $U_{11}$,$U_{12}$ | CD4053 | 3 | 模拟开关;1个备用 |
| 芯片 | | 74LS148 | 1 | 八线-三线编码器;备用 |
| 芯片 | $U_{22}$ | CD4028 | 1 | BCD-十进制译码器 |
| 芯片 | | 74LS138 | 1 | 三线-八线译码器;备用 |
| 芯片 | | 74LS283 | 1 | 四位二进制加法器;备用 |
| 芯片 | | 74LS194 | 1 | 双向移位寄存器;备用 |
| 芯片 | $U_{19}$,$U_{20}$ | NE555 | 2 | 定时器 |
| 芯片插座 | | 16 PIN | 15 | |
| 芯片插座 | | 14 PIN | 6 | |
| 芯片插座 | | 8 PIN | 2 | |
| 连接线 | | 65根 | 1 | |
| 六角铜柱 | | M3×5+5 mm | 6 | |
| M3螺母 | | M3 铜柱配套 | 6 | |
| 自封袋 | | | 2 | 一个大的、一个小的 |
| 电路板 | | | 1 | 22×15 cm,双面板 |

# 附录3　元器件识别与测量

1. 色环电阻及其测量

电阻如图2所示，其中图2(a)为四色环普通电阻(精度5%)，图2(b)为五色环精密电阻(精度1%)。

(a) 普通电阻　　(b) 精密电阻

图2　电阻

色环电阻用色环来表示电阻的阻值和误差，普通电阻用四色环表示，精密电阻用五色环表示。色环颜色代表的数字：黑(0)、棕(1)、红(2)、橙(3)、黄(4)、绿(5)、蓝(6)、紫(7)、白(9)、金(0.1)、银(0.01)。同时，色环表示误差时的含义：棕(±1%)、金(±5%)、银(±10%)。

四环电阻的读法：前两位数字是有效数字，第三位是倍率，第四位表示误差等级。如图2(a)所示电阻，其色环颜色从左向右依次是红、红、红和金。所对应的阻值大小为$22\times10^2=2.2\ \mathrm{k\Omega}$，精度±5%。

五环电阻的读法：前三位数字是有效数字，第四位是倍率，第五位表示误差等级。如图2(b)所示电阻，其色环颜色从左向右依次是红、黑、黑、黑和棕。所对应的阻值大小为$200\times10^0=200\ \Omega$，精度±1%。

用万用表的电阻挡直接测量阻值，注意要选择合适的挡位。

2. 光敏电阻及其测量

光敏电阻(Light-Dependent Resistor，LDR)，是用硫化隔或硒化隔等半导体材料制成的特殊电阻器，其工作原理是利用半导体材料的光电效应制成的一种电阻值随入射光的强弱而改变的电阻器。通常，光敏电阻器都制成薄片结构，如图3所示。

光敏电阻有两个重要参数：亮电阻和暗电阻。亮电阻表示光敏电阻器在一定的外加电压下，当有光照射时，流过的电流称为光电流。外加电压与光电流之比称为亮电阻，单位为kΩ。光敏电阻在一定的外加电压下，当没有光照射的时候，流过的电流称为暗电流。外加电压与暗电流之比称为暗电阻，单位为MΩ。可以用万用表电阻挡来测量亮电阻和暗电阻。表2为几种类型的光敏电阻参数。

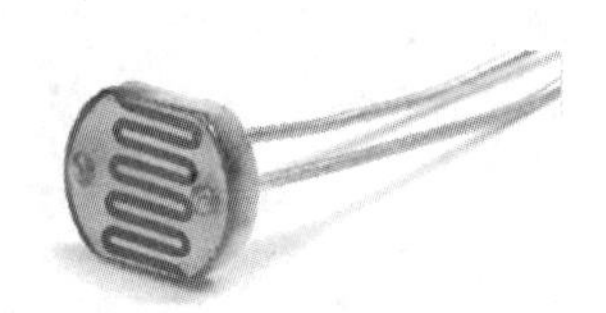

图3　光敏电阻

表 2 几种类型光敏电阻参数

| 型号 | 最大电压(V) | 最大功耗(mW) | 光谱峰值(nm) | 亮电阻(kΩ) | 暗电阻(MΩ) | 响应时间(ms) |
| --- | --- | --- | --- | --- | --- | --- |
| GL5516 | 150 | 90 | 540 | 5～10 | 0.5 | 30 |
| GL5528 | 150 | 100 | 540 | 10～20 | 0.6 | 30 |
| GL5539 | 150 | 100 | 540 | 50～100 | 5 | 30 |
| GL5606 | 150 | 100 | 560 | 4～7 | 0.5 | 30 |
| GL5626 | 150 | 100 | 560 | 10～20 | 2 | 30 |

用万用表电阻挡测量亮电阻，然后遮住光敏电阻再测量暗电阻。如果电阻有明显的变化，基本可以判断光敏电阻是完好的。如果有具体的型号，可对比相关参数看其亮电阻和暗电阻是否在合理的范围内。

3. 排阻及其测量

排阻是将若干个参数完全相同的电阻集中封装在一起所构成的元器件。在排阻内部，这些电阻的一个引脚都连到一起，作为公共引脚。公共引脚在最左端，如图 4 所示，白色“小点”作为标记。其余引脚正常引出，每一个引脚对公共端引脚的电阻是一致的。图 3 中左侧的排阻一共有 9 个引脚，去除公共端，实际上该排阻内部一共有 8 个相同的电阻。所以，如果一个排阻是由 $n$ 个电阻构成的，那么它就有 $n+1$ 只引脚。

与色环电阻相比，排阻具有整齐、占用空间少、装配方便、安装密度高等优点。除了有如图 4 所示的直插类型的排阻，还有贴片排阻。通常，排阻应用于数字电路，如用排阻作为并行端口的上拉或者下拉电阻。

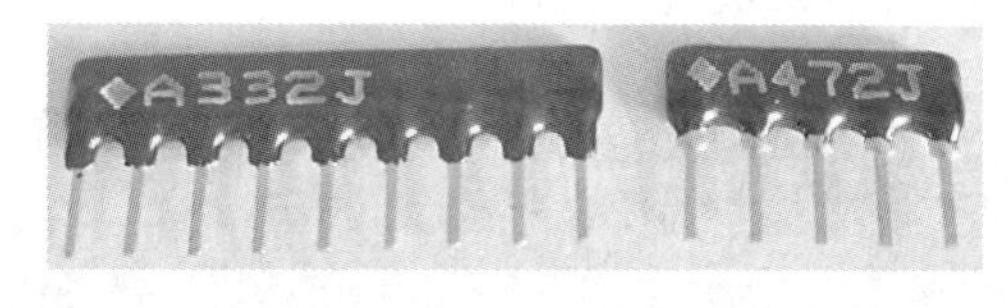

图 4 排阻

排阻上的三位阿拉伯数字表示排阻的阻值，读取方式：从左至右，第一和第二位作为有效数字，第三位数字表示前两位数字乘以的倍率(即 10 的 $N$ 次方)，单位为 Ω。图 4 中左侧的排阻为 $33\times10^2=3.3$ kΩ，精度±5%；右侧的排阻为$47\times10^2=4.7$ kΩ。

排阻数字后面的第一个英文字母代表误差，常见的是 M 代表±20%；K 代表±10%；J 代表±5%；G 代表±2%；F 代表±1%；D 代表±0.25%；B 代表±0.1%。另外，排阻引脚间距有两种：2.54 mm 和 1.78 mm，贴片排阻的脚距为 1.27 mm。实验平台中所用的是引脚间距为 2.54 mm 的直插排阻。

4. 电位器(可变电阻)及其测量

电位器是具有三个引脚、阻值可按某种变化规律调节的电阻元件。电位器通常由电阻体和可移动的电刷组成。当电刷沿电阻体移动时，在输出端即获得与位移量成一定关系的电阻值。

本实验平台用到两种类型的电位器，如图 5 所示。图中，左侧的电位器是蓝白卧式电位器，一侧有两个引脚，这两个引脚的阻值是固定的($10\times10^4=100$ kΩ)，另外一个引脚是可变电阻输出端口。当转动上方的白色部分，输出端阻值会发生相应的变化。

图5右侧的电位器是拨盘式电位器，两端是固定端，引脚阻值也是100 kΩ。中间的引脚是可变电阻输出端口。可以用万用表电阻挡来测量固定端和中间引脚，当拨动拨盘，电阻阻值会有相应的变化。

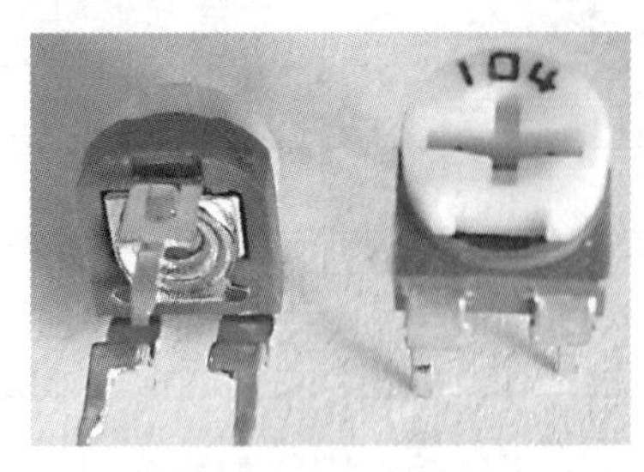

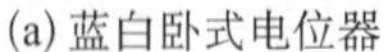
(a) 蓝白卧式电位器　　(b) 拨盘电位器

图5　电位器

5. 自恢复保险丝及其测量

自恢复保险丝是一种过流电子保护元件，采用高分子有机聚合物在高压、高温，硫化反应的条件下，加入导电粒子材料后，经过特殊的工艺加工而成。当线路发生短路或过载时，流经自恢复保险丝的大电流产生的热量使聚合树脂融化，体积迅速增长，形成高阻状态，工作电流迅速减小，从而对电路进行限制和保护。当故障排除后，自恢复保险丝重新冷却结晶，体积收缩，导电粒子重新形成导电通路，自恢复保险丝恢复为低阻状态，从而完成对电路的保护，无须人工更换。

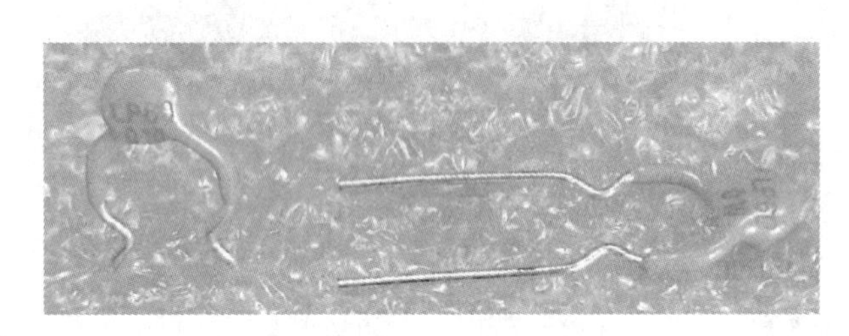

图6　自恢复保险丝

本实验平台上有二百多个元件，焊接过程如不注意会出现短路现象，尤其是排母的焊接要注意。本实验平台采用USB供电，如果用移动电源供电，防止短路对电源及器件的损伤，在电路设计时增加了自恢复保险丝。如图6所示。

自恢复保险丝的主要参数包括环境温度、标准工作电流、最大工作电压和最大故障电流。本实验平台所用的自恢复保险丝最大工作电压为70 V，标准工作电流为0.1 A，最大故障电流约为0.3～0.5 A。

6. 电容及其测量

电容是容纳电荷的元器件，在电路中起到隔直、通交、旁路、耦合的作用。此外，电容也用于滤波、谐振、能量转换和控制等方面。

电容的种类很多，从材料上可以分为：瓷片电容、云母电容、独石电容、(铝)电解电容、钽电容、CBB电容、涤纶电容等。本实验平台上用到两种类型的电容，如图7所示。在图7中，左侧的两个电容为瓷片电容，右侧的为电解电容。

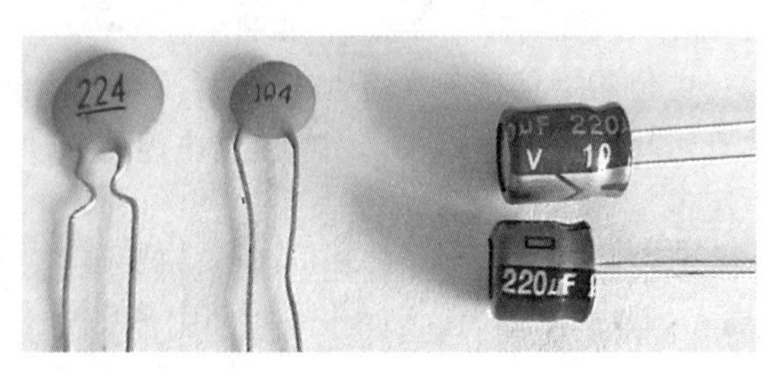


图7　电容

瓷片电容内部是在薄瓷片两侧渡上金

属膜构成。其优点是体积小，稳定，绝缘性好，耐压高，价格低。缺点是易碎且容量比较小。图 7 中左侧的两个瓷片电容容量分别为 $22\times10^4$ pF= 0.22 μF；$10\times10^4$ pF= 0.1 μF。

图 7 中右侧两个电容为电解电容，其内部是两片铝带和两层绝缘膜相互层叠，卷成卷后浸泡在电解液中。电解电容的优点是容量大，缺点是高频特性差。可以用数字万用表的电容挡来测量容量。注意，电解电容是有极性之分的，可从引脚长短来识别，长脚为正，短脚为负，使用电解电容时，正负极不要接反。

7. 二极管及其测量

二极管是具有单向导电特性的半导体器件。按照所用的半导体材料，可分为锗二极管和硅二极管。根据其不同用途，可分为开关二极管、检波二极管、整流二极管、稳压二极管、开关二极管、肖特基二极管、发光二极管、光电二极管等。按照二极管内部 PN 结的接触形式，又可分为点接触型二极管、面接触型二极管和平面型二极管。本实验平台用到开关二极管、发光二极管和光电二极管(红外接收管)。

图 8 中，左侧为普通的开关二极管(1N4148)，右侧的为整流二极管(1N4002)。开关二极管是为在电路上进行“开”“关”而特殊设计制造的一类二极管，它由导通变为截止或由截止变为导通所需的时间比一般二极管短。开关二极管具有开关速度快、体积小、寿命长、可靠性高等特点，广泛应用于电子设备的开关电路、检波电路、高频和脉冲整流电路及自动控制电路中。

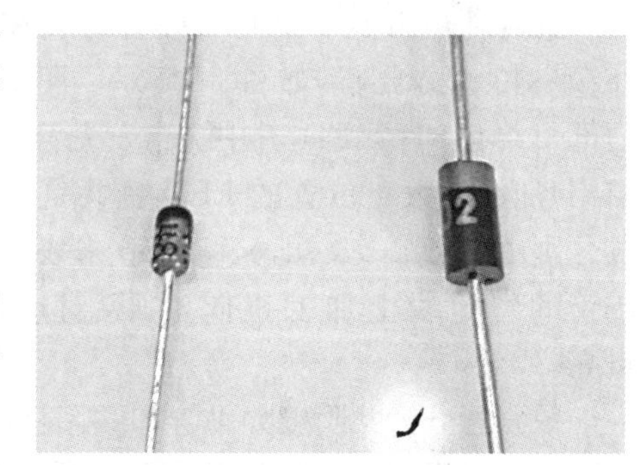

图 8 二极管

图 8 中，开关二极管一侧有黑色色环的一端引脚对应二极管的负极。使用数字万用表的二极管挡位，用红表笔接二极管正极，黑表笔接二极管的负极，万用表有读数，有的万用表会发出蜂鸣声。如果反向连接阻值无穷大。如果正向连接万用表没有示数，则二极管损坏。发光二极管也可用同样的方法测量。

8. 发光二极管及其测量

发光二极管简称为 LED，可以将电能转化成光能。发光二极管与普通二极管一样是由一个 PN 结组成，也具有单向导电性。当给发光二极管加上正向电压后，从 P 区注入 N 区的空穴和由 N 区注入 P 区的电子进行复合，复合的过程中产生自发辐射的荧光。不同的半导体材料，其电子和空穴所处的能量状态不同。复合过程中释放出的能量越多，则发出的光的波长越短。常用的是发红光、黄光、绿光或蓝光的二极管。

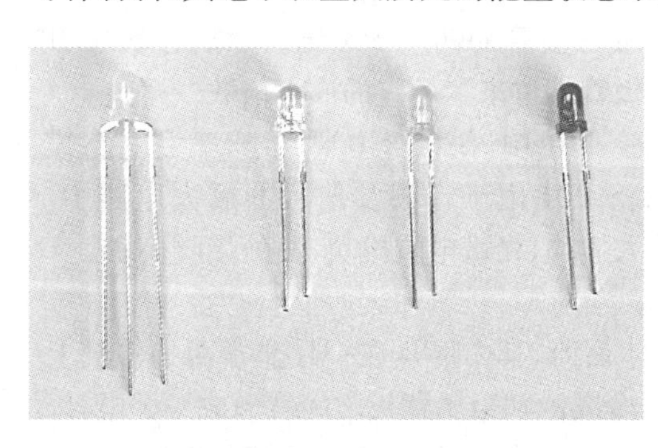

图 9 发光二极管

图 9 所示是实验平台用到的几种 LED，从左到右依次是雾状红蓝共阴极 LED，白发红(绿、蓝)光 LED，黄发黄光 LED，红发红光 LED。对于雾状红蓝共阴极 LED，中间的引脚是公共引脚，左、右两侧的引脚分别是蓝色和红色 LED 的引脚。右侧三个 LED 中，长引脚对应 LED 的正极，短引脚对应负极。

9. 红外接收管及其测量

图 10 红外接收管

红外线接收管简称红外接收管，是专门用来接收和感应红外线的半导体器件。分为红外接收二极管和三极管。它们都能将红外线光信号变成电信号。本实验平台中用到的是红外接收二极管，如图 10 所示，它的核心部件是一个特殊材料的 PN 结，使用时需要将红外接收管反向连接到电路中（红外接收管接反向电压）。当有红外光线照射在接收管上时，漂移运动加剧，使反向电流明显变大，光的强度越大，反向电流也越大。

红外接收管的测量：将数字万用表打到电阻挡，红标笔接 LDR 的负极、黑表笔接 LDR 的正极；如果遮挡 LDR，万用表示数为几 MΩ；如果不遮挡为几百 kΩ，如果用手电筒的光线照射 LDR，万用表示数为 10 kΩ 左右。

10. 数码管及其测量

数码管是由多个发光二极管封装在一起组成“8”字型的显示器件，如图 11 所示。图中的数码管内部一共有 8 个 LED，其中 7 个发光管组成 8 字形结构，加上小数点位置的 LED 一共是 8 个。这些段分别由字母 a，b，c，d，e，f，g，dp 来表示。若在数码管的特定段上加上正向电压，对应段位会被点亮。

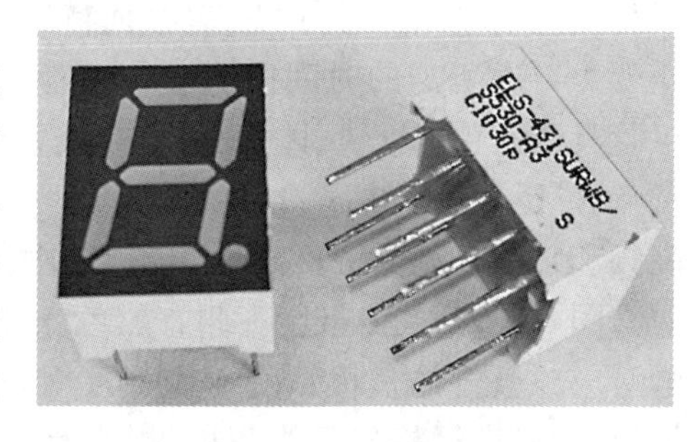

图 11 数码管

数码管分为共阴极数码管和共阳极数码管，本实验平台采用的是共阴极数码管。数码管的两排引脚中，中间的引脚是地。可以用测量 LED 的方法来测量数码管的每一个段位，也可用数码管测试仪来检测数码管的好坏。

11. 三极管及其测量

图 12 三极管

三极管分为单极型（场效应管）和双极型，本实验平台采用的是普通的双极型三极管：S9013，S9014 和 S8050，它们都是 NPN 型小功率三极管，S8050 如图 12 所示。

三极管的测量：可以先用数字万用表的二极管挡位来测量三极管的两个 PN 结。然后在数字万用表的三极管挡位来测量它的放大倍数。

在实验平台中，S8050 主要用于开关电路模块；S9013、S9014 用于音频及信号的放大电路中，如多级放大模块、光敏电阻模块、红外接收模块。

12. 驻极体话筒和蜂鸣器

如图 13 所示，左边的是实验平台所用的驻极体话筒，其内部是在一片非常薄的薄膜上采用金属蒸发工艺形成一层金属膜（驻极体膜片），金属膜和金属背板之间就形成一个电容。当驻极体膜片遇到声波振动时，引起电容两端的电场发生变化，从而产生了随声波变化而变化的交变电压。驻极体膜片与金属极板之间的电容量比较小，一般为几十 pF。因而它的输出阻抗值很高，为几十 MΩ 以上。这样高的阻抗是不能直接与音频放大器相匹配的，所以在话筒内接入一只结型场效应晶体三极管来进行阻抗变换。

驻极体话筒是有正负极之分的，通常外壳是与负极连通的，正极引脚附近有个“＋”号，或者长的引脚对应正极。在电路中，正极要通过 2～5 kΩ 的电阻接电源正极，同时通过一个大容量(10 μF)电容将声音信号耦合给下一级放大电路。

图 13　驻极体话筒和蜂鸣器

在图 13 中，右侧的元件是蜂鸣器，分为有源蜂鸣器和无源蜂鸣器。有源蜂鸣器在接上适当的电压后会连续发声；而无源蜂鸣器则和电磁扬声器一样，需要接在音频输出电路中才能发声。本实验平台中用到的是有源蜂鸣器。注意：这里的“源”不是指电源，而是指振荡源，也就是说，有源蜂鸣器内部带振荡信号源，所以只要一通电就会发出声音。

13. 拨码开关

拨码开关又称为地址开关，最初是一款用来操作和控制地址的开关，采用的是 0/1 的二进制编码原理。因此，拨码开关内部是由多个微型开关封装而成，每一个开关对应一根地址线。图 14 所示的两个拨码开关用于本实验平台中，左边蓝色的是八位拨码开关，即 8 个独立的开关；右侧红色的是四位拨码开关。

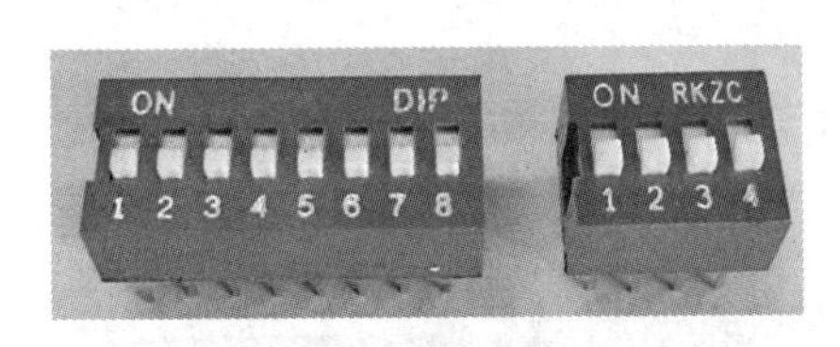

图 14　拨码开关

拨码开关有直插式和贴片式，引脚间距有 2.54 mm 和 1.27 mm 两种。本实验平台中用到的是间距为 2.54 mm 的直插式拨码开关。当拨动白色手柄到“ON”位置时，开关闭合。使用万用表电阻挡来测量拨码开关的闭合与断开。

在本实验平台中，拨码开关的“ON”一侧引脚已经通过排阻(作为上拉电阻)连接到电源正极，另外一侧全部接地。该拨码开关可以为编码器提供输入信号，为基础逻辑门及复合逻辑门输入端提供高、低电平，也可为芯片的控制端口提供高电平或低电平。

14. 自锁开关

自锁开关是带机械锁定的开关，当开关按钮第一次按下时，开关接通并保持，称为自锁；在开关按钮第二次按下时，开关断开，同时开关按钮弹出来。图 15 所示是实验平台中用到的 5.8 mm 自锁开关，作为电源开关。该开关上一共有六个引脚，实质上是双刀双掷开关。用万用表来判断，当按钮按下去时，哪两个引脚是连通的，哪两个引脚是断开的。在焊接自锁开关时一定要进行判断，保证按下去时电源接通，弹出来时电源断开。

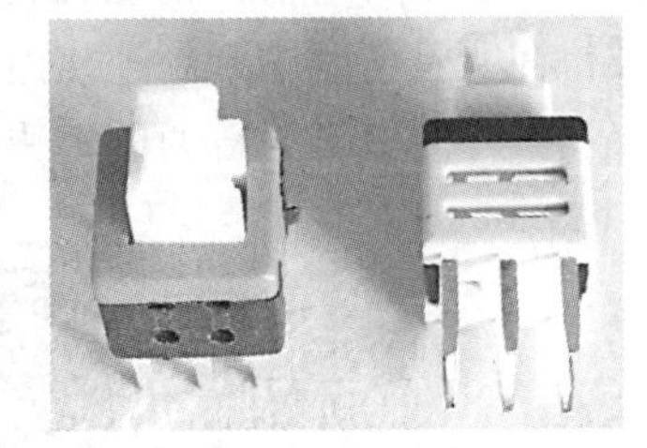
图 15　自锁开关

15. 拨动开关

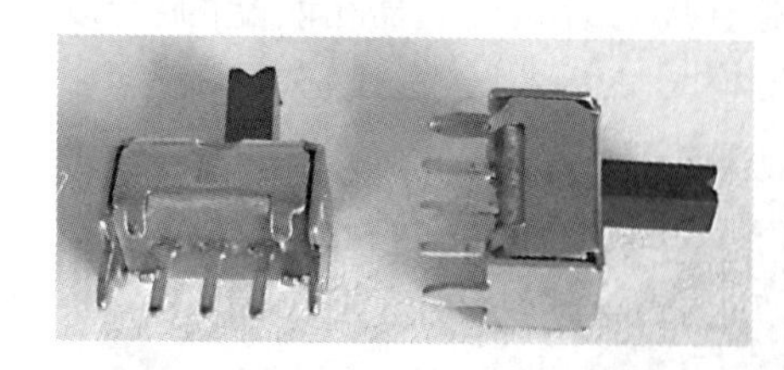

图16 单刀双掷开关

图16所示是单刀双掷拨动开关，通过拨动开关手柄使电路接通或断开，从而达到切换电路的目的。拨动开关通常用于低压、小电流电路中，具有滑块动作灵活、性能稳定可靠的特点。

用数字万用表来测量拨动开关导通时和断开时的电阻。导通时的电阻称为接触电阻，阻值越小越好，要求必须小于30 mΩ。注意，在使用时要轻轻拨动开关手柄，切记用力，以防止损坏。

16. 轻触开关

图17 四脚按键(轻触开关)

轻触开关，如图17所示，其内部由嵌件、基座、弹片、按钮、盖板组成。当轻轻按下顶部按钮，内部金属弹片受力使得电路闭合；当撤销压力时，金属弹片恢复原状，开关断开。轻触开关由于具有导通电阻小，使用方便的优势，在电子产品中得到了广泛的应用。由于开关有四个引脚，故有时也称其为四脚按键。轻触开关的这四个引脚中，两个引脚为一组，同组的引脚是连通的，不同组的引脚是断开的，只有按下按钮，不同的两组引脚才连通。可以用万用表电阻挡来判断哪两个引脚是同一组的。

17. 锁紧座

图18 锁紧座

如图18所示，锁紧座用于固定芯片。将芯片放在锁紧座上，按下锁紧杆，内部每一个孔位的一对金属片会夹住芯片的引脚，从而固定芯片。利用锁紧座也可以实现多根导线的互连。

18. 排母

图19所示器件为圆孔排母，它是一种类型的连接器，在实验平台中起到连接电路部件的作用，需与面包板连接线配合使用。排母的内孔是镀金的，外面引脚为普通的镀锡。内孔镀金的优点是增加导电特性、耐磨、抗腐蚀。

图19 排母

# 附录 4 硬件实验平台焊接注意事项

1. 焊接的原理

焊接是借助于助焊剂的作用，将焊锡加热熔化成液态，使其进入被焊金属的缝隙，在焊接物的表面，形成金属合金使两种金属体牢固地连接在一起的过程。形成的金属合金就是焊锡中锡铅的原子进入被焊金属的晶格中生成的，因两种金属原子的壳层相互扩散，依靠原子间的内聚力使两种金属永久地牢固结合在一起。

手工焊接有一定的技巧性，需要不断的练习，而掌握好焊接的温度和时间则是掌握焊接技术的关键。在焊接时，要有足够的热量和温度。如温度过低，焊锡流动性差，很容易凝固，形成虚焊；如温度过高，将使焊锡流淌，焊点不易存锡，松香等助焊剂迅速分解挥发，使金属表面加速氧化，并导致印制电路板上的焊盘脱落。

2. 焊前准备

留意焊接元件有无极性要求，元件引脚有无氧化、油污等。焊接时，对焊接温度，时间有无特别要求；准备好焊锡丝、松香，烙铁头要保持洁净；依据元器件清单认真核对元件型号和数量是否与清单一致，以避免焊接过程中发现元件数量不够，造成不必要的麻烦。结合附录3中元器件的识别与测量，能够将元器件准确放到电路板正确的位置上。在实际焊机操作前一定要阅读关于不同类型元器件焊接要求的内容，焊接时做到心里有数。

3. 电烙铁使用注意事项

(1) 电烙铁是高温加热工具，使用时一定要注意安全，防止发生烫伤及火灾事故，不用时一定要关闭电源，拔下插头。

(2) 电烙铁在使用前一定要确认电源线和保护地线是否良好。

(3) 电烙铁在使用过程中不宜长期空热，以免烧坏烙铁头和烙铁芯。

(4) 电烙铁不使用时要放在烙铁架上，以免烫坏其他物品。

(5) 使用过程中不要随意敲击烙铁头以免损坏。内热式电烙铁连接杆钢管壁很薄，不能用钳子夹以免损坏。

(6) 在使用过程中应经常维护，保证烙铁头挂上一层薄锡，防止烙铁头在高温状态下氧化变黑，不易“吃锡”。

(7) 清洁海绵每次使用之前，应先在水中充分吃水、浸泡。清洁海绵的作用就是擦拭烙铁头上的残锡和氧化物，焊接过程中随时对烙铁头进行清理。

4. 焊接操作要点

步骤：烙铁头对准焊点→烙铁接触焊点→加焊锡→移开焊锡丝→拿开电烙铁

图 20 所示是加热焊接五步法。如图 20 所示，从左到右依次是准备阶段，烙铁头对准焊点；预热阶段，烙铁头加热焊盘，这一步骤时间不用很长；送焊锡丝，焊锡融化；移焊锡丝；移烙铁。

具体操作如下：

(1) 左手拿焊锡丝，右手拿电烙铁。

(2) 将电烙铁以 45°左右夹角与焊盘接触，加热焊盘。

(3) 待焊盘达到温度时，同样从与焊板成 45°左右夹角方向送焊锡丝。

(4) 待焊锡丝熔化一定量时，迅速撤离焊锡丝。

(5) 最后沿铜丝竖直向上或沿与电路板的夹角 45°角方向撤离电烙铁。

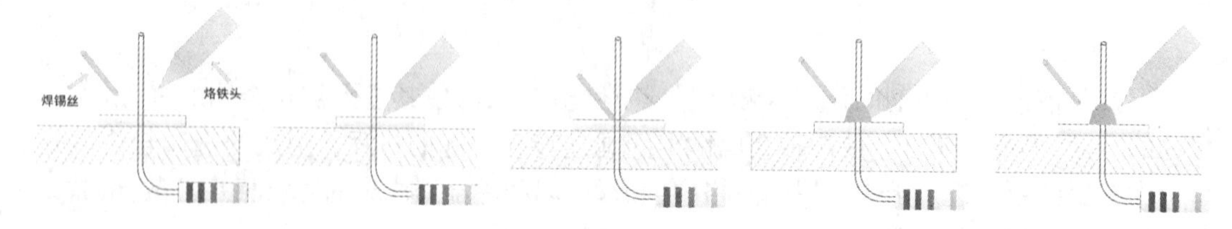


**图 20 加热焊接步骤**

在焊接的过程中，我们应该注意：整个焊接的时间不能太久，通常一个焊点所用的时间在 2～3 秒即可，否则元件、焊盘容易被烫坏。大概心里默数 1、2 即可，然后先撤离焊锡丝，再撤离电烙铁，在撤离电烙铁时，也一样心里默数 1、2 即可；焊锡要适量，少了可能虚焊。

5. 对焊点的基本要求

(1) 焊点表面要光滑、清洁无污垢，不应有毛刺、空隙。

(2) 焊点要有足够的机械强度，保证电路板在受冲击时不至于脱落。电路的连接是通过面包板连接线插在排母上实现的，因此要保证焊接的牢靠性。

(3) 防止虚焊，要保证焊接可靠，具有良好导电性。

6. 元件焊接顺序

焊接顺序以先焊接好的元件不影响后面元件的焊接为原则，一般先焊接体积较小的电阻电容等器件，后焊接体积较大的元件，接插件最后焊接。焊接完成后要仔细检查，看是否有虚焊、漏焊、短路现象。焊接结束后，用万用表电阻挡测量电源输入端，看是否有短路现象。如有，应在加电前排除。该实验平台元件焊接顺序如下：

(1) 焊接电阻、开关二极管。

(2) 焊接拨盘式电位器($R_{V_1}$)。

(3) 焊接排母，一定要注意排母的焊接，尤其是单排排母，详见下文。

(4) 焊接 IC 插座。

(5) 焊接电源插座($J_0$)、话筒、蜂鸣器、阻排。

(6) 焊接瓷片电容、电解电容、拨码开关、四脚轻触按键。

(7) 焊接蓝白卧式电位器($R_{V_2}$)、自恢复保险丝。

(8) 焊接三极管(注意焊接时间一定要短)。

(9) 焊接光敏电阻、红外接收管。

(10) 焊接数码管、单刀双掷开关、自锁开关。

(11) 焊接发光二极管、七彩 LED(仔细阅读焊接注意事项)。

(12) 焊接锁紧座。

7. 元件具体焊接要求

焊接前一定要认真阅读此要求。

(1) 阻容元件焊接要求

① 对于电阻、电容等元件排列整齐端正，两端引脚余量相近。实验平台上电阻都采用卧式插法并进行焊接，电容采用立式插法并焊接。

② 焊点光滑、无毛刺、无虚焊、无漏焊、无假焊、无桥接。

③ 注意电解电容的极性。

④ 及时清理焊接过程中产生的锡粒、污垢。

(2) 二极管(开关、发光、七彩和红外二极管)焊接要求

① 二极管是有极性区分的，详见附录 2 中元器件识别与测量这部分内容，焊接前要对所有的二极管进行测量，对发光二极管按照发光颜色进行归类整理。

② 二极管的焊接时间越短越好，小于 3 秒为宜，尤其是发光二极管。

③ 对于开关二极管采用卧式插法并进行焊接，注意先焊接一个引脚，用万用表测量一下二极管是否损坏，如没问题再焊接另外一个引脚。

④ 发光二极管采用立式插法并焊接，也是先焊接一个引脚，用万用表测量一下是否发光，没问题后再将另一个引脚焊接上；注意发光二极管插到电路板上，要留 5 毫米(LED 底部与电路板的距离)左右的引脚，这也是为什么前面元件焊接顺序中倒数第二步才焊接 LED 的原因。

⑤ LED 焊接时间小于 3 秒为宜，焊接次数不要超过三次，否则 LED 容易损坏。

⑥ 红外接收管、七彩 LED 的焊接也遵循 LED 的焊接标准。

⑦ 焊点光滑、无毛刺、无虚焊、无漏焊、无假焊、无桥接；及时清理焊接过程中产生的锡粒、污垢。

(3) 三极管焊接要求

① 要区分三极管的基极、集电极和发射极；焊接前要对所有的三极管进行测量，注意有三种型号：S9013、9014 和 8050，位置不要焊错。

② 三极管的焊接时间越短越好，小于 3 秒为宜。

③ 三极管采用立式插法并进行焊接，注意三极管插到电路板上，要留 5 毫米(三极管底部与电路板的距离)左右的引脚。

④ 元件引脚同焊盘对应整齐，元件无明显倾斜。

⑤ 焊点光滑、无毛刺、无虚焊、无漏焊、无假焊、无桥接；及时清理焊接过程中产生的锡粒、污垢。

(4) 蜂鸣器、话筒焊接要求

① 注意这两种元件是有极性的，焊接时元件极性标识要同电路板上极性标识一致。

② 驻极体话筒内部有场效应管，焊接前对电烙铁上电加热，温度上来后对电烙铁断电，然后再焊接。

③ 焊接时间不宜过长，特别是驻极体话筒。

④ 焊点光滑、无毛刺、无虚焊、无漏焊、无假焊、无桥接；及时清理焊接过程中产生的锡粒、污垢。

(5) 排母焊接要求

① 排母数量很多,有单排排母、双排排母,引脚数量也不一样。

② 排母焊接时保证其直立插入电路板上,先焊接一个引脚,如果排母歪斜,融化焊点,手动调整排母位置及方向,然后撤烙铁。

③ 排母方向没问题后再依次焊接其余引脚。

④ 焊接时间尽量短,焊接过程中避免烫伤排母上的塑料体。

⑤ 焊点光滑、无毛刺、无虚焊、无漏焊、无假焊、无桥接;及时清理焊接过程中产生的锡粒、污垢。

(6) IC 插座焊接要求

① IC 插座的作用是固定芯片,之所以不直接焊接芯片就是防止焊接操作不当造成的芯片损坏,同时芯片可重复利用。

② 注意芯片插座是有方向的,要与电路板上的丝印吻合。

③ IC 插座焊接时保证其直立插入电路板上,先焊接一个引脚,调整位置保证插座无歪斜,确定没问题后再依次焊接其余引脚。

④ 焊接时间尽量短,焊接过程中避免烫伤 IC 插座上的塑料体。

⑤ 焊点光滑、无毛刺、无虚焊、无漏焊、无假焊、无桥接;及时清理焊接过程中产生的锡粒、污垢。

(7) 数码管焊接要求

① 数码管要正确插入到电路板上,注意电路板上有带小数点的"8"字图案。

② 焊接前要测试数码管没有损坏。

③ 数码管焊接时保证其直立插入电路板上,先焊接一个引脚,调整位置保证插座无歪斜,确定没问题后再依次焊接其余引脚。

④ 焊接时间尽量短,焊接过程中避免烫伤数码管上的塑料体。

⑤ 焊点光滑、无毛刺、无虚焊、无漏焊、无假焊、无桥接;及时清理焊接过程中产生的锡粒、污垢。

(8) 排阻的焊接要求

① 注意排阻的公共引脚的位置,公共引脚上方有个白点。

② 电路板上排阻的丝印图中,最左侧方格内对应公共引脚。

③ 焊接时先焊接一个引脚,调整位置保证无歪斜,确定没问题后再依次焊接其余引脚。

④ 焊点光滑、无毛刺、无虚焊、无漏焊、无假焊、无桥接;及时清理焊接过程中产生的锡粒、污垢。

(9) 开关、按键的焊接要求

① 注意拨码开关的方向,字母"ON、DIP"挨着排阻,一排数字在下方。

② 四脚轻触按键有四个焊盘,水平方向和垂直方向的孔间距不一样大,在插四脚按键时注意不要用力过猛。

③ 自锁开关的引脚间距略小于焊盘间距,插入时需要注意。

④ 上述开关、按键焊接时,先焊接一个引脚,调整位置保证无歪斜,确定没问题后再依次焊接其余引脚。

⑤ 焊接时间尽量短,焊接过程中避免烫伤数码管上的塑料体。

⑥ 焊点光滑、无毛刺、无虚焊、无漏焊、无假焊、无桥接；及时清理焊接过程中产生的锡粒、污垢。

8. 焊接后的处理

当焊接结束后，应检查有无漏焊、错焊（极性焊反）、短路、虚焊等现象，清理PCB板上的残留物，如：锡渣、锡碎、元件脚等。

对焊点的基本要求：

(1) 焊点应具有良好的导电性。

(2) 焊点应具有一定的强度。

(3) 焊点的焊料要适当。

(4) 焊点的表面应具有良好的光泽（温度过高，焊接时间过长，都会使焊点发乌，影响焊点的强度）。

(5) 焊点不应有毛刺及间隙。

(6) 焊点表面要清洁。

9. 相关名词解释

(1) 虚焊：指焊锡与被焊金属没有形成金属合金，只是简单地依附在被焊接的金属表面上。

(2) 假焊：指焊点内部没有真正焊接在一起，也就是焊接物与焊锡被氧化层或焊剂的未挥发物及污物隔离。

(3) 漏焊：指应焊接点被漏掉，未进行焊接。

# 参考文献

[1] 邱关源，罗先觉. 电路[M]. 第 5 版. 北京：高等教育出版社，2006.
[2] 童诗白，华成英. 模拟电子技术基础[M]. 第 4 版. 北京：高等教育出版社，2006.
[3] 于歆杰，朱桂萍，陆文娟. 电路原理[M]. 北京：清华大学出版社，2007.
[4] 康华光. 电子技术基础：模拟部分[M]. 第 6 版. 北京：高等教育出版社，2013.
[5] 李心广，王金矿，张晶. 电路与电子技术基础[M]. 第 2 版. 北京：机械工业出版社，2012.
[6] 王毓银. 数字电路逻辑设计[M]. 第 3 版. 北京：高等教育出版社，2003.
[7] 阎石，王红. 数字电子计数基础[M]. 第 6 版. 北京：高等教育出版社，2016.
[8] 康华光. 电子技术基础：数字部分[M]. 第 6 版. 北京：高等教育出版社，2014.
[9] P. Horowitz, W. Hill. The art of Electronics[M]. Cambridge: Cambridge University Press, April, 2014.